21 世纪能源与动力工程类创新型应用人才培养规划教材·风能与动力工程

风力机设计理论及方法

主　编　赵丹平　徐宝清

副主编　吴双群　田海清

参　编　孙云峰　韦丽珍

U0230654

北京大学出版社

PEKING UNIVERSITY PRESS

内 容 简 介

本书针对风力发电机组的设计特点，介绍了风力发电机组设计的基本理论，重点论述了风力发电机组的总体设计方法及优化设计方法，比较系统地分析了风力发电机组的参数选择与匹配及维护。全书共分 8 章，主要内容包括风力机的类型与结构、基本设计理论、载荷分析、设计、输出功率特性，以及风力发电机组的参数选择与匹配、常见故障与检修等内容。

本书可作为高等院校风能专业、风能与动力工程专业及相关方向专业的本、专科高年级学生和非本专业研究生的教材，也可作为从事风力发电机组设计、运行、维护和管理等方面工作的专业技术人员的培训教材或参考用书。

图书在版编目(CIP)数据

风力机设计理论及方法/赵丹平，徐宝清主编. —北京：北京大学出版社，2012.1
21 世纪能源与动力工程类创新型应用人才培养规划教材
ISBN 978 - 7 - 301 - 20006 - 3

Ⅰ. ①风… Ⅱ. ①赵…②徐… Ⅲ. ①风力发电机—高等学校—教材 Ⅳ. ①TM315

中国版本图书馆 CIP 数据核字(2011)第 277697 号

书　　　名：	风力机设计理论及方法
著作责任者：	赵丹平　徐宝清　主编
策 划 编 辑：	童君鑫
责 任 编 辑：	周　瑞
标 准 书 号：	ISBN 978 - 7 - 301 - 20006 - 3/TK · 0005
出 版 者：	北京大学出版社
地　　　址：	北京市海淀区成府路 205 号　　100871
网　　　址：	http://www.pup.cn
电　　　话：	邮购部 010 - 62752015　发行部 010 - 62750672　编辑部 010 - 62750667
编辑部邮箱：	pup6@pup.cn
总编室邮箱：	zpup@pup.cn
印 刷 者：	北京虎彩文化传播有限公司
发 行 者：	北京大学出版社
经 销 者：	新华书店
	787 毫米×1092 毫米　16 开本　16.25 印张　383 千字
	2012 年 1 月第 1 版　　2023 年 8 月第 5 次印刷
定　　　价：	45.00 元

前　　言

　　风能作为可再生能源，具有蕴藏量巨大、可再生、分布广、无污染等特点，风能利用技术是世界上发展速度最快的科学技术之一。风力发电已成为世界可再生能源发展的重要方向。据世界风能协会预计，全球风能市场将持续快速增长，世界风力发电能力在未来 5 年内将增长 160%，全球风力发电装机容量将在 2014 年达到 409GW。中国风能能力将继续以惊人的速度增长，2009 年，中国占全球年度风能能力增加量的三分之一，新增风力发电场 13GW，使总装机能力达到 25.1GW，仅次于美国和德国，位居世界第三位。中国在未来数年内将继续是全球风能增长的主要动力之一，预计到 2014 年风能能力年增加量将超过 20GW。因此，随着风力发电产业的迅猛发展，我国风电方面的人才需求量越来越大，其主要需要方面有风电场的规划、设计、施工、运行与维护人才，风力发电机组的设计与制造人才，风能资源的测量与评估人才和风力发电项目开发技术与管理人才。

　　本书作为风能与动力工程专业首批系列规划教材，由具有多年从事实践及教学经验的人员通过精心选材，对教材的结构和内容等方面进行归纳、总结，力求满足现代高等教育风能与动力工程专业发展对教材的需求。本书从风力机基本理论出发，介绍了风力发电的发展现状、风力发电的应用进展、风的特性和变化规律及中国风能资源的分布特点；以风力机的载荷分析为线索，阐述了风力机的类型与结构、风力机的基本设计理论；重点分析了风力机的设计理论及优化方法、风力发电机组的参数选择与匹配、风力发电机组的常见故障与检修及安全运行等内容。本书概念清晰、内容丰富、深入浅出地阐述了风力发电机设计的难点，适合从事风力发电设计工作的师生、工程技术人员学习和使用。

　　本书共分 8 章，由赵丹平和徐宝清担任主编，负责内容编排设计、部分内容的撰写和全书统稿，吴双群和田海清为副主编，参加编写的还有孙云峰、韦丽珍。本书编写过程中参考了大量的相关文献资料，借鉴吸收了众多专家学者的成果，在此对所引用的文献资料的作者表示衷心的感谢！

　　限于编者水平，书中欠妥之处在所难免，恳切希望广大读者在使用本书时给予关注，并将意见和建议及时反馈给我们，以便完善，编者邮箱 zdpwsq@yahoo.cn。

编　者
2011 年 11 月

目　　录

第1章　绪论 ┈┈┈┈┈┈ 1

1.1　风力机的发展史 ┈┈┈┈ 2
   1.1.1　人类早期对风能的利用 ┈ 2
   1.1.2　风力发电 ┈┈┈┈ 4
1.2　风与风能 ┈┈┈┈ 11
   1.2.1　大气科学的基础知识 ┈ 11
   1.2.2　风的形成 ┈┈┈ 13
   1.2.3　风的特性 ┈┈┈ 16
   1.2.4　风能 ┈┈┈┈ 20
   1.2.5　风能区划分 ┈┈┈ 23
复习思考题 ┈┈┈┈┈ 25

第2章　风力机的类型与结构 ┈┈ 26

2.1　风力发电机的类型 ┈┈┈ 27
2.2　风力发电机的结构 ┈┈┈ 28
2.3　翼型简介 ┈┈┈┈ 32
复习思考题 ┈┈┈┈┈ 34

第3章　风力机的基本设计理论 ┈┈ 35

3.1　贝兹理论 ┈┈┈┈ 36
3.2　经典设计理论 ┈┈┈ 38
   3.2.1　涡流理论 ┈┈┈┈ 38
   3.2.2　叶素理论 ┈┈┈┈ 39
   3.2.3　动量理论 ┈┈┈┈ 40
   3.2.4　动量-叶素理论 ┈┈┈ 40
   3.2.5　叶片梢部损失和根部损失
       修正 ┈┈┈┈┈ 41
   3.2.6　塔影效果 ┈┈┈┈ 41
   3.2.7　偏斜气流修正 ┈┈┈ 41
   3.2.8　风剪切 ┈┈┈┈ 42
3.3　风力机叶片的空气动力特性 ┈ 43
   3.3.1　翼型的几何定义 ┈┈ 43

3.3.2　作用于运动叶片上的空气
       动力 ┈┈┈┈┈ 44
3.3.3　升力系数和阻力系数的
       变化 ┈┈┈┈┈ 46
复习思考题 ┈┈┈┈┈ 46

第4章　风力机的载荷分析 ┈┈┈ 47

4.1　概述 ┈┈┈┈┈ 48
4.2　叶片的结构 ┈┈┈┈ 48
   4.2.1　水平轴风力机叶片的
       结构与特点 ┈┈┈ 48
   4.2.2　垂直轴风力机叶片的
       结构与特点 ┈┈┈ 50
4.3　风轮的气动载荷分析与计算 ┈ 51
   4.3.1　翼型的来流速度 ┈┈ 51
   4.3.2　空气动力载荷 ┈┈┈ 52
   4.3.3　离心力载荷 ┈┈┈ 53
   4.3.4　重力载荷 ┈┈┈┈ 54
4.4　作用在整个风力机上的力 ┈ 55
   4.4.1　轴向推力 ┈┈┈┈ 55
   4.4.2　俯仰力矩 ┈┈┈┈ 55
4.5　载荷情况 ┈┈┈┈ 56
复习思考题 ┈┈┈┈┈ 60

第5章　风力机的设计 ┈┈┈┈ 61

5.1　风力机设计方案 ┈┈┈ 62
   5.1.1　风场 ┈┈┈┈┈ 62
   5.1.2　风力发电机组等级 ┈┈ 66
   5.1.3　机组设计参数 ┈┈┈ 67
   5.1.4　离网型风力发电机组的基本
       配置 ┈┈┈┈┈ 71
   5.1.5　并网型风力发电机组的基本
       配置 ┈┈┈┈┈ 72

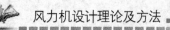
5.2 风力机叶片的基本设计方法 ······ 73
  5.2.1 叶片设计参数 ············· 73
  5.2.2 叶片的基本设计方法 ······ 93
  5.2.3 叶片的内部结构 ······ 120
  5.2.4 叶片材料 ············ 122
  5.2.5 叶片的加工工艺 ······ 125
5.3 风力发电机叶片设计举例 126
  5.3.1 综合优化目标 ······ 126
  5.3.2 约束条件 ············ 127
  5.3.3 算法的实现 ············ 129
  5.3.4 叶片优化设计实例 ······ 129
  5.3.5 外形坐标设计 ········ 131
5.4 风力机其他组件的设计方法 ······ 135
  5.4.1 发电机 ················· 135
  5.4.2 轮毂 ·················· 142
  5.4.3 逆变器 ················· 144
  5.4.4 蓄电池 ················· 147
  5.4.5 塔架 ·················· 151
  5.4.6 传动装置 ············· 154
  5.4.7 机舱 ·················· 159
  5.4.8 刹车和锁定装置 ······ 160
  5.4.9 液压系统 ············· 163
  5.4.10 偏航机械系统 ······ 166
  5.4.11 控制系统 ············ 171
复习思考题 ················· 175

第6章 风力发电机输出功率特性 ··· 177

6.1 风轮转速 ················· 178
6.2 风力发电机组功率特性的
    测定 ···················· 181
  6.2.1 试验场地 ············· 181
  6.2.2 测试仪器 ············· 182
  6.2.3 比恩法 ················· 183
  6.2.4 数据采集 ············· 184
  6.2.5 数据筛选 ············· 184
  6.2.6 数据回归 ············· 184
  6.2.7 功率测定 ············· 185
6.3 风力发电机气动性能参数 ······ 188
6.4 年发电量计算 ············· 189
6.5 输出功率的控制 ············ 191

  6.5.1 定桨距风力发电机组的
        功率控制 ············ 191
  6.5.2 变桨距风力发电机组的
        功率控制 ············ 195
  6.5.3 变速风力发电机组的
        功率控制 ············ 199
复习思考题 ················· 207

第7章 风力发电机组的参数选择与
    匹配 ···················· 209

7.1 风力发电机组的参数与选择 ······ 210
  7.1.1 小型风力发电机组的
        技术参数 ············ 210
  7.1.2 中型风力发电机组的
        技术参数 ············ 211
  7.1.3 大型风力发电机组的
        技术参数 ············ 213
7.2 风力发电机组的选型与性能
    匹配 ···················· 225
  7.2.1 风力发电机组选型的
        原则 ················ 226
  7.2.2 风力发电机组选型的
        影响因素 ············ 226
复习思考题 ················· 228

第8章 风力发电机组的常见故障与
    检修 ···················· 229

8.1 风力发电机组的常见故障 ······ 230
  8.1.1 齿轮箱的常见故障及
        预防措施 ············ 230
  8.1.2 风力发电机组发电机的
        常见故障 ············ 232
  8.1.3 偏航系统的常见故障 ······ 232
  8.1.4 控制与安全系统的
        常见故障 ············ 233
8.2 风力发电机组的检测与维护 ······ 235
  8.2.1 风力发电运行检修员的
        资质 ················ 235
  8.2.2 风力发电机组维护检修
        管理的基础工作 ········ 236
  8.2.3 风力发电机组维护检修
        安全措施 ············ 237

8.2.4 风力发电机组维护检修
　　　项目 ………………… 239
8.2.5 维护检修计划 ………… 243
8.2.6 机组常规巡检和故障
　　　处理 ………………… 243

8.2.7 风力发电机组的年度例行
　　　维护 ………………… 246
复习思考题 …………………… 249

参考文献 …………………………… 251

第 1 章 绪 论

教学目标

　　了解人类对风能的利用历史，风力发电的发展历程，大气环流；理解海陆风、山谷风、季风、台风的形成；理解风特性；掌握平均风速和风向、湍流度；理解风速随时间的变化规律；掌握风速的垂直变化；理解风玫瑰图；掌握风能公式；熟悉中国风能资源分布特点。

教学要点

知识要点	掌握程度	相关知识
风力机的发展	了解人类早期对风能的利用；熟悉风力发电的发展	风帆的应用；风车的应用；水平轴风力发电机；垂直轴风力发电机；大型风力发电机组
大气科学的基础知识	了解大气科学的基础知识	大气层；大气环流
风的形成	了解风的成因，熟悉风的类型	季风，海陆风，山谷风，台风
风的特性	掌握风速和风向；理解脉动风速；熟悉风速随高度的变化规律；理解风玫瑰图	平均风速的变化规律；风向的方位；湍流强度和阵风因子；风速的垂直变化
风能与风能资源	掌握风能公式；熟悉我国风能资源的分布	空气密度；风速的统计特性；平均风能密度和有效风能密度；风能资源区域的划分

我国有着丰富的风能资源，风力发电技术近几年来也得到了快速的发展。我国"十二五"规划中可再生能源被列为战略性发展产业，并提出要建设6个陆上和2个沿海及海上大型风电基地，新建装机容量7000万千瓦以上。统计数据显示，2000—2005年，我国风电装机容量平均每年以20%的速度递增。特别是2005年国家颁布可再生能源法之后，至2009年，全国风电装机容量由126万千瓦增长到近2412万千瓦，以每年翻一番的速度发展，远高于世界风电平均发展速度。2005年，我国开始了百万千瓦级风电规划；2008年，我国起动了千万千瓦级风电基地的规划和建设工作。2008年，全国新增风电装机容量630万千瓦，位列全球第二，占全球新增装机容量的22%；2009年，全国新增风电装机容量1202万千瓦，位列全球第一，占全球新增装机容量的33%。2011年1月，中国资源综合利用协会可再生能源专业委员会和国际环保组织绿色和平联合发布《中国风电发展报告2010》，从2005年到2010年，国内风电装机经历了5年的翻倍增长，截至2010年年底我国的风力发电装机容量以4183万千瓦超越美国成为全球第一风电大国。

能源是国民经济的命脉，是社会发展和提高人民生活水平的重要保障。现代社会依靠能源而运行，伴随着发展中国家的快速发展，特别是像中国和印度这样的人口大国，对能源的需求正在持续快速的增长。随着能源不断的、大量的消耗，煤炭、石油、天然气等传统能源已日趋枯竭，生态破坏、环境污染等问题更是日益严重，因此可再生能源越来越被世界各国所重视。

可再生能源包括风能、太阳能、水能、生物质能、地热能、海洋能等。风能蕴量巨大，全球的风能约为 2.74×10^9 MW，其中可利用的风能为 2×10^7 MW。风能作为一种清洁的可再生能源，同时风力发电是可再生能源领域中除水力发电外技术最成熟、最具规模化开发条件和商业化发展前景的发电方式之一，因此在世界各地得到迅速发展。发展风力发电对于调整能源结构、减轻环境污染、解决能源危机等方面有着非常重要的意义。

1.1 风力机的发展史

风能是人类最早使用的能源之一，风能的利用已有数千年的历史。在蒸汽机应用之前，风能曾经作为重要的动力源，用于船舶航行、提水灌溉及饮用、排水造田、磨面和锯木等。现代社会对风能的利用最主要的方向就是风力发电。

1.1.1 人类早期对风能的利用

1. 风帆的应用

人类利用风能的历史可以追溯到公元前，人类最早利用风能的主要方式之一就是"风帆助航"，用风帆推动船只前进。我国是最早使用帆船和风车的国家之一，大约公元前700多年的春秋时代，中国水域上就出现了早期的帆船。帆的出现就是为了解决船只用桨橹推进耗费人力和速度慢的问题，当能借助大自然风力进行远距离航行的木帆船出现后，人类的航海活动才得以不断扩展，到达了更为辽阔深沉的海域。

风帆的使用到汉代已较普遍。晋代周处《风土论》说："帆从风之幔也，施于船前，各随宜大小而制，大者用布120幅，高9丈。"这样大的帆当然用于中大型船只。初期的帆只是简单的单帆，而且也不能转动。在三国时期，出现了四到七帆的多桅帆船，特别是出现了能利用前侧风的平衡纵帆。它的帆不是正向前方，而是转至一个角度，帆的总面积是随风的大小而增减的。这种纵帆操作简便，转动自如，适应不同的风向和风速。它的出现在帆的发展史上是很大的一个突破，为远洋航行提供了必不可少的条件。这一时期，我国的航海技术在世界上已处于领先地位。

最辉煌的帆船时代是中国的明朝。我国伟大的航海家郑和，在永乐三年（1405年）至宣德八年（1433年）的28年间，率领百余艘船舶和两万七千多人组成的庞大船队，7次远航，遍访了亚洲、非洲30多个国家和地区，为促进中国与各国的友谊和经济文化交流作出了重大贡献。1405年郑和首下西洋，比哥伦布探险活动早87年，比麦哲伦到菲律宾早116年。无论在船队规模、船舶载重吨位，还是航海应用技术领域，均领先于其他国家。

与同时代的东方相比，欧洲人的造船和航海术一直相对落后。7世纪以后，欧洲开始使用可以转动的三角形纵帆，15世纪出现多桅多帆船。

中世纪之前的欧洲，帆船是沿着南欧和北欧两种风格分别发展的。北欧地区水域宽广，居民们很早就建造了船只作为水上交通工具。8世纪，维京人的船开始发展为帆船。后来开始发展为有一根或者两根张着纵帆的桅杆。桅杆一般立在中心处，并有支桅索。船上还设计有帆脚索，可以牵动帆顶风的那一面，使船在横风的情况下仍能借风航行。

欧洲南部的造船历史可溯源到接受过地中海东岸文明的克里特人。公元前2世纪中期的克里特帆船两端起翘，单桅，悬一方帆。9世纪前后，拜占庭人接受了阿拉伯人的技术，建造平滑船体的船，使用新式大三角帆装置，船能在风向的60度角内行驶。这种船型在12、13世纪发展成具有3层甲板、多种帆桅组合的形式。全装置帆船在16世纪基本定型，此后几个世纪，西欧帆船的标准装置多为3桅26帆。帆船技术在17世纪以后，除船体在逐渐增大外，没有更进一步的发展。

随着18、19世纪蒸汽机和内燃机的发明，风帆船逐渐被取代，到20世纪中叶已几乎从远洋运输中消失了。

2. 风车的应用

风车主要应用于提水灌溉、排水、磨面，其原理是利用风作用在叶片上的力，推动叶片绕主轴旋转，叶片将气流的直线运动转变为风轮绕其主轴的圆周运动，进而把自然风的动能转换为风车的机械能。

我国在宋代时期，风车的发展较快，当时流行的垂直轴风车一直沿用至今，宋代的垂直轴风车如图1.1所示。明代以后，风车得到了广

图1.1 宋代的垂直轴风车

泛的使用，宋应星的《天工开物》一书中记载有"扬郡以风帆数扇，俟风转车，风息则止"，这是对风车的一个比较全面的描述。我国风帆船的制造已领先于世界。方以智著的《物理小识》记载有"用风帆六幅，车水灌田，淮阳海皆为之"，描述了当时人们已经懂得利用风帆驱动水车灌溉田地的技术。中国沿海沿江地区的风帆船和用风力提水灌溉或制盐的做法一直延续到20世纪50年代，仅在江苏沿海利用风力提水的设备曾达20万台。

公元前1700多年，亚洲的古巴比伦王国开始利用风车灌溉农田，直到今天人们在伊朗和阿富汗还可以看到风力机的遗迹。公元前2世纪，古波斯人就利用垂直轴风车磨谷物。古代的风力磨坊如图1.2所示。10世纪伊斯兰人用风车提水，11世纪风车在中东地区已得到了广泛的应用。到了13世纪，风车传至欧洲，在14世纪，荷兰率先改进了古代风力机，并广泛利用这种改进后的风力机为莱茵河三角洲的沼泽地和湖泊抽水，以后又用于榨油和锯木。18世纪，荷兰曾利用近万座风车将海堤内的水排干，造出的良田相当于国土面积的1/3，成为著名的风车之国。

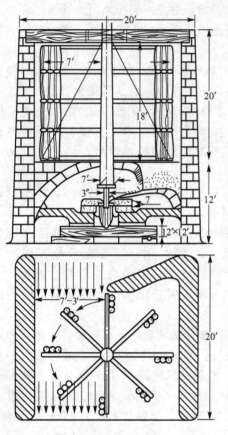

图1.2 古代的风力磨坊

荷兰风车有着不同的设计，从原先的杆形风车到后期只有顶端旋转并保持叶片与风向垂直的风车。这种可以泵抽大量水的大型机器直径达25m，几乎全用木头构造，甚至螺旋泵、阿基米德螺钉也是用木头制作的，在空气动力学方面叶片是非常精细的。依靠一根系在木梁顶端的绳子，绞车能够将风车的顶部从地面旋转（摇）上来，所以转子能与风向垂直。今天，风车已经成为荷兰著名的旅游景观。荷兰风车在欧洲大陆非常普遍，成为机械能的主要来源。后来由于蒸汽机的出现，才使欧洲风车数目急剧下降，北欧国家至今仍保留着大量荷兰式的风车，已成为人类文明的见证。

1.1.2 风力发电

风力发电就是风力机通过风轮来捕获风能，利用风对叶片的作用力推动叶片绕主轴旋转，通过一系列的传动进而带动发电机发电，把吸收的风的动能转换为电能输出。

在蒸汽机出现之前，风力机械是动力机械的一大支柱。18到19世纪的欧洲，有数十万台风力机在运行，主要用于谷物磨坊和提水灌溉。当时在美国，成百万的多叶片式风力机用于泵水，风轮直径为3~5m，功率为500~1000W，其中150000台至今仍可以见到。由于叶片的数量多（根据直径大小，每个风轮可达到或超过30片），多叶片风轮的转速相对较低，能产生了较大的转矩，可以直接驱动活塞泵进行泵水。风轮的后方安装了尾翼，在尾翼的对风作用下，风轮的旋转平面可以保持与风向垂直，使风轮正对风向。后来随着煤炭、石油、天然气的大规模开采和较低成本电力的获得，各种曾经被广泛使用的风力机械，由于成本高、效率低、使用不方便等因素，无法与蒸汽机、内燃机和电动机相竞争，逐渐被淘汰。但是，近半个世纪的实践表明，风力发电在解决发展中国家无电农、牧区居民的用电方面起到了积极且重要的作用，特别是 20 世纪 70 年代以后风力发电更是进入了一个蓬勃发展的阶段，风力发电技术及风电产业得到了快速的发展，世界各地建立了很多大中型的风电场。

风力发电技术的研究始于 19 世纪。美国的 Charles F. Brush(1849—1929)是风电技术研究的先驱者之一，1887—1888 年，他在俄亥俄州克利夫兰市安装了被现代人认为是第一台自动运行且用于发电的风力机(图 1.3)。这台风力发电机的功率为 12kW，叶轮直径为 17m，有 144 个由雪松木制成的叶片，运行了约 20 年，发出的电充到他家地窖里的蓄电池中。Charles F. Brush 是美国电力工业的奠基人之一。他发明了一种效率非常高的直流发电机应用于公共电网，发明了第一个商业化电弧光灯，找到了一种高效的制造铅酸蓄电池的方法。

丹麦的 Poul la Cour(1846—1908)于 1891 年制造了用来发电的风力机。Poul la Cour 是一名气象学家，同时也是现代风力发电机的先驱，他建立了第一个用于风力发电机实验的风洞，并发现叶片数少、转动较快的风力机在发电时比低转速的风力机效率高得多。他发明的 2 台实验风力发电机被安装在丹麦 Askov Folk 高中(图 1.4)。Poul la Cour 致力于能源储存的研究，将风力机发出的电力用于电解来生产氢气，供他学校的瓦斯灯使用。Poul la Cour 于 1905 年创立了风电工人协会，风电工人协会成立一年后，就拥有了 356 个会员。他还创办了世界上第一个风力发电期刊 Journal of Wind Electricity。

图 1.3 Charles F. Brush 用于发电的风力机　　图 1.4 Poul la Cour 用于发电的风力机

1920 年至 1930 年，丹麦约有 120 个地方公用事业拥有风力发电机，单机容量一般为 20~35kW，总装机容量约 3MW。这些风电容量当时占丹麦电力消耗量的 3%。丹麦对风力发电的重视度在随后的若干年逐渐减退，直到第二次世界大战期间出现供电危机。

垂直轴风力发电机的发明要比水平轴风力发电机晚一些，直到 20 世纪 20 年代才开始

风力机设计理论及方法

出现。芬兰的工程师 Savonius 于 20 世纪 20 年代发明了典型的阻力型垂直轴风力发电机，它以发明者的名字命名为萨窝纽斯型风力机。这种风力机选用的是 S 型风轮。它由两个半圆筒形叶片组成，两圆筒的轴线相互错开一段距离，也有用 3～4 枚叶片的，往往上下重叠多层。其优点是起动转矩较大，起动性能良好，但是它的转速低，风能利用系数低于水平轴风力发电机组，并且在运行中围绕着风轮会产生不对称气流，从而产生侧向推力。特别是对于较大型的风力发电机组，因为受偏转与安全极限应力的限制，采用这种结构形式是比较困难的。萨窝纽斯型风力发电机组的叶尖速比不可能大于 1，所以它的转速低，风能利用系数也低于高速型的其他垂直轴风力发电机组，缺乏市场竞争力。

升力型垂直轴风力发电机组利用翼型的升力做功，最典型的是由法国工程师达里厄(G. J. M. Darrieus)于 1927 年发明的达里厄型(Darrieustype)风力发电机组，他于 1931 年获得专利，但一直未被重视。20 世纪后期，加拿大国家空气动力实验室和美国 Sandia 实验室进行了大量的试验研究，结果认为与所有垂直轴风力发电机组相比，该机的风能利用系数最高。根据叶片的形状，达里厄型风力发电机组可分为直叶片和弯叶片两种，叶片的翼型剖面多为对称翼型。弯叶片(Φ型)主要是使叶片只承受张力，不承受离心力，但其几何形状固定不变，不便采用变桨距方法控制转速，且弯叶片制造成本比直叶片高。直叶片一般都采用轮毂臂和拉索支撑，以防止离心力引起过大的弯曲应力，但这些支撑会产生气动阻力，降低效率。如图 1.5 所示，达里厄型风力发电机组有多种形式，如 H 型、△型、◇型、Y 型和 Φ 型等，其中以 H 型和 Φ 型风力发电机组最为典型，如图 1.6 所示。

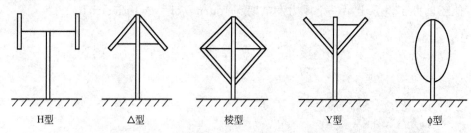

图 1.5　达里厄型风力发电机组的类型

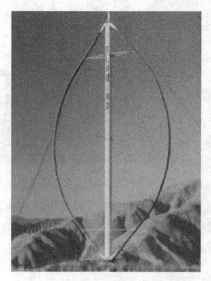

图 1.6　φ型与H型垂直轴风力发电机

6

达里厄型风力发电机组的转速较高，旋转惯性大，结构相对简单，成本较低，适合大型风力发电机组。但达里厄型风力发电机组一般都起动转矩小，起动性能差，必须靠其他动力起动，达到要求的转速才能正常运行，并且风能利用率低。这种风力发电机组大都需要具有起动机构和离合器等，这样就增加了系统结构的复杂性，提高了成本。

随着垂直轴风力发电机组技术的发展，现在已有在风速为2m/s时就可以带负载自起动的H型垂直轴风力发电机组，并且风能利用系数高，这将使大型垂直轴风力发电机组更具有竞争力。

在20世纪初期，德国就开始尝试利用风能发电，首先是理论阵营引发了风力发电机发展的浪潮。基于军用和民用螺旋桨飞机的设计经验，在航空机翼空气动力学的背景下，物理学家Albert Betz对风力机的物理和气动性能进行了严格的计算，并得出在理想条件下风力机最大风能转化率为59.3%。关于风力机叶片的气动性能理论，直到现在都依然被证明是正确的。1926年他把动量和能量定理与叶型升力理论相结合，建立了叶片最优设计的理论。在稍作改进后，今天仍然以Betz理论为叶片设计的基础。

德国人在20世纪30年代主要致力于风力机的理论研究和大的风电计划，1931年在USSR建立了第一个大型的WIMED-30风力机，如图1.7所示，采用3叶片风轮，桁架式塔身，风轮直径为30m，额定功率为100kW，额定风速为10.5m/s，额定转速为30r/min，叶尖速比为4.5，叶片为变桨距控制，通过在一个圆形轨道上移动机舱来进行偏航。这台风力发电机在1931—1942年间一直运行良好，生产电力并入小型电网。该风力发电机的良好运行的实践经验，更增强了德国人建造5000kW大型风力机的信心，但这些计划都因随后的第二次世界大战而终止。

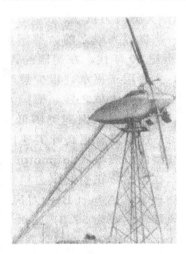

图1.7　WIMED-30型风力发电机

在1930—1940年期间，由于德国本土燃料和电力的缺乏，于1939年成立了RAW风能研究组织，聚集了许多科学家、技术人员和工业企业等。RAW组织资助了很多风电的项目，其成果都在*memoranda*上发表。其中一项值得特别注意的是，在1937年工程师Franz Klein-henz发布的巨型风力机计划，结构如图1.8所示。该风轮的结构参数为：风轮直径为130m，有3或4个叶片，额定功率为10000kW，叶尖速比为5，风轮为上风式，轮毂高度为250m，直趋式电动机的直径为28.5m，或者通过几个机械传动进行驱动，电动机驱动偏航。直到1942年该项目还处于积极的筹备之中，但当世界大战爆发后该项目实施计划破灭。

德国发动的第二次世界大战使这一发展停顿，而美国的风力发电机的研制还在持续进行。工程师Palmer C.Putnam和马萨诸塞州一些著名的科学家和技术人员合作开发研制了第一台大型的并网风力发电机。1941年10月这台风力发电机在佛蒙特州的小山顶上安装，它可能是世界上第一台大型风力发电机，如图1.9所示。该风力发电机主要参数为：风轮直径为53.3m，额定输出功率为1250kW，塔高为35.6m，重75t，叶片采用不锈钢制造，无扭曲，翼型为NACA4418，恒定弦长为3.7m，叶片有效长度为20m，每个叶片重量为6.9t，两个叶片采用拍向铰链连接，以减少强风下叶片的风载荷，风轮轴与叶片轴之间的角度随风速和转速变化，风轮能够承受 62m/s 的风速，额定风速为13.5m/s，额定转速为29r/min，仰角为 12.5°，锥角可变 6°～20°，齿轮箱的增速比为 20.6，风力机的速度和功率输出控制采用叶片液压系统实现，采用1250kW 的同步发电机。

图 1.8　RAW 资助项目的风力发电机

图 1.9　美国的大型风力发电机

这台风力发电机运行了 4 年，直到 1945 年 3 月 26 日，一个叶片在运行中折断，由于缺少资金去维修而被拆除。作为一个兆瓦级实验风力发电机，已是相当成功的了。

1940 年至 1950 年，在第二次世界大战期间，丹麦工程公司 F. L. Smidth（现在是水泥机械制造商）安装了一批两叶片和三叶片的风力机（图 1.10）。丹麦风机制造商已经生产出了两叶片的风力机，所有这些风力机发的是直流电。其中三叶片 F. L. Smidth 风力机于1942 年安装在 Bobo 岛，它们看起来很像所谓的"丹麦概念式"风力机，是风-柴系统中的一部分，给小岛供电。1951 年后，这些直流发电机逐渐被 35kW 的交流异步发电机取代。

图 1.10　F. L. Smidth 的两叶片风力机和三叶片风力机

丹麦人 Johannes Juul 是 Poul la Cour 开办的"风电工程"培训班中的一名学生，1950年，在丹麦的 Vester Egesborg，他开发了世界上第一台交流风力发电机，并在 1956 到

1957 年为 SWAS 电力公司在丹麦南部的 Gedser 海岸建成了新型的 200kW 的 Gedser 风力发电机，这是当时是世界上功率最大的交流风力发电机。它是一台三叶片、上风向、带有电动机械偏航和异步发电机的失速调节型风力机。这种设计概念是现代风力发电机的设计先驱。Johannes Juul 还发明了紧急叶尖刹车，可在风轮转速过快时通过离心力的作用释放刹车片，以降低风轮的转动速度。Gedser 风力发电机在不需维护的情况下运行了 11 年（图 1.11）。现在丹麦的 Bjerringbro 电力博物馆里还可以看到这台风力发电机的机舱和叶轮。

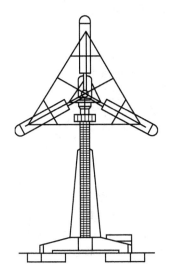

图 1.11　Johannes Juul 的 Gedser 风力发电机

第二次世界大战后，风力发电机的研究与发展主要集中在欧洲。E. W. Golding 总结了英国的先进技术，在联合国的会议进程中又报告了进一步的工作进展。英国建造了两个大型风力发电机，其中一个是在 1955 年，由 John Brown 公司在 Costa Hill, Orkney 建造。据检测，John Brown 机组在风速 16m/s 的条件下功率可达 100kW，它的转子安装在 24m 高的塔上，直径为 15m。这个风力发电机与柴油发电机一起并入电网，在 1955 年由于操作问题只是间断地运行。

另外一个机组由 Enfield 公司制造，于 1952 年建在了 St. Albans（图 1.12）。Enfield-Andreau 风力发电机安装在 30m 高的塔上，风轮直径为 24m。这个机组与其他机组的最大不同之处在于它的叶片是空心的，基于法国工程师 Andreau 的设计理念，当空心叶片旋转时，离心力使叶片内的空气从轮毂流向叶尖。轮毂处于低压状态，将空气从塔底吸入，驱动装在塔身中的汽轮机和发电机。主要特点为：双活动连接空心叶片、自调向风轮，装有灵敏的功率控制系统，利用液压伺服电动机的自动变桨距控制机构，可变锥角。额定功率为 100kW，额定风速为 13.5m/s，在 13.5～29m/s 风速范围内功率保持恒定。风轮的转速可变，最大为 95r/min，吸气量为 1655m³/min，同步发电机为 100kW/415V。在 1957 年这个机组被搬到了阿尔及利亚的 Grand vent，用于进一步的测试。由于摩擦损失过大，效率较低，这个机组最终还是没能取得成功。

在 1958—1966 年，法国人建造了几个风力发电机样机，功率为 800kW，位于 Nogent Le Roi，转子直径是 31m，与同步发电机相连以恒定速度运行。其机舱重达 162t 并被安装在 32m 高的塔架上。这个机组在 1958—1963 年间为国家电网提供电力。另外两个机组坐

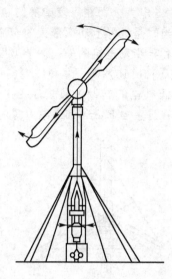

图 1.12　Enfield－Andreau 风力发电机

落于 St. Remy－Des－Landes。较小的 Neyrpic 机组的转子安装在 17m 高的塔架上，风轮直径为 21m，并且在风速为 12m/s 时，机组的功率为 130kW。较大的机组在风速为 17m/s 的情况下额定功率为 1000kW，运行了 7 个月，直到 1964 年 6 月由于涡轮轴损坏才停止运行。尽管这些样机证明了将风力发电机与电网相连接的可行性，但法国政府仍在 1964 年决定停止对风能的继续发展和研究。

在 20 世纪 50 年代，德国设计制造了在技术上领先于那个时代的风力机，并在以后的 20 年时间里保持领先地位。其转子上的叶片由玻璃纤维制成，所以质量很轻，而且安装在一个带有桨距控制和圆锥的可转动轮毂上。10kW 的机组被开发并测试，一个直径为 34m 的机组，在风速 8m/s 时功率达到 100kW。这个机组在 1957—1968 年间运行了 4000h。然而，由于资金及叶片振动问题，该实验进展得很慢。

作为风力发电技术的最初尝试，这些研究和实践为后来的风电发展奠定了很好的基础。

20 世纪 80 年代，欧洲风力发电机组设计概念出现了多元化格局。小型风电设备的制造者们致力于设备的系列化，通过风电机组按比例地放大制造，保持着技术上的优势，直到出现中型容量、有市场竞争力的风力发电机。大型风电设备的研究开始于 20 世纪 80 年代后期，政府资助和起动风电项目主要趋向于组建大型试验风力机。同时，由于公共事业是这些大型风力发电机的潜在买家，因此，这时的大型风力发电机已经向 MW 级发展。大型风力发电机组从一个叶片到三个叶片都有，后来三叶片逐渐发展为主流。

20 世纪 90 年代，单机容量不断增加，300kW、450kW、600kW、750kW 风力发电机成为主流机型，开始商业化兆瓦级风力发电机组的研制，并且出现海上风电场。海上风能的应用前景非常好，海上拥有比陆地上更好的风能资源，并且不占用宝贵的土地资源。

风力发电机大型化可以减少占地、降低并网成本和单位功率造价，有利于提高风能利用效率。因此风力发电机组的技术也正沿着增大单机容量、提高转换效率的方向发展。近年来，全球 MW 级机组的市场份额明显增大，1997 年以前还不到 10%，2001 年则超过一半，2002 年达到 62.1%，2003 年全球安装的风力发电机组平均单机容量达到 1.2MW。

近几年的增长率是反映风力发电市场活力的一个重要指标，1999—2004 年，风力发电增长率持续走低，2004 年之后，风力发电装机增长率开始平稳上升，2005 年为 23.8%，2006 年为 25.6%，到 2007 年，达到了 26.6%。这些增长主要是由于美国、西班牙和中国的增长率远远高于全球平均增长率所致。

目前，全球风力发电产业从探索阶段逐渐走向成熟，风力发电设备制造商逐步显现出向国际化、大型化和一体化发展的趋势。2006 年市场总量为 15016MW，全球十大风力发电设备制造商累计占有了全球市场 96% 的份额，前 4 家风力发电设备制造商就占有了全球75% 的风力发电市场份额。据欧洲风能协会统计，在 2006 年全球风力发电机组供应商市场份额中，处于前 10 位的是 Vestas（丹麦）、Gamesa(西班牙)、GE Wind(美国)、Enercon(德国)、Suzlon(印度)、Siemens(德国)、Nordex(德国)、REpower(德国)、Accona(英国)、Goldwind(中国)。

1.2 风 与 风 能

风是人类最熟悉的自然现象之一，风无形无影、无处不在。地球周围聚集着数千千米厚的大气层，地球上的气候变化是由大气流动引起的。太阳辐射是大气流动的动力源，由于地球上各纬度所接受的太阳辐射强度不同，造成地球表面受热不均，引起大气层中压力分布不均，在不均压力作用下，空气沿水平方向运动就形成风。风能就是指风具有的能量，即流动空气所具有的动能。风能实质上是太阳能的转化形式，是一种取之不尽、用之不竭、分布广泛、不污染环境、不破坏生态的绿色可再生能源。

1.2.1 大气科学的基础知识

1. 大气层

在地球引力的作用下，大量气体聚集在地球周围，形成数千千米的大气层(也叫大气圈)。探空火箭在 3000km 高度仍然发现有稀薄的大气，科学家认为，大气层一直可以延续到距地面 6400km 左右。大气是一种混合物，由空气、水汽和各种悬浮的固态杂质微粒组成。大气中氮占 78%，氧占 21%，氩占 0.93%，二氧化碳占 0.03%，此外还有少量的稀有气体(氦气、氖气、氪气、氙气、氡气、氢气)、水汽和尘埃。因为有了大气，才使射入的阳光遇到大气分子后偏离原方向而产生散射。对于低层的分子来说，主要是散射蓝色光，从而使天空成为蓝色。有了大气层，在昼夜交替的过程中，人们才能欣赏到晨光明霞、黄昏夕照的绚丽景色。

大气中的氧和氮是地球上生物呼吸和制造营养的源泉。臭氧和二氧化碳含量虽少，但作用很大。臭氧可以在高空大量吸收紫外线，保护地面生物免受强烈紫外线的伤害。二氧化碳可以吸收和发射长波辐射，对大气和地面温度的调节产生重要影响。大气中的水汽和尘埃含量甚微，然而它们却是成云致雨，导致天气现象万千变化的重要因素。可以说，如果地球上没有大气，就不会有生命。

根据大气的温度、成分、荷电等物理性质，大气层自地球海平面向上分为对流层、平流层、中间层、暖层、散逸层。对流层在大气层的最低层，紧靠地球表面，人类的绝大部分活动，动、植物的生存，都在这一层内。其厚度大约为 10 至 20km。对流层厚度虽然不大，但却集中了大约 75% 的大气质量和 90% 以上的水汽质量，因此，大气中的主要天气现象，如云、雾、雨、雪等都发生在这一层。对流层空气的增温主要是依靠吸收地球表面的热量，从而形成气温随高度升高而降低的显著特点，大约每升高 1km，温度下降 5～6℃。因为这一层的空气对流很明显，故称对流层。对流层以上是平流层，大约距地球表面 20 至 50km。平流层的空气比较稳定，大气是平稳流动的，故称为平流层。在平流层内水蒸气和尘埃很少，并且在 30km 以下是同温层，其温度在 −55℃ 左右，温度基本不变，在 30km 至 50km 内温度随高度增加而略微升高。平流层以上是中间层，大约距地球表面 50 至 85km，这里的空气已经很稀薄，突出的特征是气温随高度增加而迅速降低，空气的垂直对流强烈。中间层以上是暖层，大约距地球表面 100 至 800km。暖层最突出的特征是当太阳光照射时，太阳光中的紫外线被该层中的氧原子大量吸收，因此温度升高，故称暖层。散逸层在暖层之上，为带电粒子所组成。

　　大气的物理现象和物理过程是用许多物理量来表示的，综合各物理量的特征便能描述出大气的各种状况。这些物理量统称为气象要素。例如，表示空气性质的压强、温度和湿度；表示空气运动状况的风向、风速；表示大气物理现象的雨、雪、雷、电等。气象要素选择得越多，就越能详尽地表征大气状况。

2. 大气环流

　　大气环流一般是指具有世界规模的、大范围的大气运行现象，既包括平均状态，也包括瞬时现象，其水平尺度在数千千米以上，垂直尺度在 10km 以上，时间尺度在数天以上。某一大范围的地区（如欧亚地区、半球、全球），某一大气层次（如对流层、平流层、中间层、整个大气圈）在一个长时期（如月、季、年、多年）的大气运动的平均状态或某一个时段（如一周、梅雨期间）的大气运动的变化过程都可以称为大气环流。大气环流是完成地球-大气系统角动量、热量和水分的输送和平衡以及各种能量间的相互转换的重要机制，又同时是这些物理量输送、平衡和转换的重要结果。

　　造成大气环流的因素比较多，太阳辐射是地球上大气运动能量的来源，由于地球的自转和公转，地球表面接受太阳辐射能量是不均匀的，会有气压差，从而形成大气的热力环流。另外是地球自转，由于地球自转形成的地转偏向力称科里奥利力，简称偏向力或科氏力，在此力的作用下，在北半球，气流向右偏转；在南半球，气流向左偏转。还有地球表面海陆分布不均匀，以及大气内部南北之间热量、动量的相互交换。这些种种因素构成了地球大气环流的平均状态和复杂多变的形态。

　　当空气由赤道两侧上升向极地流动时，开始因地转偏向力很小，空气基本受气压梯度力影响，在北半球，由南向北流动，随着纬度的增加，地转偏向力逐渐加大，空气运动也就逐渐向右偏转，也就是逐渐转向东方。在纬度 30° 附近，偏角到达 90°，地转偏向力与气压梯度力相当，空气运动方向与纬圈平行，所以在纬度 30° 附近上空，赤道来的气流受到阻塞而聚积，气流下沉，形成这一地区地面气压升高，就是所谓的副热带高压。

　　副热带高压下沉气流分为两支，一支从副热带高压向南流动，指向赤道。在地转偏向力作用下，北半球吹东北风，南半球吹东南风，风速稳定且不大（3～4 级），这就是所谓的"信风"，所以在南、北纬度 30° 之间的地带称为信风地带。这一支气流补充了赤道的上升气流，构成了一个闭合的环流圈，称为哈德来（Hadley）环流，也称正环流圈。此环流圈南面上升，北面下沉。另一支从副热带高压向北流动，在地转偏向力的作用下，北半球吹西风，且风速较大，这就是所谓的西风带。在60°附近处，西风带遇到了由极地向南流来的冷空气，被迫沿冷空气上面爬升，在60°地面出现一个副极地低压带。

副极地低压带的上升气流到了高空又分成两股，一股向南，一股向北。向南的一股气流在副热带地区下沉，构成一个中纬度闭合圈，正好与哈德来环流流向相反，此环流圈北面上升、南面下沉，所以因而称为反环流圈，也称费雷尔（Ferrel）环流圈；向北的一股气流从上空到达极地后冷却下沉，形成极地高压带，这股气流补偿了地面流向副极地带的气流，而且形成了一个闭合圈，此环流圈南面上升、北面下沉，与哈德来环流流向类似，因此也称正环流。在北半球，此气流由北向南，受地转偏向力的作用，吹偏东风，在60°～90°之间，形成了极地东风带。

综合上述，由于地球表面受热不均，引起大气层中空气压力不均衡，因此，形成地面与高空的大气环流。各环流圈伸屈的高度，以赤道最高，中纬度次之，极地最低，这主要是由于地球表面增热程度随纬度增高而降低的缘故。这种环流在地球自转偏向力的作用下，形成了赤道～纬度30°环流圈（哈德来环流）、纬度30°～60°环流圈和纬度60°～90°环流圈，这便是著名的三圈环流（图1.13）。

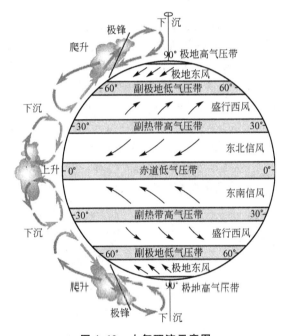

图1.13 大气环流示意图

当然，所谓"三圈环流"是一种理论的环流模型。由于地球上海陆分布不均匀，因此，实际的环流比上述情况要复杂得多。

1.2.2 风的形成

1. 风的成因

风是由太阳辐射引起的。地球绕太阳运转，由于日地距离和方位不同，地球上各纬度所接受的太阳辐射强度也各不相同，以及其他种种原因造成地球表面各处受热不均，于是

风力机设计理论及方法

产生温差，引起大气压力分布不均，形成气压梯度，在气压梯度力的作用下，空气会垂直于等压线从高气压区流向低气压区，空气这样沿水平方向的运动就形成了风。

在赤道和低纬度地区，太阳高度角大，日照时间长，太阳辐射强度大，地面和大气接受的热量多、温度较高；在高纬度地区，太阳高度角小，日照时间短，地面和大气接受的热量少，温度低。这种高纬度与低纬度之间的温度差异形成了南北之间的气压梯度，使空气作水平运动，沿垂直于等压线的方向从高压区流向低压区。由于地球的自转，会产生使空气水平运动发生偏向的力，称为地转偏向力，这种力使北半球气流向右偏转，南半球向左偏转，所以地球大气运动除受气压梯度力影响外，还要受地转偏向力的影响。大气的真实运动是两力综合影响的结果。

实际上，地面风不仅受这两个力的影响，而且在很大程度上也会受到海陆和地表形态的影响，山隘和海峡能改变气流运动的方向，还能使风速增大，而林地、山地由于摩擦大使风速减小，孤立山峰却因海拔高使风速增大。因此，风向和风速的时空分布较为复杂。

2. 风的类型

风受大气环流、地形、水域等不同因素的综合影响，表现形式多种多样，如季风、地方性的海陆风、山谷风、焚风、台风等。

季风是指大范围地区的盛行风随季节而有显著改变的现象。季风是由海陆分布、大气环流、大陆地形等因素造成的，以一年为周期的大范围对流现象。亚洲地区是世界上最著名的季风区，其季风特征主要表现为存在两支主要的季风环流，即冬季盛行东北季风和夏季盛行西南季风，并且它们的转换具有暴发性的突变过程，中间的过渡期很短。一般来说，11 月至翌年 3 月为冬季风时期，6—9 月为夏季风时期，4—5 月和 10 月为夏、冬季风转换的过渡时期。但不同地区的季节差异有所不同，因而季风的划分也不完全一致。

季风是大范围盛行的、风向随季节变化显著的风系，和风带一样同属行星尺度的大气环流系统，海陆热力性质的差异导致冬夏间海陆气压中心的季节变化，是形成季风环流的主要原因。如图 1.14 所示，季风在夏季由海洋吹向大陆，在冬季由大陆吹向海洋。

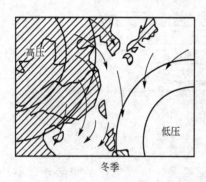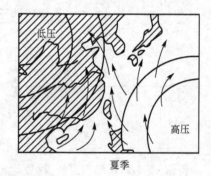

图 1.14 季风的形成

海陆风是因海洋和陆地受热不均匀而在海岸附近形成的一种有日变化的风系。在基本气流微弱时，白天风从海洋吹向陆地，夜晚风从陆地吹向海洋。前者称为海风，后者称为陆风，合称为海陆风。海陆风的水平范围可达几十千米，竖直高度达 1～2km，周期为一昼夜。白天，地表受太阳辐射而增温，由于陆地土壤热容量比海水热容量小得多，陆地升温比海洋快得多，因此陆地上的气温显著比附近海洋上的气温高。陆地上空气在水平气压

14

梯度力的作用下，上空的空气从陆地流向海洋，然后下沉至低空，又由海面流向陆地，再度上升，形成低层海风和竖直剖面上的海风环流。海风从每天上午开始直到傍晚，风力以下午为最强。日暮以后，陆地降温比海洋快，到了夜间，海上气温高于陆地，就出现与白天相反的热力环流而形成低层陆风和竖直剖面上的陆风环流。海陆的温差白天大于夜晚，所以海风较陆风强，如图 1.15 所示。

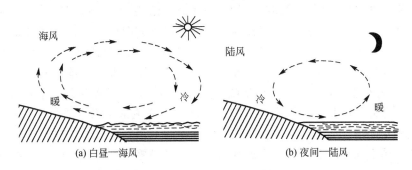

(a) 白昼—海风   (b) 夜间—陆风

图 1.15　海陆风的形成

在较大湖泊的湖陆交界地，也可产生和海陆风环流相似的湖陆风。海风和湖风对沿岸居民都有消暑热的作用，对调节气候有很好的作用，我国拥有千万人口的上海市就颇得海陆风的恩惠。在较大的海岛上，白天的海风由四周向海岛辐合，夜间的陆风则由海岛向四周辐散。因此，海岛上白天多雨，夜间多晴朗。例如中国海南岛，降水强度在一天之内的最大值出现在下午海风辐合最强的时刻。

山谷风是由于山谷与其附近空气之间的热力差异而引起的，白天风从山谷吹向山坡，这种风称谷风；到夜晚，风从山坡吹向山谷，称山风，山风和谷风总称为山谷风。其形成原理跟海陆风类似，白天，山坡接受太阳光热较多，空气增温较多；而山谷上空，同高度上的空气因离地较远，增温较少。于是山坡上的暖空气不断上升，并在上层从山坡流向谷底，谷底的空气则沿山坡向山顶补充，这样便在山坡与山谷之间形成一个热力环流。下层风由谷底吹向山坡，称为谷风。到了夜间，山坡降温快，山坡上的空气受山坡辐射冷却影响，空气降温较多；而谷底上空，同高度的空气因离地面较远，降温较少。于是山坡上的冷空气因密度大，顺山坡流入谷底，谷底的空气因汇合而上升，并从上面向山顶上空流去，形成与白天相反的热力环流。下层风由山坡吹向谷底，称为山风，如图 1.16 所示。

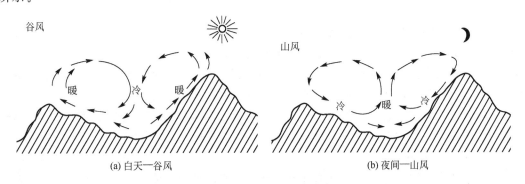

(a) 白天—谷风   (b) 夜间—山风

图 1.16　山谷风形成图

谷风的平均速度约每秒 2～4m，有时可达每秒 7～10m。谷风通过山隘的时候，风速加大。山风比谷风风速小一些，但在峡谷中，风力加强，有时会吹损谷底中的农作物。谷风所达厚度一般约为谷底以上 500～1000m，这一厚度还随气层不稳定程度的增加而增大，因此，一天之中，以午后的伸展厚度为最大。山风厚度比较薄，通常只及 300m 左右。

台风是发生在热带海洋上强烈的气旋，一边绕自己的中心急速旋转，一边随周围大气向前移动。在北半球热带气旋中的气流绕中心呈逆时针方向旋转，在南半球则相反。世界气象组织定义：热带气旋中心持续风速达到 12 级(即每秒 32.7 米或以上)称为飓风。飓风的名称使用在北大西洋及东太平洋，而北太平洋西部使用的近义字是台风。

在海洋面温度超过 26℃以上的热带或副热带海洋上，由于近洋面气温高，大量空气膨胀上升，使近洋面气压降低，外围空气源源不断地补充流入上升，受地转偏向力的影响，流入的空气旋转起来，而上升空气膨胀变冷，其中的水汽冷却凝结形成水滴时，要放出热量，又促使低层空气不断上升。这样近洋面气压下降得更低，空气旋转得更加猛烈，最后形成了台风。在条件合适的广阔海面上，循环的影响范围将不断扩大，可达数百至上千千米。

从台风结构可以看出，如此巨大的庞然大物，其产生必须具备特有的条件：一、要有广阔的高温、高湿的大气。热带洋面上的底层大气的温度和湿度主要决定于海面水温，台风只能形成于海温高于 26～27℃ 的暖洋面上，而且在 60m 深度内的海水水温都要高于 26～27℃；二、要有低层大气向中心辐合、高层向外扩散的初始扰动。而且高层辐散必须超过低层辐合，才能维持足够的上升气流，低层扰动才能不断加强；三、垂直方向风速不能相差太大，上下层空气相对运动很小，才能使初始扰动中水汽凝结所释放的潜热能集中保存在台风眼区的空气柱中，形成并加强台风暖中心结构；四、要有足够大的地转偏向力作用，地球自转作用有利于气旋性涡旋的生成。地转偏向力在赤道附近接近于零，向南北两极增大，台风基本发生在大约离赤道 5 个纬度以上的洋面上。

1.2.3 风的特性

风是一种矢量，它通常用风速与风向这两个参数来表示。风具有随机性，表现在其速度和方向随时间在不断地变化，能量和功率随之也发生改变。这种变化可能是短期内的波动，也可能是昼夜变化，或者季节变化。

1. 风速

它表示空气在单位时间内流过的距离，单位是米/秒或英里/小时，风速可以用风速仪测量。由于风力变幻莫测，于是在实用中就有瞬时风速与平均风速这两个概念。前者可以用风速仪在较短时间(0.5～1.0s)内测得，后者实际上是某一时间间隔内各瞬时风速的均值，因此就有日平均风速、月平均风速、年平均风速等。

平均风速指瞬时风速的时间平均值，主要用算术平均法或矢量平均法计算平均风速。目前习惯使用平均风速的概念来衡量一个地方的风能资源状态。

1) 平均风速日变化

在大气边界层中，平均风速有明显的日变化规律。平均风速日变化的原因主要是太阳辐射的日变化而造成的地面热力不均匀。日出后，地面热力不均匀性渐趋明显，地面温度高于空气温度，气流上下发生对流，进行动量交换，上层动量向下传递，使上层风速减小，下层风速增加，入夜后，则相反。在高、低层中间则有一个过渡层，那里风速变化不明显，一般过渡层在 50~150m 高度范围。平均风速日变化在夏季无云时要增强，而在冬季多云时则要减弱。

2）平均风速月变化

有些地区，在一个月中，有时也会发生周期为 1 天至几天的平均风速变化。其原因是热带气旋和热带波动的影响所造成的。例如位于中纬度的某一地区，在一个月中平均风速变化有几个不同的时间周期，但是每 10 天左右有一次强风是很显著的。每个地区月平均风速随时间的变化虽有一定的规律，但是各个地区的变化规律不尽相同，很难找出普适性的规律。

3）平均风速季度变化

全球很多地区的平均风速随季度变化。平均风速随季度变化的大小取决于纬度和地貌特征，通常在北半球中高纬度大陆地区，由于冬季有利于高压形成，夏季有利于低压形成，因此，冬季平均风速要大一些，夏季平均风速要小一些。我国大部分地区，最大风速多在春季的三、四月，最小风速则多在夏季的七、八月。

2. 风向

风向是描述风能特性的又一个重要参数。气象上把风吹来的方向定为风向。例如，风来自北方，由北吹向南，称为北风；若风来自南方，由南吹向北，称为南风。气象台预报风时，当风向在某个方向左右摆动不能确定时，则加以"偏"字，如在北风方位左右摆动，则叫偏北风。在风向的测量中，陆地一般用 16 个方位表示风向，海上则多用 36 个方位表示。若风向用 16 个方位表示，则用方向的英文首字母的大写的组合来表示方向，见表 1-1。风向的 16 方位图如图 1.17 所示。

表 1-1 风向的 16 个方位

风向	符号	角度	风向	符号	角度
北	N	360	东北	NE	45
东	E	90	东南	SE	135
南	S	180	西南	SW	225
西	W	270	西北	NW	315
东北偏北	NNE	22.5	东北偏东	ENE	67.5
东南偏东	ESE	112.5	东南偏南	SSE	157.5
西南偏南	SSW	202.5	西南偏西	WSW	247.5
西北偏西	WNW	292.5	西北偏北	NNW	337.5

风向也是风电场选址的一个重要因素。若欲从某一特定方向获取所需的风能，则必须避免此气流方向上有任意的障碍物。早期是用风向标来确定风向的，现在大多数的风速仪可同时记录风向和风速。

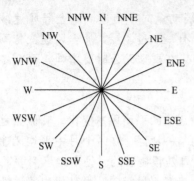

图 1.17　风向的 16 方位图

3. 脉动风速

脉动风速是指在某时刻 t，空间某点上的瞬时风速与平均风速的差值

$$V'(t) = V(t) - \overline{V} \tag{1-1}$$

脉动风速的时间平均值为零，即

$$\overline{V'} = \frac{1}{t_2 - t_1} \int_{t_1}^{t_2} V'(t) \mathrm{d}t = 0 \tag{1-2}$$

1) 湍流强度和阵风因子

湍流强度是描述风速随时间和空间变化的程度，反映了风的脉动强度，是确定结构所受脉动风荷载的关键参数。定义湍流强度 ε 为 10min 时距的脉动风速均方根值与平均风速的比值。

$$\varepsilon = \frac{\sqrt{(\overline{u'^2} + \overline{v'^2} + \overline{w'^2})/3}}{\sqrt{\overline{u^2} + \overline{v^2} + \overline{w^2}}} = \frac{\sqrt{(\overline{u'^2} + \overline{v'^2} + \overline{w'^2})/3}}{\overline{V}} \tag{1-3}$$

式中，u、v、w 为为纵向、横向和竖向 3 个正交风向上的瞬时风速分量；u'，v'，w' 为对应的 3 个正交方向上的脉动风速分量；$\overline{V}$ 为平均风速。

横向脉动风速与平均风速如图 1.18 所示。3 个正交方向上的瞬时风速分量的湍流强度分别定义为

$$\varepsilon_u = \frac{\sqrt{\overline{u'^2}}}{\overline{V}} \quad \varepsilon_v = \frac{\sqrt{\overline{v'^2}}}{\overline{V}} \quad \varepsilon_w = \frac{\sqrt{\overline{w'^2}}}{\overline{V}} \tag{1-4}$$

在大气边界层的地表层中，3 个方向的湍流强度是不相等的，一般，$\varepsilon_u > \varepsilon_v > \varepsilon_w$。在地表层上面，3 个方向的湍流强度逐渐减小，并随着高度的增加趋于相等。湍流强度不仅与离地高度有关，还与地表面粗糙度有关。在风工程研究中，主要考虑与平均风速方向的纵向湍流强度 ε_u。

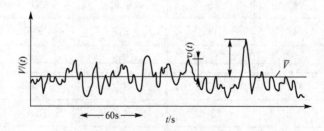

图 1.18　平均风速与脉动风速

风的脉动强度也可用阵风因子表示，阵风因子通常定义为阵风持续期 t_g 内平均风速的最大值与 10min 时距的平均风速之比

$$Gu(t_g) = 1 + \frac{\overline{u(t_g)}}{U}, \quad Gv(t_g) = \frac{\overline{v(t_g)}}{U}, \quad Gw(t_g) = \frac{\overline{w(t_g)}}{U} \tag{1-5}$$

结构风工程中定义阵风持续期 t_g 为 2～3s。一般说，t_g 越大，对应的阵风因子越小，$t_g = 10$min，$Gu = 1$，$Gv = Gw = 0$。阵风系数同湍流强度有关，湍流强度越大，则阵风系数

惊人。

3）湍流功率谱密度

大气湍流运动是由许多不同尺度的涡运动组合而成的，空间某点的脉动风速是由不同尺度的涡在该点处形成的各种频率的脉动叠加而成的。湍流功率谱密度是湍流脉动动能在频率或周波数空间上的分布密度，用来描述湍流中不同尺度的涡的动能在湍流脉动动能中所占的比例。

4. 平均风速随高度的变化

在大气边界层中，平均风速随高度发生变化，其变化规律称风剪切或风速廓线，风速廓线可采用对数律分布或指数律分布。

1）对数律分布

在近地层中，风速随高度有显著的变化，造成风在近地层中的垂直变化的原因有动力因素和热力因素，前者主要来源于地面的摩擦效应，即地面的粗糙度；后者主要表现与近地层大气垂直稳定度的关系。当大气层结为中性时，紊流将完全依靠动力原因来发展，这时风速随高度的变化服从普朗特（Prandtl）经验公式

$$u = \frac{u_*}{K} \ln\left(\frac{Z}{Z_0}\right) \tag{1-6}$$

$$u_* = \sqrt{\frac{\tau_0}{\rho}}$$

式中，u 为离地面高度 Z 处的平均风速（m/s）；K 为卡门（Kaman）常数，其值为 0.4 左右；u_* 为摩擦速度（m/s）；ρ 为空气密度（kg/m³），一般取 1.225kg/m³；τ_0 为地面剪切应力（N/m²）；Z_0 为粗糙度参数（m），见表 1-2。

表 1-2　不同地表面状态下的粗糙长度

地形	沿海区	开阔地	建筑物不多的郊区	建筑物较多的郊区	大城市中心
Z_0/m	0.005～0.01	0.03～0.10	0.20～0.40	0.80～1.20	2.00～3.00

2）指数律分布

用指数分布计算风速廓线时比较简便，因此，目前多数国家采用经验的指数律分布描述近地层中平均风速随高度的变化，风速廓线的指数律分布可表示为

$$u_n = u_1\left(\frac{Z_n}{Z_1}\right)^\alpha \tag{1-7}$$

式中，u_n 为离地高度 Z_n 处的平均风速（m/s）；u_1 为离地参考高度 Z_1 处的平均风速（m/s）；α 为分速廓线指数。

α 值的变化与地面粗糙度有关，地面粗糙度是随地面的粗糙程度变化的常数，在不同的地面粗糙度下风速随高度变化差异很大。粗糙的表面比光滑的表面更易在近地层中形成湍流，使得垂直混合更为充分。混合作用加强，近地层风速梯度就减小，而梯度风的高度就较高，也就是说粗糙的地面比光滑的地面到达梯度的高度要高，所以使得粗糙的地面层中的风速比光滑地面的风速小。

在我国建筑结构载荷规范中将地貌分为 A、B、C、D 四类：A 类指近海海面、海岛、

海岸、湖岸及沙漠地区，取 $\alpha_A=0.12$；B 类指田野、乡村、丛林、丘陵以及房屋比较稀疏的中小城镇和大城市郊区，取 $\alpha_B=0.16$；C 类指密集建筑物群的城市市区，$\alpha_C=0.20$；D 类指有密集建筑群且建筑面较高的城市市区，取 $\alpha_D=0.30$。图 1.19 所示为地表上高度与风速的关系。

风速垂直变化取决于 α 值。α 值的大小反映风速随高度增加的快慢，α 值大表示风速随高度增加得快，即风速梯度大；α 值小表示风速随高度增加得慢，即风速梯度小。

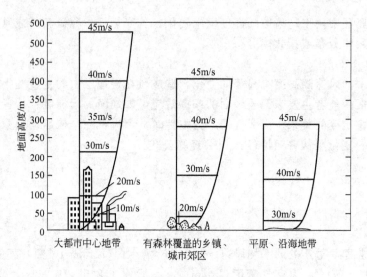

图 1.19　地表上高度与风速的关系

5. 风玫瑰图

每个地方的风特性可用玫瑰图表示，玫瑰图包括风玫瑰图和风能玫瑰图。风玫瑰图表示各方位出现风的频率和风速，是给定地点一段时间内的风向和风速分布图，通过它可以得知当地的主导风向。最常见的风玫瑰图是一个圆，圆上引出 16 条放射线，它们代表 16 个不同的方向，每条直线的长度与这个方向的风的频度成正比，静风的频度放在中间。如图 1.20 所示，每条直线的长度表示在一年内这个方向的风的时间百分数（风向指向圆心），每个圆或圆弧表示的时间为总时间的 5%，在每条直线的端点的数字表示这个方向风速的平均值。例如，西北方向的风，全年占 11%，平均风速为 6.7m/s；南风，全年占 15%，平均风速为 5.7m/s。所有的直线的总长度为 100%。从 16 个方向的风速立方之后分别取平均值，可得能量密度玫瑰图，如图 1.21 所示，每条直线的长度代表那个方向的风能百分数，所有的直线的总长度为 100%。图 1.21 与图 1.20 相对应。值得注意的是：风向玫瑰图不同于风能玫瑰图。如西北方向的风占全年时间的 11%，但平均风能为 21%。

1.2.4　风能

1. 空气密度

从风能公式可知，ρ 的大小直接关系到风能的多少，特别是在海拔高的地区，影响更

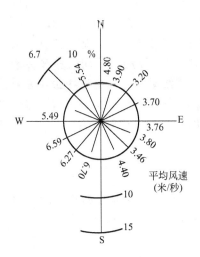

图 1.20　风玫瑰图

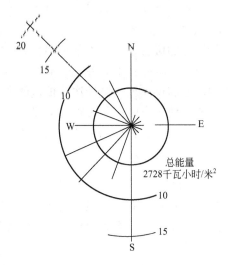

图 1.21　能量密度玫瑰图

突出。所以，计算一个地点的风功率密度，需要掌握的量是所计算时间区间下的空气密度和风速。在近地层中，空气密度 ρ 的量级为 10^0，而风速（V）的量级为 $10^2 \sim 10^3$。因此，在风能计算中，风速具有决定性的意义。另一方面，由于我国地形复杂，空气密度的影响也必须要加以考虑。空气密度 ρ 是气压、气温和湿度的函数，其计算公式为

$$\rho = \frac{1.276}{1 + 0.00366t} \times \frac{(p - 0.378e)}{1000} \qquad (1-8)$$

式中，p 为气压（hPa）；t 为气温（℃）；e 为水蒸气压（hPa）。

2. 风速的统计特性

由于风的随机性很大，因此在判断一个地方的风况时，必须依靠各地区风的统计特性。在风能利用中，反映风的统计特性的一个重要形式是风速的频率分布，根据长期观察的结果表明，年度风速频率分布曲线最有代表性。为此，应该具有风速的连续记录，并且资料的长度至少有 3 年以上的观测记录，一般要求能达到 5～10 年。

风速频率分布一般为偏态，要想描述这样一个分布至少要有 3 个参数，即平均风速、频率离差系数和偏差系数。

关于风速的分布，国外有过不少的研究，近年来国内也有探讨。风速分布一般均为正偏态分布，一般地说，风力越大的地区，分布曲线越平缓，峰值降低右移。这说明风力大的地区，一般大风速所占比例也多。如前所述，由于地理、气候特点的不同，各种风速所占的比例有所不同。

通常用于拟合风速分布的线型很多，有瑞利分布、对数正态分布、Γ 分布、双参数威布尔分布、三参数威布尔分布等，也可用皮尔逊曲线进行拟合。但威布尔分布双参数曲线被普遍认为适用于风速统计描述的概率密度函数。

威布尔分布是一种单峰的、两参数的分布函数簇。其概率密度函数可表达为

$$P(x) = \frac{k}{c} \left(\frac{x}{c} \right)^{k-1} \exp \left[-\left(\frac{x}{c} \right)^k \right] \qquad (1-9)$$

式中，k 和 c 为威布尔分布的两个参数，k 称为形状参数，c 称为尺度参数。

当 $c = 1$ 时，称为标准威布尔分布。形状参数 k 的改变对分布曲线形式有很大影响。

当 $0 < k < 1$ 时，分布的众数为 0，分布密度为 x 的减函数；当 $k = 1$ 时，分布呈指数型；$k = 2$ 时，便成为瑞利分布；$k = 3.5$ 时，威布尔分布实际已很接近于正态分布了。

估计风速的威布尔分布参数有多种方法，依不同的风速统计资料进行选择。通常采用方法为：最小二乘法，即累积分布函数拟合威布尔分布曲线法；平均风速和标准差估计法；平均风速和最大风速估计法。根据国内外大量验算结果，上述方法中最小二乘法误差最大。在具体使用当中，前两种方法需要有完整的风速观测资料，需要进行大量的统计工作；后一种方法中的平均风速和最大风速可以从常规气象资料获得，因此，这种方法较前面两种方法有优越性。

3. 风能公式

空气运动具有动能。风能是指风所具有的动能。如果风力发电机叶轮的断面面积为 A，则当风速为 V 的风流经叶轮时，单位时间风传递给叶轮的风能为

$$P = \frac{1}{2} m V^2 \tag{1-10}$$

其中，单位时间质量流量 $m = \rho A V$

$$P = \frac{1}{2} \rho A V \cdot V^2 = \frac{1}{2} \rho A V^3 \tag{1-11}$$

式中，ρ 为空气密度（kg/m³）；V 为风速（m/s）；A 为风力发电机叶轮旋转一周所扫过的面积，m²；P 为每秒空气流过风力发电机叶轮断面面积的风能，即风能功率（W）。

若风力发电机的叶轮直径为 d，则 $A = \frac{\pi}{4} d^2$

这样

$$p = \frac{1}{2} \rho V^3 \times \frac{\pi}{4} d^2 = \frac{\pi}{8} \rho d^2 V^3 \tag{1-12}$$

若有效时间为 t，则在时间 t 内的风能为

$$E = P \cdot t = \frac{\pi}{8} \rho d^2 V^3 t \tag{1-13}$$

由式（1-13）可知，风能与空气密度 ρ、叶轮直径的平方 d^2、风速的立方 V^3 和风速 V 的持续时间 t 成正比。

4. 平均风能密度和有效风能密度

表征一个地点的风能资源潜力，要视该地常年平均风能密度的大小而定，风能密度是指单位面积上的风能。对于风力发电机来说，风能密度是指叶轮扫过单位面积的风能，即

$$W = \frac{1}{2} \rho V^3 \tag{1-14}$$

式中，W 为风能密度（W/m²）；ρ 为空气密度（kg/m³）；V 为风速（m/s）。

常年平均风能密度为

$$\overline{W} = \frac{1}{T} \int_0^T \frac{1}{2} \rho V^3 \, dt \tag{1-15}$$

式中，$\overline{W}$ 为平均风能密度（W/m²）；T 为总时间（h）。

在实际应用时，常用下式来计算某地年（月）风能密度，即

$$W_{y(m)} = \frac{W_1 t_1 + W_2 t_2 + \cdots + W_n t_n}{t_1 + t_2 + \cdots + t_n} \qquad (1-16)$$

式中：$W_{y(m)}$ 为年（月）风能密度（W/m^2）；W_1，W_2，$\cdots$，W_n 为各等级风速下的风能密度（W/m^2）；t_1，t_2，$\cdots$，t_n 为各等级风速在每年（月）出现的时间（h）。

对于风能转换装置而言，可利用的风能是在"切入风速"到"切出风速"之间的风速段，这个范围的风能即通称的"有效风能"，该风速范围内的平均风能密度即"有效风能密度"，其计算公式为

$$\overline{W_e} = \int_{T_1}^{T_2} \frac{1}{2} \rho v^3 P'(v) \mathrm{d}v \qquad (1-17)$$

式中，v_1 为切入风速，m/s；v_2 为切出风速，m/s；$P'(v)$ 为有效风速范围内风速的条件概率分布密度函数，其关系

$$P'(v) = \frac{P(v)}{P(v_1 \leqslant v \leqslant v_2)} = \frac{P(v)}{P(v \leqslant v_2) - P(v \leqslant v_1)} \qquad (1-18)$$

1.2.5　风能区划分

我国幅员辽阔，陆疆总长达 2 万多千米，还有 18000 多千米的海岸线，边缘海中有岛屿 5000 多个，风能资源丰富。风能资源潜力的多少是风能利用的关键。研究各个地区风能资源的潜力和特征，一般都用有效风能密度和可利用的年累积小时数两个指标来表示。划分风能区划的目的是了解各地风能资源的差异，以便合理地开发利用。风能分布具有明显的地域性规律，这种规律反映了大型天气系统的活动和地形作用的综合影响。

根据全国各气象观测站的风速资料统计分析，得出全国风能密度及风速为 $3\sim20$m/s、$6\sim20$m/s、$8\sim20$m/s 的全年积累小时数，把我国的风能资源区域做了如下的划分。

1. 风能丰富区

该区风能密度大于 $200W/m^2$，$3\sim20$m/s 风速的年累积小时数大于 5000 小时；$6\sim20$m/s 大于 2200 小时；$8\sim20$m/s 大于 1000 小时。主要集中在 3 个地区。

（1）东南沿海、山东和辽东半岛沿海及其岛屿。该区由于濒临海洋，风速较高。越向内陆风能越小，风力等值线与海岸线平行。该区的风能密度是全国最高的，如平潭的风能密度可达 $750W/m^2$，$3\sim20$m/s 的风速一年中最多可达 7940 小时（全年为 8760 小时），$8\sim20$m/s 的也可达 4500 小时左右。

风能的季节分配：东南沿海和台湾及其黄海，东海诸岛秋季风能最大，冬季次之。山东和辽东半岛春季风能最大，冬季次之。

（2）内蒙古和甘肃北部。该区为内陆连成一片的最好的风能区域。年平均风能密度在个别地区如朱日和、虎勒盖尔可达 $300W/m^2$，$3\sim20$m/s 风速的年累积小时数可达 7660 小时左右，$6\sim20$m/s 风速可达 4180 小时，$8\sim20$m/s 也可达 2294 小时。该区冬季风能最大，春季次之，夏季最小。

（3）松花江下游地区。该区虽然风能密度在 $200W/m^2$ 以上，$3\sim20$m/s 风速在 5000 小时以上，但 $6\sim20$m/s 和 $8\sim20$m/s 风速较上述两区小，分别为 $2000\sim3000$ 小时和 $800\sim900$ 小时。

2. 风能较丰富区

该区的有效风能密度为 $150\sim200W/m^2$，$3\sim20$m/s 风速的年积累小时数为 $4000\sim$

5000 小时，6～20m/s 的为 1500～2200 小时，8～20m/s 的为 500～1000 小时。主要集中在 3 个地区，其中有两个地区是风能丰富区向内陆减小的延伸。

(1) 沿海岸区，包括从汕头海岸向北沿东南沿海的 20～50km 地带(是丰富区向内陆的延伸)到东海和渤海沿岸。该区 6～20m/s 的为 1500 小时，8～20m/s 的为 800 小时左右。长江口以南，大致秋季风能最大，冬季次之。

(2) 三北的北部地区，包括从东北图门江口向西沿燕山北麓经河西走廊(是内蒙古北部区向南的延伸)过天山到艾比湖南岸，横穿我国三北北部的广大地区。该区除天山以北地区夏季风能最大、春季次之外，都是春季风能最大。其次东北平原的秋季、内蒙古的冬季、河西走廊的夏季风能最大。

(3) 青藏高原中部和北部地区。该区的风能密度在 150W/m² 以上，但 3～20m/s 风速出现的小时数与东南沿海的丰富区相当，可达 5000 小时以上，有些地区如茫崖可达 6500 小时。但该区由于海拔高度较高(平均在 4000～5000m 左右)，空气密度较小。同样是 8m/s 风速，海拔 4.5m(如上海)时的风能密度比海拔 4507m(那曲)时高 40%。因此，在青藏地区(包括高山)利用风能时必须考虑空气密度的影响。该区春季风能最大，夏季次之。

3. 风能可利用区

该区的有效风能密度为 50～150W/m²，3～20m/s 风速的年累积小时数为 2000～4000 小时，6～20m/s 的为 500～1500 小时。集中分布在 3 个地区。

(1) 两广沿海，在南岭之南，包括福建海岸 50～100km 的地带。风能季节分配是冬季风能最大，秋季风能次之。

(2) 大、小兴安岭山地。该区有效风能和累积小时数是由北向南趋于增加，这与内蒙古地区由北向南减少不同。春季风能最大，秋季次之。

(3) 三北中部。黄河和长江中下游以及川西和云南一部分地区。东从长白山开始，向西穿过华北，经西北到新疆最西端。北从华北开始穿黄河过长江，到南岭北侧和从甘肃到云南的北部，这一大区连成一片，约占全国面积的一半。由于该区只是在春、冬季风能较大，夏、秋季风能较小，故又可称为季节风能利用区。

4. 风能欠缺地区

该区有效风能密度在 50W/m² 以下，3～20m/s 风速的年累积小时数在 2000 小时以下，6～20m/s 的在 300 小时以下，8～20m/s 的在 50 小时以下。集中分布在基本上四面为高山所环抱的 3 个地区。

(1) 以四川为中心，西为青藏高原，北为秦岭，南为大娄山，东面为巫山和武陵山等。

(2) 雅鲁藏布江河谷。

(3) 塔里木盆地西部。由于这些地区四周的高山阻碍了冷暖空气的入侵，所以风速都比较低。最低的是在四川盆地和西双版纳地区，年平均风速在 1m/s 以下，如成都风能密度仅为 35W/m² 左右。3～20m/s 的风速仅 400 小时，6～20m/s 的仅 20 多小时，8～20m/s 的在 1 年还不到 5 小时。因此这一地区除高山和峡谷等特殊地形外，基本上无风能利用价值。

上述 4 区的划分仅适于总的趋势，并不代表各区中局部地形的风能潜力，如吉林天池(海拔 2670m)处于风能可利用区内，事实上天池的年平均风速为 11.7m/s，居全国之冠，其风能应属最丰富区。又如新疆的阿拉山口—艾比湖，和哈密西部的百里风区都属风能较丰富区，但该地区3～20m/s风速可达6000小时，应属风能丰富区。

复习思考题

1. 什么是大气环流？
2. 风是怎样形成的？
3. 简述海陆风的形成。
4. 简述风速和风向的定义。
5. 什么是风玫瑰图？
6. 简述平均风能密度的定义。

第2章
风力机的类型与结构

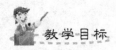

教学目标

掌握风力发电机的基本结构及其功用；理解风力发电机的分类方式特点及种类划分

教学要点

知识要点	能力要求	相关知识
风力发电机的类型	熟悉风力发电机的分类方式特点，划分的种类也不同	风力发电机的种类很多，划分依据不同，种类也各异；各类的结构特点
风力发电机的结构	掌握风力发电机的基本结构及其功用	风力发电机重要的组成部分，尤其水平轴风力发电机

 **导入案例**

维斯塔斯公司生产的 V100 - 1.8MW 风力机，其 100m 长的叶轮设计使它能够从可利用的风能中"挤出"更多能量，甚至在难以置信的 3m/s 的风速下也可以发电。V100 - 1.8MW 风力机的切入风速、额定风速和切出风速分别为 3m/s、12m/s 和 20m/s，其叶片长度和最大弦长分别为 49m 和 3.9m。借助其 49m 长的叶片，V100 - 1.8MW 风力机提供了出众的叶轮—发电机比率，所带来的高容量系数和高产能超出了此前低风速风场预计的水平。安装在 V100 - 1.8MW 风力机上的顶部冷却系统 CoolerTop 通过自身风能而无需消耗其他部件所产电能来实现风机冷却。CoolerTop 没有转动部件，因此几乎不需要维护，再一次削减了成本。此外，CoolerTop 没有任何电气部件，保证了冷却系统不会发出噪声，减少了机舱的电能消耗。

风能利用就是将风的动能转化为机械能，由机械能再转化为其他能量形式。风能利用有很多种类，最直接的用途就是风车磨坊、风车提水、风车供热，但最主要的用途是风能发电。

2.1 风力发电机的类型

风力发电机的种类和式样很多，根据不同的分类方式可将风力发电机分为若干个种类。标准不同，风电机组的划分也不同。

1. 根据额定功率分类

根据额定功率，一般可将其分为小型、中型和大型风力发电机。通常欧美国家认定额定功率 100~500kW 的为中型风力发电机，大于 500kW 的为大型风力发电机。我国曾有过机型分类的相关标准，但由于近年来风电产业的快速发展，对于更加适用的风电标准的研究工作正在积极进行中。

2. 根据动力学划分为阻力型和升力型风力发电机

(1) 阻力型风力发电机是在迎风方向装有一个阻力装置，当风吹向阻力装置时推动阻力装置旋转，旋转能再转化为电能，主要包括多翼型、萨渥纽斯型和涡轮型等。虽然这种风力发电机不能产生高于风速很多的转速，但是往往风轮转轴的输出扭矩很大，因此常被用来扬水、拉磨等动力用风力发电机组使用。

(2) 升力型风力发电机利用风能吹过转子时对转子产生的升力带动转子转动，原理和飞机起飞原理基本相似，螺旋桨型、达里厄型和直线翼垂直轴型都属于这种类型。由于有升力的作用，风轮圆周速度可以达到风速的几倍至几十倍，因此现代风力发电机组使用的几乎全是升力型风力发电机。

3. 根据转子受力风向分为顺风型和逆风型风力发电机

顺风型风力发电机组中，发电机在转子前面，转子自然顺风受力产生能量；逆风型机组则发电机在转子后面，转子由外力调节，始终保持迎风受力从而产生能量。

4. 根据风力机旋转主轴的方向(即主轴与地面相对位置)分类

(1) 水平轴风力发电机：风轮轴线安装位置与水平夹角不大于150°的风力机称为水平轴风力机。

(2) 垂直轴风力发电机：风轮轴线安装位置与水平面垂直的风力机称为垂直轴风力机，垂直轴风力机可接受来自任何方向的风，故无需对风。

5. 根据桨叶接受风能的功率调节方式分类

(1) 定桨距(被动失速型)风力发电机。定桨距(失速型)的桨叶与轮毂的连接是固定的。当风速变化时，桨叶的迎风角度不能随之变化。定桨距(失速型)机组结构简单、性能可靠，在21世纪之前的风能开发利用中一直处于主导地位。

(2) 变桨距风力发电机。变桨距机组叶片可以绕叶片中心轴旋转，使叶片攻角可在一定范围内(一般0°~90°)调节变化，其性能比定桨距型提高许多，但结构也趋于复杂，现多用于大型机组上。

(3) 主动失速风力发电机。主动失速表面上看是前两种功率调节方式的组合，可实际上有所不同。当风力发电机达到额定功率后，主动失速调节是使桨距角向减小的方向转过一个角度，其目的是使攻角相应地增大，以限制风能的利用率。

6. 根据叶轮转速是否恒定分类

(1) 恒速风力发电机。恒速风力发电机的设计简单可靠，造价低，维护量小，可直接并网；缺点是气动效率低，结构载荷高。

(2) 变速风力发电机。变速风力发电机的气动效率高，机械应力小，功率波动小，成本效率高，支撑结构轻；缺点是功率对电压降敏感，电气设备的价格较高，维护量大。

2.2 风力发电机的结构

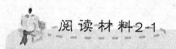

阅读材料2-1

风力机叶轮的发展

叶片是风力发电机中的关键部件之一，其良好的设计、可靠的质量和优越的性能是保证机组正常稳定运行的决定因素。1888年，美国的Charles F. Brush建立了世界上第一个用于发电的风力发电机，叶片采取平板设计，故效率较低。1891年，丹麦的Poul la Cour教授首先将气体动力学引入风力发电机的研究，并且是世界上第一个利用风洞实验研究风力发电机的科学家，为设计和建造性能良好的风力发电机开辟了新途径。但此时空气动力学尚不够准确，故叶片的设计仍不很理想。20世纪初，空气动力学的蓬勃发展和飞机的发明使人们对叶片的气动设计更为重视，它决定了整个风力发电机能从风中提取的能量多少及其转化效率。随着单机容量的不断增加，叶片的长度也不断增加，2MW风力机叶轮扫风直径达80m。叶片材料由玻璃纤维增强树脂发展为采用强度高、重量轻的碳纤维，叶片也向柔性方向发展。在风力发电机叶轮的设计中，翼型的选样非常关键。叶轮翼型的气动性能对整个风力发电机的运行特性和使用寿命起着决定性的作用。翼型因风力发电机的种类而异，第一批风车的叶片是用由覆盖亚麻布的木架构成的，叶片由支撑杆两边的木梁支承，后来木梁移至叶片的后缘以改善空气动力效率。比较现代的设计则以金属板代替了帆布，还利用闸板和折翼来控制高风速下叶轮的转速。低速叶轮采用薄而略凹的翼型。由于刚性差，这些叶片固定在环形支架上构成一个动轮。现代高速叶轮都采用流线型叶片，其翼型通常从 NACA 和 Gottigen 系列中选取。早期的水平轴风力涡轮叶片设计者感到翼型性能特点的微小区别与优化叶片扭曲和桨距相比较来说不是很重要，因此对翼型选择不是很在意，普遍在叶轮转子上采用航空翼型。例如 NACA44xx 和 NACA230xx，因为它们最大升力系数高，桨距动量低和最小阻力系数低。实践表明，标准航空类翼型并不适用于风力发电机应用。中国的叶片研究起步较晚，基础也比较薄弱。由于大多数叶片的型面是比较复杂的三维扭转曲面，几何要求精度高，设计制造难度大。

风力发电机的结构形式很多，但其原理和结构总的来说是大同小异的，这里主要介绍目前使用最为广泛的水平轴风力机，风轮叶片数目的多少视风力机的用途而定。用于风力发电的风力机一般叶片数取 1～4（大多为 2 片或 3 片）片，叶片数少的风力机通常称为高速风力机，它在高速运行时有较高的风能利用系数，但起动风速较高。由于其叶片数很少，在输出同样功率的条件下比低速风轮要轻得多，因此适用于发电。水平轴风力机主要由以下几部分组成：风轮、调速器、联轴器、制动器、发电机、塔架、调速装置、调向装置、齿轮箱等。其结构图如图 2.1 所示。

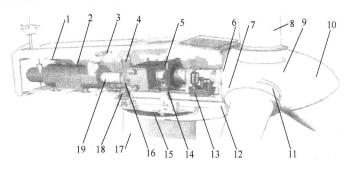

图 2.1　风力发电机的结构

1—维护吊车；2—发电机；3—冷却系统；4—机舱控制器；5—齿轮箱；
6—主轴；7—风轮锁定系统；8—叶片；9—轮毂；10—导流罩；11—叶片轴承；
12—机座；13—液压系统；14—齿轮箱垫簧；15—偏航盘；16—刹车盘；
17—塔架；18—偏航齿轮；19—万向轴（高速轴）

风力机的三维立体图如图 2.2 所示。机舱的三维模型如图 2.3 所示。

1. 风轮

叶片安装在轮毂上称作风轮，它包括叶片、轮毂等。如图 2.4 和图 2.5 所示。风轮是风力发电机接受风能的部件。现代的风力发电机的叶片数常为 1～4 枚叶片，常用的是 2 枚或 3 枚叶片。由于叶片是风力发电机接受风能的部件，所以叶片的扭曲、翼型的各种参

图 2.2　风力机的三维模型

数及叶片结构都直接影响叶片接受风能的效率和叶片的寿命。叶片尖端在风轮转动中所形成圆的直径称风轮直径，也称叶片直径。

2．增速器

由于风轮的转速低而发电机转速高，为匹配发电机，要在低速的风轮轴与高速的发电机轴之间接一个增速器，增速器就是一个使转速提高的变速器。增速器的增速比是发电机额定转数与风轮额定转数的比。

3．联轴器

增速器与发电机之间用联轴器连接，为了减少占地空间，往往联轴器与制动器设计在一起。风轮轴与增速器之间也有采用联轴器的，称低速联轴器。

4．制动器

制动器是使风力发电机停止运转的装置，也称刹车。制动器有手制动器、电磁制动器和液压制动器。当采用电磁制动器时，需有外电源；当采用液压制动器时，除需外电源外，还需泵站、电磁阀、液压油缸及管路等。

5．发电机

叶片接受风能而转动最终传给发电机，发电机是将风能最终转变成电能的设备。根据风力发电系统定速或者是可变速的形式而采取相应的发电机形式，同时还要考虑经济性、发电量、可靠性以及其他因素。

6．塔架

塔架是支撑风力发电机的支架。塔架有钢架结构、圆锥形钢管和钢筋混凝土等 3 种形式。如图 2.6 所示，同时塔架又分为硬塔、柔塔、甚柔塔。硬塔的固有频率大于 kn，其中 k 为叶片数，n 为风轮转数；柔塔的固有频率在 kn 和 n 之间；甚柔塔的固有频率小于 n。

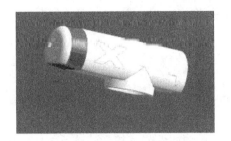

图 2.3　机舱的三维模型

图 2.4　轮毂的三维模型

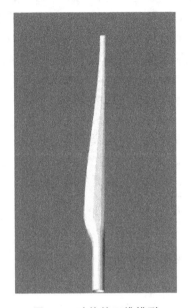

图 2.5　叶片的三维模型

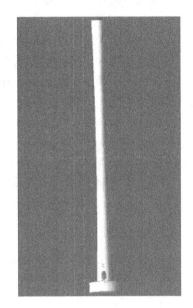

图 2.6　塔架的三维模型

7. 调速装置

风速是变化的，风轮的转速也会随风速的变化而变化。为了使风轮运转在所需要的额定转速下的装置称为调速装置。当风速超过停机风速时，调速装置会使风力发电机停机。调速装置只在额定风速以上时调速。

8. 调向装置

调向装置就是使风轮正常运转时一直使风轮对准风向的装置。

9. 齿轮箱

是传统并网风电机最重要的部件之一，因其工作环境恶劣，价格昂贵，生产和修理周期长，保持其良好的状态对风电机的稳定运行意义重大。作为分级重大部件之一的齿轮箱，不同的机型更换方法不同。有的机型需要将叶轮拆下，有的则不需要，但无论哪种方式都需要一定的更换周期。因为无论是国内供货还是国外进口，都需要一定的供货期，同时相应的吊装费用也使得业主损失很大，这就需要人们认真地研究齿轮箱在不同的工况下的工作情况，及时检查齿轮箱的工作情况，尽量避免或者减少齿轮箱的损坏，最大可能地减少损失。

随着风力机产业的迅速发展，出现了用柔韧结实的玻璃钢材料制成的轻型、更符合空气动力学的叶片。但由于叶片的受力较复杂，又易于和其他构件发生共振，所以它的动力学分析仍然很至关重要。

2.3 翼型简介

叶片是风力机最重要的设备之一，风力机叶片翼型的性能直接影响着风能转换效率进而影响经济效益和整机性能，传统风力机的翼型多采用航空翼型。与航空器对翼型的要求不同，风力机的运行工况非常复杂，对翼型有着特殊的要求，传统的航空翼型越来越不能满足这种要求，比如由于室外运行的特点，风力机叶片的前缘很容易受到沾污而使表面粗糙度加大，前缘粗糙度加大会使航空翼型的气动性能显著下降，从而降低风力机整体的气动性能。以失速型水平轴风力机为例，叶片的前缘粗糙度增加后，年能量损失高达20％～30％；变桨型风力机受前缘粗糙度的影响而产生的年能量损失约为10％～15％；变速型风力机受前缘粗糙度的影响较小，年能量损失为5％～10％。为了减少能量损失，现代风力机逐渐放弃传统的航空翼型，而采用专门为风力机设计的、更能满足风力机需要的专用新翼型。比较有代表性的是20世纪八九十年代，美国、荷兰、丹麦、瑞典等风电技术发达的国家陆续开发的水平轴风力机专用翼型族。目前采用较多的翼型有 NACA 翼型系列、SERI 翼型系列、FFA－W 翼型系列、NREL 翼型系列和 DU 翼型系列等。

1. NACA 翼型系列

传统风力机较多采用 NACA（国家航空咨询委员会）翼型系列，它是 NASA（美国国家宇航局）的前身。主要包括下面几种翼型族。

1）NACA 四位数字翼型

这是美国 NACA 最早建立的一个低速翼型系列，与早期的其他翼型相比有较高的最大升力系数和较低的阻力系数。其四位数字的含义：

$$\text{NACA} \quad \text{XYZZ}$$

其中 X 表示翼型最大相对弯度的百倍数值；Y 表示最大弯度相对位置的 10 倍数值；ZZ 表示最大相对厚度的百倍数值。例如，NACA 2412 表示翼型的相对弯度为 2％，最大弯度在弦长的 0.4 位置处，相对厚度为 12％。

2）NACA 五位数字翼型

这是由四位数字翼型的基础上发展而来的，它的厚度分布与四位数字翼型相同，但是中弧线参数有更大的选择，能使最大弯度位置靠前从而提高最大升力系数并且降低最小阻力系数，但是失速性能欠佳。其中线有两种类型：简单中线和 S 形中线。其五位数字的含义：

$$\text{NACA} \quad \text{XYWZZ}$$

X 表示弯度，这个数乘以 3/2 就是设计升力系数的 10 倍；Y 表示最大弯度相对位置的 20 倍；W 表示中弧线后段的类型：直线取 1，其他取 0；ZZ 表示最大相对厚度的百倍数值。例如，NACA 23012 表示设计升力系数为 $2 \times (3/20) = 0.3$，最大弯度位置为 $30/20 = 1.5$，中弧线后段为直线，相对厚度为 12％。

3）NACA 四、五位数字翼型

较为常见的该类翼型是改变前缘半径和最大厚度的弦向位置而得来的，其数字的含义：

$$NACA\ XXXX - YY\ 或\ NACA\ XXXXX - YY$$

X 为未修改的 NACA 四、五位数字翼型的表达式，第一个 Y 表示前缘半径的大小，第二个 Y 表示最大厚度相对位置的 10 倍数值。

4）NACA 六位数字翼型

该类翼型是一类层流翼型，在一定升力系数范围具有低阻力特性并且具有比较高的最大升力系数和比较高的临界马赫数。现举例说明六位数字翼型的含义：

$$NACA\ 65_3 - 218$$

6 表示六系列；5 表示厚度分布使零升力下的最小压力位置的 0.5 位置处；3 表示有利升力系数范围为 ±0.3；2 表示设计升力系数为 0.2；18 表示相对厚度为 18%。

2. SERI 翼型系列

这种翼型具有较高的升阻比和较大的升力系数，其失速时对翼型表面的粗糙度敏感也较低。对于直径为 10～30m 风轮的叶片设计了 SERI S805A 翼型，应用该翼型系列时主要用于年平均风速在 10m 高度处为 4.5～6.2 之间的风场。为满足叶片根部和叶尖翼型局部气动设计要求，同时还要求叶片气动性能从根部到叶尖为单调变化并且具有流线型叶片表面设计了分别用于叶尖的 SERI S806A 翼型和应用于根部的 SERI S807 翼型。对于直径为 21～35m 的风轮，为强调翼型的相对厚度对叶片强度和刚度的设计，设计了 SERI S912 翼型、SERI S813 翼型以及 SERI S814 翼型。对于直径为 36m 以上的风轮，为了优化组合叶片气动性能与结构强度，设计了 SERI S816 翼型、SERI S817 翼型以及 SERI S818 翼型。

3. FFA - W 翼型系列

该翼型由瑞典航空研究所研制，有较高的最大升力系数和升阻比并且在失速状态也拥有较好的气动性能，包括下面几种翼型系列。

1）FFA - W1 翼型系列

该翼型系列的 6 种翼型相对厚度范围为 12.8%～27.1%，其设计升力系数较高，能够满足低尖速比的要求。在表面光滑以及层流条件下薄翼型拥有较高的升阻比，在前缘粗糙条件下厚翼型拥有较较大的升力系数以及较低的阻力系数。

2）FFA - W2 翼型系列

该翼型系列的两种翼型相对厚度范围为 15.2%～21.1%，除了其设计升力系数相低，主要设计要求和设计目标与 FFA - W1 系列相同。

3）FFA - W3 翼型系列

该翼型系列的 7 种翼型相对厚度范围为 19.5%～36%，通过对 NACA 63 - 618 翼型和 FFA - W3 - 211 翼型其中弧线和厚度分布的内插，得到相对厚度为 19.5% 的翼型。

4. NREL 翼型系列

该翼型系列是由美国国家可再生能源实验室研制，主要应用于大中型叶片，有 3 个薄翼型族和 3 个厚翼型族。这些翼型能有效减小由于昆虫残骸和灰尘积累使桨叶表面粗糙度增加而造成的风轮性能下降，并且能增加能量最大输出和改善功率控制。NREL 系列翼型的几何外形如图 2.7 所示。

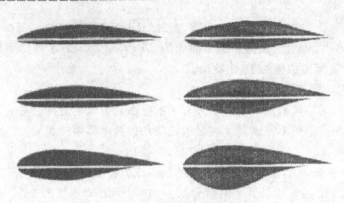

图 2.7　NREL 系列翼型的几何外形

5. DU 翼型系列

20 世纪 90 年代，Delft 大学先后发展了相对厚度从 15％到 40％的 DU 翼型族，该系列包含约 15 种翼型，DU 翼型族使用广泛，风轮直径从 29m 到 100m 以上，功率从 350kW 到 3.5MW 的风力机上均有使用。DU 翼型族的设计注重外侧翼型的高升阻比、高的最大升力系数及和缓的失速特性、气动性能对前缘粗糙度不敏感和低噪声等特点，另外对内侧翼型也适当满足上述要求，并重点考虑几何兼容性及结构和强度要求，叶展中部的翼型兼顾气动和结构特性。与传统翼型相比，DU 翼型具有限制的上表面厚度、较小的前缘半径和一定的压力面后加载。部分 DU 系列翼型的几何外形如图 2.8 所示。

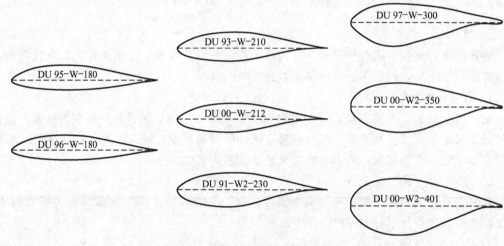

图 2.8　部分 DU 系列翼型几何外形

 复习思考题

1. 根据风力机旋转主轴的方向（即主轴与地面相对位置）分类，风力机分为哪几类？
2. 简述恒速风力发电机和变速风力发电机各自的特点。
3. 风力发电机的结构主要由哪几部分组成？
4. 风轮在风力机中起到什么作用？

第3章
风力机的基本设计理论

教学目标

掌握贝兹理论的基本条件、推导过程；理解涡流理论、叶素理论、动量理论、动量—叶素理论的内容；熟悉叶片的功能，了解翼型的基本空气动力学知识。

教学要点

知识要点	能力要求	相关知识
贝兹理论	掌握贝兹理论的假设前提、推导过程	通过假定理想风轮，分析通过风轮的气流上游和下游能量的变化，从而确定风力机从自然风中所能索取能量是有限的
经典设计理论	理解涡流理论、叶素理论、动量理论、动量—叶素理论的内容	经典设计理论的推导过程及结论
风力机叶片的空气动力特性	熟悉叶片的功能，了解翼型的基本空气动力学知识	根据风力机叶片的几何定义，知晓运动中的叶片的空气动力的了解

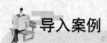

导入案例

在重庆市自然科学基金重点项目资助下，重庆大学陈进教授课题组最近在"风力机叶片翼型集成设计理论和方法研究"上取得突破进展。该项目开创性地采用了曲面泛函分析理论，提出了一种通用的翼型和叶片集成表达方法——"形函数/分布函数"法，实现了翼型和叶片的解析函数表征。基于此方法，以风力机空气动力特性、功率特性、噪声特性、单位发电量成本等多个学科指标作为设计目标，形成了完整的风力机专用翼型和叶片的设计优化理论。设计出了一系列高性能风力机专用翼型和风能利用系数更高、输出功率更大、成本更低、噪声更小的风力机新型叶片。对所设计的翼型进行风洞试验的结果证明翼型的空气动力学特性符合设计目标，适用于现代风力机叶片。研究成果得到了国际权威风能研究机构——丹麦技术大学的认可，并与其共同承担了中丹可再生能源战略合作项目。

该项目已在国际风能权威期刊 *Wind Energy*，国内本领域权威期刊《太阳能学报》、《空气动力学学报》、《机械工程学报》等发表，并被 SCI 和 EI 收录论文 8 篇；申请国际专利 2 项，已公开 1 项；申请国内专利 5 项，其中授权 1 项，公开 4 项。这些研究成果为进一步开展风力机翼型和叶片气动外形研究，最终研发具有自主知识产权的风力机叶片奠定了基础。

一定速度前进的风吹在静止的风力机叶片上做功并驱动发电机发电，将风能有效地转变成电能。风力发电机就是由风力机驱动发电机的机组。叶片是叶轮的重要构件，叶轮是接受风能的构件，将风能传递给发电机的转子，使之旋转切割磁力线而发电。

3.1 贝 兹 理 论

空气的流动就是风。风是由于地球自转及纬度温差等原因致使空气流动形成的。风能在这里指的是风的动能。

世界上第一个关于风力机风轮叶片接受风能的完整理论是 1919 年由贝兹（Betz）建立的。该理论所建立的模型是考虑若干假设条件的简化单元流管，主要用来描述气流与风轮的作用关系。贝兹理论的建立是假定：风轮是一个圆盘，轴向力沿圆盘均匀分布且圆盘上没有摩擦力；风轮叶片无限多；气流是不可压缩的且是水平均匀定常流，风轮尾流不旋转；风轮前后远方气流静压相等。这时的风轮称为"理想风轮"。

现研究理想风轮在流动的大气中的情况，如图 3.1 所示。并规定如下。

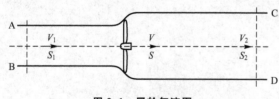

图 3.1 风轮气流图

V_1 为距离风力机一定距离的上游风速；V 为通过风轮时的实际风速；V_2 为离风轮远处的下游风速。

设通过风轮的气流其上游截面为 S_1，下游截面为 S_2。由于风轮的机械能量仅由空气的动能降低所致，因而 V_2 必然低于 V_1，所以通过风轮的气流截面从上游至下游是增加的，

即 S_2 大于 S_1。

由连续方程(质量守恒)可得

$$\rho S_1 V_1 = \rho S V = \rho S_2 V_2$$

由于空气是不可压缩的,所以

$$S_1 V_1 = S V = S_2 V_2$$

风作用在风轮上的力可由 Euler 理论(欧拉定理)写出

$$F = \rho S V (V_1 - V_2)$$

设风轮上游和下游的静压力是 p_∞,风轮前后的静压力分别是 p_1 和 p_2。风作用在风轮上的力还可以写成是风轮前后静压力变化与风轮面积的乘积,即

$$F = (p_1 - p_2) S$$

因此风轮吸收的功率为

$$P = F V = \rho S V^2 (V_1 - V_2)$$

利用伯努利方程,风轮前后的气流状态可以写成如下

$$p_1 + \frac{\rho V^2}{2} = p_\infty + \frac{\rho V_1^2}{2}$$

$$p_2 + \frac{\rho V^2}{2} = p_\infty + \frac{\rho V_2^2}{2}$$

联立两式可得

$$p_1 - p_2 = \frac{\rho (V_1^2 - V_2^2)}{2}$$

据前式又可得

$$F = \frac{\rho S (V_1^2 - V_2^2)}{2}$$

$$\frac{\rho S (V_1^2 - V_2^2)}{2} = \rho S V (V_1 - V_2)$$

由上述可得

$$v = \frac{1}{2}(V_1 + V_2)$$

引入轴向气流诱导因子 a,以 $-a V_\infty$ 形式表示风轮附近气流速度的变化,即

$$V = (1 - a) V_1$$

易得

$$V_2 = V_1 (1 - 2a)$$

从上游至下游动能的变化量为

$$\Delta E = P = \frac{1}{2} \rho S V (V_1^2 - V_2^2)$$

由上述又可得

$$P = \frac{\rho S V_1^3 [4a(1 - a^2)]}{2}$$

而风的功率表达式为

$$P_w = \frac{\rho S V_1^3}{2}$$

所以功率系数

$$C_P = 4a(1 - a)^2$$

又

$$\frac{\mathrm{d}C_p}{\mathrm{d}a}=4(a-1)(3a-1)=0$$

方程式$\frac{\mathrm{d}C_p}{\mathrm{d}a}=0$有两个解。

第一个解：当$a=1$时，$C_p=0$，此解没有物理意义；

第二个解：当$a=\frac{1}{3}$时，此时对应的功率系数最大

$$C_{p\max}=\frac{16}{27}\approx0.593 \tag{3-1}$$

式（3-1）即为著名的贝兹理论的极限值。它说明，风力机从自然风中所能索取能量是有限的，其功率损失部分可以解释为留在尾流中的旋转动能。

在能量的转换过程中，由于各种损失的存在必将导致风轮输出功率的下降，一般随所采用的风力机和发电机的形式不同，其能量损失也不同。因此，风力机的实际风能系数$C_p<0.593$，一般设计时根据叶片的数量、叶片翼型、功率等情况，取$0.25\sim0.45$。

3.2　经典设计理论

风轮设计的方法很多，其中最常用的是 *Glauert* 方法与 *Willson* 方法。*Willson* 方法是对 *Glauert* 方法的进一步优化，研究了叶尖损失和升阻比对叶片最佳性能的影响并适当考虑风力机在非设计工况下的运行。目前水平轴风力机的气动分析基础理论除了贝兹理论外，还有涡流理论、叶素理论、动量理论等，并且在设计的过程中，是这些理论的一个综合应用。

3.2.1　涡流理论

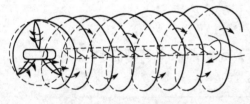

对于有限长的叶片，当风轮旋转时，通过每个叶片尖部的气流的迹线为一螺旋线，因此，每个叶片的尖部形成螺旋形。在轮毂附近也存在同样的情况，每个叶片对轮毂涡流的形成产生一定的作用。此外，为了确定速度场，可将各叶片的作用以一边界涡代替。所以风轮的涡流系统可以如图3.2表示。

图3.2　风轮的涡流系统

对于空间某一给定点，其风速可认为是由非扰动的风速和涡流系统产生的风速之和，由涡流引起的风速可看成是由下列3个涡流系统叠加的结果。

（1）中心涡，集中在转轴上。

（2）每个叶片的边界涡。

（3）每个叶片尖部形成的螺旋涡。

正因为涡系的存在，流场中轴向和周向的速度发生变化，即引入诱导因子（轴向干扰因子a和切向干扰因子b）。由旋涡理论可知：在风轮旋转平面处气流的轴向速度

$$V=V_1(1-a) \tag{3-2}$$

在风轮旋转平面内气流相对于叶片的角速度为

$$\Omega + \frac{\omega}{2} = (1+b)\Omega \qquad\qquad (3-3)$$

式中，Ω 为气流的旋转角速度（rad/s）；ω 为风轮的旋转角速度（rad/s）。

因此在风轮半径 r 处的切向速度为

$$U = (1+b)\Omega r \qquad\qquad (3-4)$$

叶片弦长、安装角、攻角以及入流角的关系，可以由某些涡流理论模型进行优化，它是叶片气动外形和风轮气动性能分析的基础。采用涡流理论可以对大型风轮及叶片载荷分析过程中的风电机组的载荷分布情况、气动和结构设计可靠性的提高有很大作用。

3.2.2 叶素理论

1889 年，Richard Froude 提出了叶素理论，1892 年，S. Drzewiecki 提出了重大改进。

将叶片沿展向分成若干个微段，每个微段称为一个叶素。这里假设每个叶素之间的气流流动没有干扰，作用于每个叶素上的力只由叶素的翼型升阻特性决定，叶素本身可以看成一个二元翼型。通过对作用在每个微段上的载荷进行分析并对其进行沿叶片展向求和，即可得到作用于风轮上的推力和转矩，如图 3.3 所示。

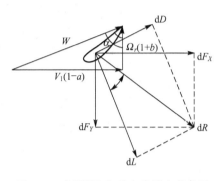

图 3.3 叶剖面和气流角的受力关系图

其中

$$dL = \frac{1}{2}\rho W^2 C C_L \, dr \quad （升力元）$$

$$dD = \frac{1}{2}\rho W^2 C C_D \, dr \quad （阻力元）$$

$$W = \frac{V}{\sin\phi} \quad （合速度）$$

式中，L 为升力(N 或 kN)；C 为弦长(m)；C_L 为升力系数；C_D 为阻力系数。

$$dF_X = dL\cos\phi + dD\sin\phi = \frac{1}{2}\rho W^2 C\,dr\,C_X$$

$$dF_Y = dL\sin\phi - dD\cos\phi = \frac{1}{2}\rho W^2 C\,dr\,C_X$$

其中，

$$C_X = C_L\cos\phi + C_D\sin\phi$$
$$C_Y = C_L\sin\phi - C_D\cos\phi$$

风轮半径 r 处环素上的轴向推力为

$$dT = N dF_X = \frac{1}{2}\rho W^2 N C C_X \, dr \qquad\qquad (3-5)$$

转矩为

$$dM = N dF_Y r = \frac{1}{2}\rho W^2 N C C_Y r \, dr \qquad\qquad (3-6)$$

式中，N 为叶片数。

在这里和下面将要提到的动量理论中干扰系数共有两个：①轴向干扰系数 a；②切向干扰系数 b。其物理意义表示气流在通过风轮时，气流的轴向速度与切向速度都要发生变化。而这个变化就是以 a、b 为系数时对气流速度所打的折扣，这一点可从图 3.3 叶素气动力三角形中看得很清楚。

叶素理论把气流流经风力机的三维流动简化成了互不干扰的二维流动，从而忽略了叶片基元间气流的相互作用。但是实际由于风轮旋转、离心力、重力等作用，相邻叶片基元间存在着能量交换，所以在叶尖和轮毂等地方叶素理论不太适用。由于在进行气动分析时，干扰系数的影响是决不可忽略的，但确定它们又比较困难，这就造成了气动设计的复杂性。

3.2.3　动量理论

动量理论是 William Rankime 于 1865 年提出的。假设作用于叶素上的力仅与通过叶素扫过圆环的气体动量变化有关，并假定通过临近圆环的气流之间不发生径向相互作用。

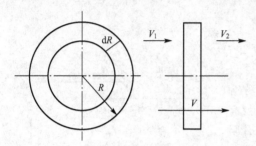

图 3.4　风轮扫掠面上半径为 dR 的圆环微元体

在风轮扫掠面内半径 r 处取一个圆环微元体，如图 3.4 所示，应用动量定理，作用在风轮 $(R，R+dR)$ 环形域上的推力为

$$dT = m(V_1 - V_2) = 4\pi\rho r V_1^2(1-a)a\,dR \tag{3-7}$$

转矩为　$dM = mr^2\omega = 4\pi\rho r^3 V_1\Omega(1-a)b\,dR \tag{3-8}$

由式(3-5)和式(3-7)可得

$$\frac{a}{1-a} = \frac{NCC_X}{8\pi r\sin^2\phi}$$

由式(3-6)和式(3-8)可得

$$\frac{b}{1+b} = \frac{NCC_Y}{4\pi r\sin 2\phi}$$

如果忽略叶型阻力，则

$$C_X \approx C_L\cos\phi$$
$$C_Y \approx C_L\sin\phi$$
$$\tan\phi = \frac{1-a}{\lambda(1+b)}$$

式中，$\lambda = \dfrac{\Omega r}{V_1}$ 为 r 处的速度比。

可由以上 4 式导出能量方程

$$b(b+1)\lambda^2 = a(1-a) \tag{3-9}$$

动量理论说明了作用于风轮上的力和来流速度间的关系，能够解答风轮转换机械能和基本效率的问题。

3.2.4　动量-叶素理论

动量-叶素理论结合了动量和叶素理论，计算出风轮旋转面中的轴向干扰系数 a 和周向干扰系数 b。

由动量理论可得作用在风轮扫掠面内半径 r 处取一个圆环微元体上的推力和转矩分别为

$$dT = 4\pi\rho r V_1^2(1-a)a\,dR$$
$$dM = 4\pi\rho r^3 V_1\Omega(1-a)b\,dR$$

由叶素理论得作用在风轮半径 r 处环素上的轴向推力和转矩分别为

$$dT = \frac{1}{2}\rho W^2 NCC_X\,dr$$

$$dM = \frac{1}{2}\rho W^2 N C C_Y r\, dr$$

利用 $dT_{动量}=dT_{叶素}$，$dM_{动量}dM_{叶素}$ 并整理可得

$$\frac{a}{1-a}=\frac{BCC_X}{8\pi \sin^2\phi}$$

$$\frac{a}{1+b}=\frac{BCC_Y}{8\pi \sin^2\phi}$$

3.2.5 叶片梢部损失和根部损失修正

当气流绕风轮叶片剖面流动时，剖面上下表面产生压力差，则在风轮叶片的梢部和根部处产生绕流。这就意味着在叶片的梢部和根部的环量减少，从而导致转矩减小，必然影响到风轮性能。所以要进行梢部和根部损失修正。

$$F=F_t \cdot F_r$$
$$F_t=2/\pi \cdot \arccos(e^{-f_t})$$
$$f_t=N_b/2 \cdot (R-r)/R\sin\varphi$$
$$F_r=2/\pi \cdot \arccos(e^{-f_r})$$
$$f_r=N_b/2 \cdot (r-r_n)/r_n\sin\varphi$$

式中，F 为梢部根部损失修正因子；F_t 为梢部损失修正因子；F_r 为根部损失修正因子；r_n 为桨毂半径。

这时前面两式分别可写成

$$dT=4\pi r\rho V_1^2 a(1-a)F\,dr$$
$$dM=4\pi r^3\rho V_1(1-a)b\Omega F\,dr$$

并有

$$a/(1-a)=\sigma C_n/4F\sin^2\varphi$$
$$b/(1+b)=\sigma C_t/(4F\sin\varphi\cos\varphi)$$

3.2.6 塔影效果

筒形塔架比衍架式塔架塔影效果更严重，气流在塔架处分离，造成速度损失，下风向机组尤其严重，采用位流理论模拟筒形塔架气流效果，得到气流表达式

$$U = U_\infty\left(1 - \frac{(D/2)^2(x^2-y^2)}{(x^2+y^2)^2}\right)$$

式中，D 为塔架直径；x 和 y 表示轴向和侧向相对于塔架中心的坐标；括号中的第二项为气流减少量，把塔影效果引起的流速减少量化到风速诱导因子中去，即 $U_\infty(1-a)$，然后应用叶素—动量理论。

3.2.7 偏斜气流修正

最初的动量理论设计依据是轴向气流，而风力机经常运行在偏斜气流情况下，这样，风轮后尾涡产生偏斜，为此须对动量理论做修正。

$$a_s=a\left[1+\frac{15\pi}{32}\frac{r}{R}\tan\left(\frac{\chi}{2}\right)\cos(\psi)\right]$$
$$\chi=(0.6a+1)\gamma$$

式中，a_s 为修正后的轴向诱导因子；r 为当地叶素半径，R 为风轮半径；χ 为尾涡偏斜角；γ 为气流偏斜角，ϕ 为风轮偏航角（相对于下风向气流方向为 0 度）。

3.2.8　风剪切

风吹过地面时，由于地面上各种粗糙元（草、庄稼、森林、建筑物等）的摩擦作用，使风的能量减少而使风速减小，风速减小的程度随离地面的高度增加而降低。这样风速随高度变化而变化，这个现象称为风剪切。风速沿高度的变化规律称为风速廓线。本书用指数率表示风速廓线

$$V = V_1 (h/h_1)^{\gamma}$$

式中，V 为高度为 h 处的风速；V_1 为高度为 h_1 处的风速；γ 为风速廓线指数，它与地面粗糙度有关。在我国规范中将地面粗糙度分为 A、B、C 3 类。按 IEC 标准，取 $\gamma = 0.20$。

由于考虑风剪切后，风轮作用盘内不同高度处的来流风速是不同的，这时将风轮叶片叶素作用环用等圆心角 $d\eta$ 分成一定数量 n 的小区域，对于某个小区域，认为其来流风速是一定的，等于该小区域内某高度的风速，利用此风速作来流风速代替动量理论、叶素理论、动量—叶素理论中的来流风速 U_1，计算 dT、dM、dP 等；将风轮叶片叶素作用环内所有小区域计算得到的 dT、dM、dP 等分别叠加起来除以小区域数量 n，得到此叶素对风轮推力 T、转矩 M、功率 P 等的贡献 dT、dM、dP 等；然后再按此方法计算别的叶素对风轮推力 T、转矩 M、功率 P 等的贡献，最后得到风轮推力 T、转矩 M、功率 P 等。在这些过程中，同时计算出作用在叶片上的气动载荷。

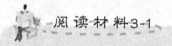
阅读材料3-1

翼型的介绍

传统风力机叶片翼型一般沿用航空翼型，随着航空科学的发展，世界各主要航空发达的国家建立了各种翼型系列。美国有 NACA 系列，德国有 DVL 系列，英国有 RAE 系列等。这些翼型的资料包括几何特性和气动特性，可供气动设计人员选取合适的翼型。在现有的翼型资料中，NACA 翼型系列的资料比较丰富，飞行器上采用这一系列的翼型也比较多。NACA 翼型是 20 世纪 30 年代末 40 年代初由美国国家航空局（NASA）前身国家航空咨询委员会（NACA）提出的。NACA 翼型由厚度和中弧线叠加而成，很多水平轴风力机（HAWT）上采用了 NACA230XX 系列翼型和 NACA44XX 系列翼型（其中 XX 表示最大相对厚度），最大相对厚度从根部的 28% 左右到尖端的大约 12%。NACA 翼型系列主要包括下列一些翼型族：四位数翼型族，这是最早建立的一个低速翼型族。例如，NACA 以四位数字，翼型表达形式为 NACAXXXX；五位数翼型族，这是在四位数翼型族的基础上发展来的。这一族翼型的中线有两种类型，一类是简单中线，它的前段为 3 次曲线，后段为直线；另一类是 S 形中线，前后两段都是 3 次曲线，后段上翘的形状能使零升力矩系数为零。NACA 五位数字翼型表达形式为 NACAXXXXX；NACA 层流翼型，NACA 层流翼型是 20 世纪 40 年代研制成功的。层流翼型设计的特点是使翼面上的最低压力点尽量后移，以增加层流边界层的长度，降低翼型的摩擦阻力。目前常用的是 NACA6 族和 7 族层流翼型，如 NACA65$_3$-218 和 NACA747A315 分属 6 族和 7 族层流翼型。

3.3 风力机叶片的空气动力特性

不论风力机的形式如何，叶片都是至关重要的部件。为了很好地理解叶片的功能，必须懂得有关翼型的基本空气动力学知识。

3.3.1 翼型的几何定义

叶片的气动性能直接与翼型外形有关，如图 3.5 所示，在风轮叶片取一翼型截面叶素。通常，翼型外形由下列几何参数决定。

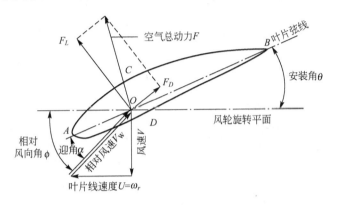

图 3.5 翼的概念及翼的受力分析

(1) 翼的前缘 A：翼的前部 A 为圆头，翼型中弧线的最前点成为翼型前缘。

(2) 翼的后缘 B：翼的尾部 B 为尖型，翼型中弧线的最后点成为翼型后缘。

(3) 翼弦 C：翼的前缘 A 与后缘 B 的连线称为翼的弦，AB 的长是翼的弦长 C。

(4) 中弧线：翼型内切圆圆心的连线为中弧线，也可将垂直于弦线度量的上下表面间距离的中间点称为中弧线，对称翼型的中弧线与翼弦重合。

(5) 翼的上表面 Upper：翼弦上面的弧面。

(6) 翼的下表面 Lower：翼弦下面的弧面。

(7) 前缘半径：翼型前缘处内切圆的半径称为翼型前缘半径，前缘半径与弦长的比值称为相对前缘半径。

(8) 后缘角：位于翼型后缘处，上下两弧线之间的夹角称为翼型后缘角。

(9) 翼展：叶片旋转直径，即风轮转动直径。

(10) 叶片安装角 θ：风轮旋转平面与叶片各剖面的翼弦所成的角，又称扭转角、倾角、桨距角，在扭曲叶片中，沿翼展方向不同位置叶片的安装角各不相同，用 θ_i 来表示。

(11) 攻角：翼弦与相对风速所成的角，又称迎角。

(12) 展弦比：翼展的平方与翼的面积 S_y 之比，即风轮半径的平方与叶片面积之比，用 R_z 来表示

$$R_z = \frac{R^2}{S_y} = \frac{R^2}{RC_m} = \frac{R}{C_m}$$

式中，C_m 为平均弦长（m）；S_y 为叶片面积（m²）；R 为风轮转动半径（m）。

（13）来流角 ϕ：旋转平面与相对风速所成的角，又称相对风向角，并有：$\phi = \alpha + \theta$。

（14）最大厚度 t 及最大相对厚度 $\bar{t}$：采用图 3.6 所示的直角坐标，x 轴与翼弦重合，y 轴过前缘点 A 且垂直向上，在 x 轴上方的弦线为上翼面，以 $y_U(x)$ 表示；下方的弦线为下翼面，以 $y_L(x)$ 表示。对应同一 x 坐标的上下翼面点距为翼型的厚度，以 t 表示。

厚度随 x 的变化称为厚度分布，以 $t(x)$ 表示

$$t(x) = y_U(x) - y_L(x)$$

当 $x = x_c$ 时，$t(x_c) = t_{max}$，称为最大厚度，以 t 表示。$\bar{t} = t(x_c)/C$，称为最大相对厚度，x_c 为最大厚度位置，其无量纲为 $\bar{x}_c = x_c/C$。通常，翼型的相对厚度以 $\bar{t}$ 表示。

（15）弯度与弯度分布。翼型中弧线和翼弦间的高度称为翼型的弯度，弧高沿翼弦的变化称为弯度分布，如图 3.7 所示，以 $y_f(x)$ 表示

$$y_f(x) = \frac{1}{2}\left[y_U(x) + y_L(x) \right]$$

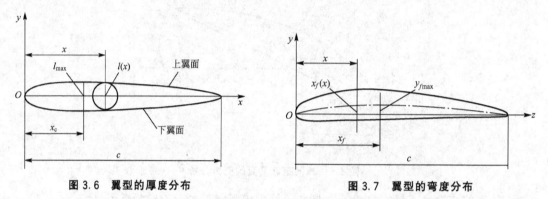

图 3.6　翼型的厚度分布　　　　　　　　图 3.7　翼型的弯度分布

当 $x = x_f$ 时，$y_f(x_f) = y_{f'max}$，称为最大弯度，以 f 表示。$\bar{f} = f/C$，称为最大相对弯度，x_f 为最大弯度位置，其无量纲为 $\bar{x}_f = x_f/C$。同样，通常翼型的相对弯度指最大相对弯度，用 $\bar{f}$ 表示。

3.3.2　作用于运动叶片上的空气动力

空气动力计算是整个风力发电机的设计基础，应对其进行详细分析。

假定叶片处于静止状态，令空气以相同的相对速度吹向叶片时，作用在叶片上的气动力将不改变大小。空气动力只取决于相对速度和迎角的大小。因此，为了便于研究，均假定叶片静止处于均匀来流速度中。此时，作用在翼型表面上的空气压力是均匀的，上表面压力减小，下表面压力增加。按照伯努利理论，叶片上表面的气流速度较高，下表面气流速度较低。因此，围绕叶片的流动可看成由两个不同的流动组合而成（图 3.8）：一个是将翼型置于均匀流场中时围绕叶片的零升力流动；另一个是空气环绕叶片表面的流动。

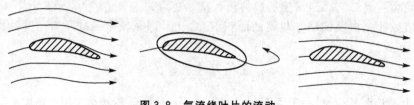

图 3.8　气流绕叶片的流动

为了表示压力沿表面的变化，可作叶片翼型表面的垂线，用垂线的长度 K_p 表示各部分压力的大小[19]。

$$K_p = \frac{P - P_0}{\frac{1}{2}\rho V_2} \qquad (3-10)$$

式中，P 为叶片表面上的静压；ρ、P_0、V 为无线远处的来流（即远离翼型截面未受干扰的气流状况）。

连接各垂直线段长度 K_p 的端点，得到图 3.9(a)，其中上表面 K_p 为负，下表面 K_p 为正。由图 3.9(b)可看出，对于各个攻角值，存在某一特别点 C，该点的气动力距为零，称为压力中心。于是，作用在叶片截面上的气动力可表示为作用在压力中心上的升力和阻力。

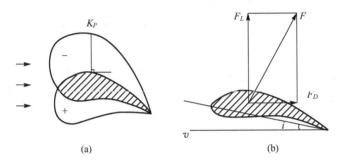

图 3.9　作用在叶片上的力

气动力可以由软件 Fluent 进行二维气流场模拟，从而求出上下两气压差，以及不同安装角下的风能利用系数，得到气流作用于叶片上表面的气动载荷。

此处，依据叶素理论计算作用在叶片翼型上的空气动力，过程如下。

风以速度 v 吹到叶片上，叶片受到空气动力 F 开始转动。空气的总动力 F 为

$$F = \frac{1}{2}\rho C_r S_y v^2 \qquad (3-11)$$

式中，ρ 为空气密度；C_r 为空气动力系数；S_y 为叶片面积（等于叶片长×翼弦）。

总动力 F 分解在相对风速方向的一个力 F_D，称为阻力；另一个垂直于 F_D 的力，称为升力 F_L。F_L 就是使静止的叶片在风速 v 吹在叶片上时使叶片转动的力，表达式如下

$$F_D = \frac{1}{2}\rho C_D S_y v^2$$

$$F_L = \frac{1}{2}\rho C_L S_y v^2$$

C_D 和 C_L 分别为阻力系数和升力系数。这两个分力互相垂直，可写成

$$F^2 = F_D^2 + F_L^2$$

因此

$$C_r^2 = C_D^2 + C_L^2 \qquad (3-12)$$

对于攻角的各个值，翼型中对应地有一个特殊点 C，空气动力对这点的力矩为零，将该点称为压力中心点。空气动力在翼型剖面上产生的影响可由单独作用于该点的升力和阻力来表示。压力中心点 C 与前缘的距离 X_c 由以下比值决定

$$X_c = \frac{AC}{AB} = \frac{C_m}{C_L}$$

C_m 为变距力矩系数，令 M 为相对于前缘点的由 F 力引起的力矩。

$$M = \frac{1}{2} \rho C_m S l v^2$$

式中，l 为弦长。

3.3.3 升力系数和阻力系数的变化

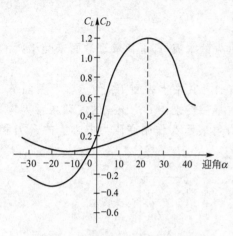

图 3.10 升力系数 C_L 和阻力系数 C_D
随迎角 α 的变化

升力随迎角 α 的增加而增加，阻力随迎角 α 的增加而减小。当迎角增加到某一临界值 α_{cr} 时，升力突然减小而阻力急剧增加，此时风轮叶片突然丧失支承力，这种现象称为失速。图 3.10 是升力系数 C_L 和阻力系数 C_D 随迎角 α 的变化曲线。在负迎角时，升力系数随负角的增加而减小，达到最小值 C_{min}；阻力系数随负角的减小而减小，对不同翼型的叶片其都有对应的一个最小值；而后随迎角的增加而增加。

 复习思考题

1. 贝兹理论的前提假设是什么？推导过程如何？
2. 贝兹理论的结论说明什么？
3. 风力机的经典设计理论有哪些？
4. 叶片的翼型外形由哪些几何参数所决定？
5. 简述升力系数 C_L 和阻力系数 C_D 随迎角 α 的变化规律。

第**4**章
风力机的载荷分析

教学目标

　　熟悉风力发电机的水平轴与垂直轴叶片的结构与特点；掌握根据翼型的来流速度的大小及风力发电机所受到的空气动力载荷、离心力载荷、重力载荷的计算方法；了解轴向推力和俯仰力矩的计算。

教学要点

知识要点	能力要求	相关知识
叶片的结构	熟悉风力发电机的水平轴与垂直轴叶片的结构与特点	水平轴风力机和垂直轴风力机的特点，各自的应用范围
风力发电机风轮的气动载荷的分析	掌握根据翼型的来流速度的大小计算运动中的风力发电机所受到的空气动力载荷、离心力载荷、重力载荷	运动中的风力发电机风轮承受载荷的推导过程
作用在风力机上的力	了解轴向推力和俯仰力矩的计算	对于运动中的风力机来说受到的力很多，只取对风力机的影响较大的

导入案例

在叶片设计的任何一个阶段中，实际运行载荷和静态载荷总是很难准确预测的，设计不当就会降低运行载荷的安全余量，这样设计参数生产出来的产品因为降低安全余量很容易损毁。

通常随着风速增加，叶片顺桨，当风速超过额定值时，叶片顺桨直至机组完全停止。强的剪切风或大的阵风可以将叶片载荷超过其设计载荷，即使叶片处在静态状态，也会损坏叶片。暴雨、雷电、暴风雪、冰雹、飓风、寒潮等恶劣气候都可能会给叶片造成损坏。2008年1月30日加拿大安大略省的一台GE生产的1.5MW风力机叶片就在遭到暴风雪时突然损坏，据初步判断与产品本身的质量有关。美国伊利诺伊风电场也曾发生风力机转子叶片坠落事故，一台风力机上6.5吨重的叶片在拥有400台风力机的电场内从高空掉进麦地。

4.1 概　述

风力发电机运行在复杂的自然环境中，所受载荷情况也非常复杂，主要包括空气动力载荷、重力载荷和离心力载荷。风力机的设计寿命通常为20年，也就是说必须保证风力机安全可靠运行20年，它必须承担设计寿命内由交变应力产生的载荷以及可能产生的破坏。风力机的真实寿命能否达到20年，是人们必须要考虑的问题。在风力机的设计研究中，为了对风力机零部件进行强度分析、结构力特性分析以及寿命计算，确保风力机在其设计寿命内能够正常地运行，必须对风力机及其零部件所受外载荷进行计算。载荷计算是风力机设计中最为关键的基础性工作，也是所有后续风力机设计、分析工作的基础。本章以水平轴三叶片上风式风力机为研究对象，讨论了风力机所受载荷的计算方法。

4.2 叶片的结构

4.2.1 水平轴风力机叶片的结构与特点

风轮上的叶片径向安置，与旋转轴相垂直，并与风轮的选择平面成一角度（安装角）。风轮叶片数目的多少视风力机的用途而定，用于风力发电的风力机叶片数一般为1～4片（多数为2片或3片），而用于风力提水的风力机一般取叶片数为12～24片，风力机的风轮的转速与叶片的多少有关。叶片越多，转得越慢。

图4.1所示为各种形式的水平轴风力机的叶片。

叶片数目多的风力机通常称为低速风力机，低风速风力机于1870年首先在美国出现，以后传播到欧洲。它在2～3m/s的低速就可以起动运行，有较高的风能利用系数和较大的转矩，它的起动力矩较大，起动风速低，因而适用于提水并通常与活塞式水泵匹配。

叶片数目少的风力机通常称为高速风速机，它在高速运行时有较高的风能利用系数，

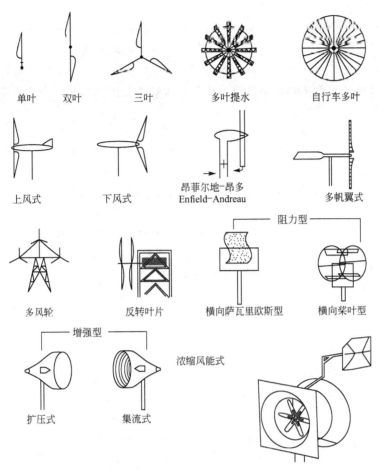

单叶　　双叶　　　三叶　　　　多叶提水　　　　自行车多叶

上风式　　　　　下风式　　　昂菲尔地-昂多　　　　多帆翼式
　　　　　　　　　　　　　Enfield-Andreau

多风轮　　　　　反转叶片　　横向萨瓦里欧斯型　　横向桨叶型

增强型

扩压式　　　　　集流式

图 4.1　水平轴风力机

但起动风速较高，没有特殊装置的话至少需要 5m/s 的风速才能起动。由于其叶片数较少，在输出同样功率的条件下比低速风轮要轻得多，因此适用于发电。另外其结构所能承受的离心力比低速风轮大得多，风引起的应力变化也就不那么敏感，风力机停止不动时所受的轴向推力也比转动时小。

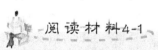

阅读材料4-1

常见水平轴风力机的叶片材料及剖面结构

用于制造叶片的材料必须强度高、重量轻，并且在恶劣气象条件下物理、化学性能稳定。实践中，叶片用铝合金、不锈钢、玻璃纤维树脂基复合材料、碳纤维树脂基复合材料、木材等制成。木制叶片用于小型风力机，对于中型机可使用黏结剂黏合的胶合板。木制叶片必须绝对防水，为此，可在木材上涂敷玻璃纤维树脂或清漆。低速风力机的叶片多用镀锌铁板制成。但是大中型叶片的自重是个不可忽视的载荷，由于复合材料轻质高强、各向异性、疲劳性能好、耐腐蚀、易成型、寿命长、维修简便，特别适合制造各种叶片，近年来复合材料在风力机叶片上的应用越来越广泛，已成功制成了各种型号的风力机叶片、空气螺旋桨叶片、尾桨叶片、风洞叶片、船用螺旋桨叶片，各种功率的风力机叶片等。复合材料用的纤维种类很多，一般在风力机叶片中常用的是碳纤维复合材料和玻璃纤维复合材料。碳纤维复合材料的性能要比玻璃纤维复合材料好，但是因为目前碳纤维的市场价格比玻璃纤维高很多，从经济角度考虑大中型叶片多使用玻璃钢复合材料或两者配合使用。

复合材料叶片截面结构主要形式有实心截面、空心截面及空心薄壁复合截面等几种。它通常是根据叶片的质量、强度、刚度的要求和制造工艺条件而设计的。一般情况下，对于不太长、受力不是很大的风力机叶片，可以采用叶片横剖面的结构形式，如图 4.2(a)所示的剖面结构。外层的复合材料壳体是一层合板薄壁结构，腹内填充硬质泡沫塑料。对于受力大的叶片，如大型风力机叶片和螺旋桨叶片，若设计成空腹结构的话，容易引起局部失稳，因此一般都在空腹内充硬质泡沫塑料、蜂窝或设置加强肋，以提高叶片总体刚度，采用图 4.2(c)或图 4.2(d)所示的剖面结构形式。这两种剖面结构形式虽然不同，但有一个共同特点，即叶片增加了一个由单向纤维铺设的主梁以承受更大的弯矩。

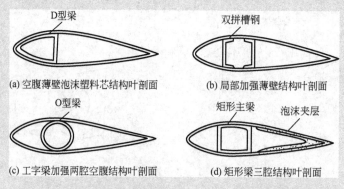

图 4.2　几种常见水平轴风力机的叶片材料及剖面结构

4.2.2　垂直轴风力机叶片的结构与特点

垂直轴风力机是所有风力机的先驱，其风轮围绕一个垂直轴旋转。垂直轴风力机的主要优点是可以接受来自任何方向的风，因而当风向改变时，无需对风。由于不需要调向装置，使它们的结构设计简化。垂直轴风力机的另一个优点是齿轮箱和发电机可以安装在地面上，这对于机器维修和维护变得简单而便利。但垂直轴风力发电机的效率一般较低。

垂直轴风力机可分为两个主要的类别。

一类是利用空气动力的阻力做功，典型的结构是 S 型风轮，这种风轮是芬兰工程师 Sigurt Savonius 在 1924 年发明的，并于 1929 年获得了专利，基本结构是由两个轴线错开的半圆形叶片组成。除了风作用在叶片凹面和凸面的力不同以外，风轮还受到气流被叶片偏转 180° 后形成的空气动力扭矩，S 型风轮的优点之一是起动转矩较大并能在低风速下起动运行。

另一类是利用翼型的升力做功，最典型的是达里厄型风力机，是法国学者达里厄发明的，并于 1931 年获得了专利。风轮由固定连接的叶片组成，基本上分为直叶片和弯叶片两种，绕垂直轴旋转，但就其叶片旋转扫掠形成的外表而来说有多种形式：圆柱形、圆锥形、圆球形或者抛物面形，但其工作原理终究都是一样的。

S型风轮及达里厄型风力机的结构如图4.3所示。

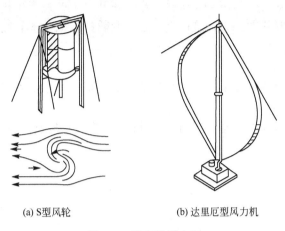

(a) S型风轮　　　　　(b) 达里厄型风力机

图4.3　垂直轴风力机

4.3　风轮的气动载荷分析与计算

4.3.1　翼型的来流速度

在实际中由于安装角的存在，风在吹向叶片时，叶片产生了升力和阻力。阻力是风轮的正面压力，由风力机的塔架承受；升力推动风轮旋转起来。当叶片旋转起来时，相对于叶片的来流发生了变化，成为叶素旋转的线速度与实际来流速度的合速度。同时，叶片的旋转作用使得叶片实际来流发生变化，这一影响的强弱用速度诱导因子来表示，如图4.4所示。

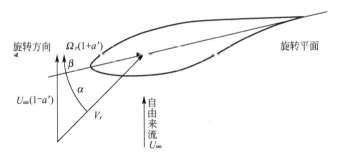

图4.4　旋转条件下速度的合成

这样相对翼型的来流速度为

$$V_r = \sqrt{[U_\infty(1-a)]^2 + [\Omega r(1+a')]^2} \qquad (4-1)$$

式中，U_∞为自由来流速度；a为轴向速度诱导因子；a'为切向速度诱导因子；Ω为叶片旋转速度；r为叶片展长某一位置。

相对翼型的来流速度与风轮旋转平面间的夹角为

$$\sin\varphi=\frac{U_\infty(1-a)}{V_r} \quad \cos\varphi=\frac{\Omega r(1-a')}{V_r} \quad\quad (4-2)$$

叶片旋转时，叶素受力如图 4.5 所示。作用在叶片上的力产生扭矩使叶片绕轴旋转起来，同时也产生了对叶片的推力，这两者表示了叶轮的机械功率和叶片的机械强度。

4.3.2 空气动力载荷

风力机叶片的载荷情况复杂，在对其载荷分析过程中，往往需要建立合适的坐标系以便开展分析计算工作。

如图 4.5 所示，坐标系的原点位于叶片根部，随风轮旋转，其 3 个坐标轴分别记为 X、Y、Z。

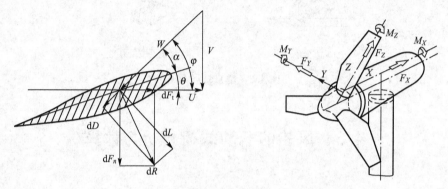

图 4.5 叶素受力分析以及叶片坐标系

作用在叶轮上的空气动力是风力机最主要的动力来源，风轮是风力机最主要的承载部件，计算风力机载荷前需要计算作用在叶片上的空气动力，采用第 3 章所介绍的动量-叶素理论来分析。

假设叶片处于稳定均匀气流中并忽略叶片俯仰、偏航和锥角等因素影响，将力 F 分解为弦线方向和垂直于弦线方向的两个分量，有

$$q_X=\frac{F_X}{\mathrm{d}r}=\frac{\rho W^2 C C_X}{2}$$
$$=\frac{1}{2}\rho W^2 C(C_L\cos\varphi+C_D\sin\varphi) \quad\quad (4-3)$$

$$q_Y=\frac{F_Y}{\mathrm{d}r}=\frac{\rho W^2 C C_Y}{2}$$
$$=\frac{1}{2}\rho W^2 C(C_L\cos\varphi-C_D\sin\varphi) \quad\quad (4-4)$$

式中，ρ 为空气密度；W 为相对来流速度；C 为剖面翼型弦长；φ 为来流角；C_L、C_D 分别为翼型升力系数和阻力系数；C_X、C_Y 分别为法向力系数和切向力系数；F_X 为与气流方向平行的力（阻力）；F_Y 为与气流方向垂直的力（升力）。

设轴向推力在叶片单位长度上沿 X、Y 轴方向的载荷集度为 q_x 和 q_y，q_x 和 q_y 随风轮半径的变化如图 4.6 所示。

由图可以看出，其中 q_x 随风轮半径近乎线性增长，并且这种变化对于所有风力机都适用。

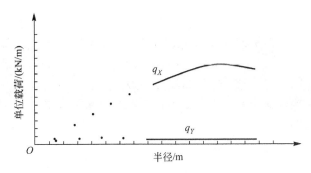

图 4.6　q_X 和 q_Y 随风轮半径的变化

现在将气动剪力分解为 Q_X 和 Q_Y 两个，表达为两个方向上气动力沿叶片轴向的积分

$$Q_X = \int_r^R q_X \mathrm{d}r \tag{4-5}$$

$$Q_Y = \int_r^R q_Y \mathrm{d}r \tag{4-6}$$

式中，R 为风轮直径；r 为叶根到断面距离。

气动力弯矩可分为 M_X 和 M_Y，为 X、Y 两方向上由气动力引起的弯矩，以风轮旋转平面作为参照，叶片根部挥舞力矩为 M_X，叶片根部摆振力矩为 M_Y，r_0 为变量，有

$$M_Y = \left[\int_r^R q_X \mathrm{d}r_0 \right] (r_0 - r) = \int_r^R q_X (r_0 - r) \mathrm{d}r_0 \tag{4-7}$$

$$M_X = \left[\int_r^R q_Y \mathrm{d}r_0 \right] (r_0 - r) = \int_r^R q_Y (r_0 - r) \mathrm{d}r_0 \tag{4-8}$$

知道荷载集度分量 q_X 及 q_Y 沿叶长的变化数据后，可以求算各截面的弯曲力矩。

由于叶片上的气体压力中心一般不与截面的扭转中心重合，从而产生的气动扭矩如图 4.7 所示。该扭矩的方向是使叶片的攻角增大，使叶片扭曲离开旋转平面。

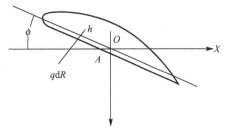

图 4.7　气动扭矩

其计算公式为

$$M_{kR} = \left[\int_r^R q \mathrm{d}r \right] h = \int_r^R qh \mathrm{d}r \tag{4-9}$$

式中，q 为空气动力合力（N）；h 为空气动力作用点与扭转中心间的距离。

另外，偏航气流、由于仰角存在的风轮轴的倾斜、风切变、塔影等其他因素也对叶片的气动力载荷产生一定影响。

4.3.3　离心力载荷

离心力是叶片旋转时产生的一种质量力，它的方向是从旋转轴向外，而同时又垂直于旋转轴。离心力可以分解成纵向分力和横向分力。纵向分力沿着叶展轴线方向，使叶片产生拉伸力，这就是所讲的离心力。离心力的横向分力绕叶展轴线作用，使叶片产生了离心扭矩，它顺着叶片的自然扭转方向作用，有将叶弦扭向旋转平面的趋势，使叶片的攻角 α 减小，而与气动扭矩的方向正好相反。

1. 单位长度的离心力

可分解为 q_{Rp} 和 q_{Yp} 两个离心力，其中 q_{Rp} 为沿叶片轴向的离心力，q_{Yp} 为 Y 轴方向的离心力。

$$q_{Rp} = mr\Omega^2 = \rho_0 \Omega^2 F_0 r$$
$$q_{Yp} = mr\Omega^2 = \rho_0 \Omega^2 F_0 Y_G \qquad (4-10)$$

式中，ρ_0、F_0 为分别为剖面折算密度和面积；Ω 为风轮旋转角速度；r 为叶根到断面距离；Y_G 为中心位置的 Y 坐标。

2. 离心拉力

P_{Rp} 为沿叶片轴向的离心拉力。

$$P_{Rp} = \int_r^R q_{Rp} \mathrm{d}r_0 = \int_r^R \rho_0 \Omega^2 F_0 r_0 \mathrm{d}r_0 \qquad (4-11)$$

式中，r_0 为积分变量。

3. 离心剪力

Q_{Yp} 为沿 Y 轴方向的离心剪力。

$$Q_{Yp} = \int_r^R q_{Yp} \mathrm{d}r_0 = \int_r^R \rho_0 \Omega^2 F_0 Y_G \mathrm{d}r_0 \qquad (4-12)$$

4. 离心力弯矩

可分解为 M_{Xp} 和 M_{Yp}，其中 M_{Xp} 为沿 X 轴方向的弯矩，M_{Yp} 为沿 Y 轴方向的弯矩。

$$M_{Xp} = Q_{Yp}(r_0 - r) = \int_r^R (r_0 - r)\rho_0 \Omega^2 F_0 Y_G(r_0) \mathrm{d}r_0$$
$$M_{Yp} = P_{Rp}[Y_G(r_0) - Y_G(r)] = \int_r^R [Y_G(r_0) - Y_G(r)]\rho_0 \Omega^2 F_0 r_0 \mathrm{d}r_0 \qquad (4-13)$$

5. 离心力转矩

$$M_{Kp} = -\Omega^2 \left\{ \int_r^R [Y_G(r) - Y_G(r_0)]\rho_0 F_0 X_G(r_0) \mathrm{d}r_0 + \int_r^R [X_G(r) - X_G(r_0)]\rho_0 F_0 Y_G(r_0) \mathrm{d}r_0 \right\}$$
$$(4-14)$$

6. 除此之外，还有其他因素对离心力载荷产生影响

回转载荷以及风力机制动过程中由于叶片减速作用产生的惯性力在风轮旋转平面内引起弯曲力矩变化的制动载荷。

4.3.4 重力载荷

重力方向垂直指向地面，其大小与叶片材料的密度属性有关系。下面以 T 标识重力载荷。

1. 单位长度的重力

$$\rho_0 F_0 = \sum_i \rho_i F_i$$
$$q_{YT} = -\rho_0 F_0 g\cos\psi$$
$$q_{RT} = -\rho_0 F_0 g\sin\psi \qquad (4-15)$$

式中，ρ_0、F_0 分别为剖面折算密度和面积；ψ 为叶片旋转方位角；g 为重力加速度；ρ_i、F_i 分别为剖面各部分的密度和面积。

2. 重力所产生拉(压)力

$$P_{RT} = \int_r^R q_{RT} \mathrm{d}r_0 = -\int_r^R \rho_0 g F_0 \sin\psi \mathrm{d}r_0 \qquad (4-16)$$

3. 重力剪力

$$Q_{yT} = -\left[\int_r^R \rho_0 g F_0 \mathrm{d}r_0\right]\cos\Phi \qquad (4-17)$$

式中，Φ 为轴倾角。

4. 重力弯矩

$$M_{XT} = Q_{yT}(r_0 - r) = -\left[\int_r^R (r_0 - r)\rho_0 g F_0 \mathrm{d}r_0\right]\cos\Phi \qquad (4-18)$$

5. 重力扭矩

$$M_{KT} = M(X_T - X_C) = \int_r^R \rho_0 g F_0 (X_T - X_C)\mathrm{d}r_0 \qquad (4-19)$$

式中，X_T、X_C 分别为叶片重心和叶片扭转中心。

4.4 作用在整个风力机上的力

4.4.1 轴向推力

每平方米扫掠面上的推力，可由下式求出

$$P = \frac{\rho C_f V^2}{2} \qquad (4-20)$$

式中，P 为扫掠面 S 上单位面积的轴向压力($\mathrm{N/m^2}$)；V 为距离风轮前方 5 或 6 倍直径处的风速($\mathrm{m/s}$)。

在正常运转情况下 $\qquad\qquad P = 0.4V^2$

系数 0.4 相当于推力系数 $\qquad\qquad C_f = 0.64$

风轮在静止迎风状态下所受的轴向推力等于相同风速时正常运转状态所受轴向推力的 40%。系数 C_f 的取值大小与 λ_0 和风速有关。

一般来讲，对低速风力机来说，轴向推力是很重要的，因为叶片多而且塔架结构庞大。推荐取 $\qquad\qquad P = V^2$

4.4.2 俯仰力矩

由于风速在扫掠面上的不均匀分布，阵风时上部速度可能是下部的 2 或 3 倍，风轮轴承受一个俯仰力矩。各种翼型总有一个点，空气动力 F 作用在这个点的力矩为零，此点称压力中心。当叶片纵梁没有通过这个点就会对纵梁形成力矩，这个力矩称气动俯仰力矩。压力中心至前缘的距离，设计时通常取 0.25～0.35。气动俯仰力矩表达式为

$$M_q = \frac{\rho S_y K_M C v^2}{2} \qquad (4-21)$$

式中，S_y 为叶片面积（m^2）；K_M 为俯仰力矩系数；C 为翼的弦长。

4.5 载荷情况

以下介绍两个分析载荷情况。

1. 根据 IEC 61400—1 [2] 标准，分析载荷情况（表 4 - 1）

表 4 - 1 设计载荷情况（IEC）

设计情况	DLC	风况	其他情况	分析类型	部分安全因素
（1）发电	1.1	$NTMV_{in} < V_{hub} < V_{out}$	极端事件的推断	U	N
	1.2	$NTMV_{in} < V_{hub} < V_{out}$		F	*
	1.3	$ETMV_{in} < V_{hub} < V_{out}$		U	N
	1.4	$ECDV_{hub} = V_r - 2m/s$		U	N
	1.5	$EWSV_{in} < V_{hub} < V_{out}$		U	N
（2）发电与故障兼有	2.1	$NTMV_{in} < V_{hub} < V_{out}$	控制系统故障或电网失电	U	N
	2.2	$NTMV_{in} < V_{hub} < V_{out}$	保护系统或内部电故障	U	A
	2.3	$EOGV_{hub} = V_r + 2m/s$ and V_{out}	外部或内部电故障包括电网失电	U	A
	2.4	$NTMV_{in} < V_{hub} < V_{out}$	控制，保护或电系统故障包括电网失电	U	*
（3）起动	3.1	$NWPV_{in} < V_{hub} < V_{out}$		F	*
	3.2	$EOGV_{hub} = V_{in}$，$V_r \pm 2m/s$ and V_{out}		U	N
	3.3	$EDCV_{hub} = V_{in}$，$V_r \pm 2m/s$ and V_{out}		U	N
（4）正常关机	4.1	$NWPV_{in} < V_{hub} < V_{out}$		F	*
	4.2	$EOGV_{hub} = V_r \pm 2m/s$ and V_{out}		U	N
（5）紧急关机	5.1	$NTMV_{hub} = V_r \pm 2m/s$ and V_{out}		U	N
（6）刹车	6.1	EWM 循环周期为 50 年		U	N
	6.2	EWM 循环周期为 50 年	电网未连接	U	A
	6.3	EWM 循环周期为 1 年	极端偏航未校准	U	N
	6.4	$NTMV_{hub} < 0.7V_{ref}$		F	*

（续）

设计情况	DLC	风况	其他情况	分析类型	部分安全因素
（7）刹车或故障情况	7.1	EWM 循环周期为 1 年		U	A
（8）运输、安装、维护、维修	8.1	NTM V_{maint} 由生产商设定		U	T
	8.2	EWM 循环周期为 1 年		U	A

注：表 4-1 中所用的缩略语：DLC 设计载荷情况；ECD 极端方向变化的相干阵风；EDC 极端风向变化；EOG 极端工作阵风；EWM 极端风速模型；EWS 极端风切变；NTM 正常湍流模型；ETM 极端湍流模型；NWP 正常风廓线模型；$V_r \pm 2 \text{m/s}$ 风速分析范围中所有风速的灵敏度；F 疲劳；U 极限强度；N 正常工况；A 非正常工况；T 运输和安装工况；* 疲劳安全系数。

1）发电

该设计工况下，设计载荷需要考虑风轮不平衡的影响，设计计算中应考虑转子制造时的最大质量和气动不平衡，分析运行载荷时还应考虑偏航偏差、控制系统以及跟踪误差等。

2）发电与故障兼有

该设计工况包括故障或脱网触发的瞬间事件。应充分考虑影响载荷较大的控制系统、保护系统故障以及电气系统内部故障。

3）起动

该设计工况包括机组从静止到空转到发电状态的瞬间使载荷产生的所有事件。根据控制系统的行为来估计发生事件的频数。

4）正常关机

该设计工况包括机组从发电状态到静止或空转状态的瞬间使载荷产生的所有事件。根据控制系统的行为来估计发生事件的频数。

5）紧急关机

应考虑紧急关机所产生的载荷。

6）刹车

该设计工况下机组处于停机或空转状态。对于 DLC6.1、DLC6.2 和 DLC6.3 要考虑 EWM（极端风速模型），对于 DLC6.4 要考虑 NTM（正常湍流模型）。

7）刹车或故障情况

该设计工况下要对停机机组的正常行为和由电网或机组本身造成的故障进行分析。

8）运输、安装、维护、维修

对于 DLC8.1，制造商一般规定了所有的风况以及包括风力机的运输、安装、维护和维修的设计工况，载荷设计时对于最大风况的分析要考虑上述工况的影响。对于 DLC8.2，包括了所有持续时间超过一周的运输、安装、维护和维修，同时也包括无机舱和叶片的情况。

2. 根据 JB/T 10194—2000 标准，分析载荷情况（表 4-2）

表 4-2　设计载荷情况（JB/T）

外界条件 ＼ 运行状态	待机	起动	功率输出	停机	应急停机	控制系统故障	安全/制动系统故障	电力系统故障	发生故障后的状态	运输安装维护
V_0 以下的正常外界条件		N2.0	N1.0 E1.0	N3.0						
V_A 以下的正常外界条件			S1.0		S1.1	S1.3	S1.4	S1.2		
正常运行阵风		N2.1	N1.1	N3.1						M1.1 (M2)
侧风	N4.2		N1.2							
电网故障/失载	E2.1		N1.3							
温度变化的影响	N4.3		N1.3							
极限运行阵风			E1.1							
风向的极限变化	E2.1 E2.2		E1.1							
极限风梯度			E1.2					S2.1		
极限负载影响			E1.3							
年平均风速	N4.0 N4.2 N4.3								S2.0	(M1.0)
年阵风风速	N4.1								S2.1	(M1.1)
50 年一遇风速	E2.0 E2.2									
50 年一遇阵风风速	E2.1									
冰载	E2.2		E1.4							
地震			S1.5							

1）正常载荷情况

正常载荷情况是由正常外界条件和正常运行组成的，至少应研究下列情况。

（1）载荷组 N1。

① 载荷情况 N1.0：基本功率输出状态和风速为 V_R、V_0 以及在结构上产生最大载荷的 V_I 和 V_o 之间的正常边界条件。

② 载荷情况 N1.1：正常运行阵风。

③ 载荷情况 N1.2：侧风。

④ 载荷情况 N1.3：电网故障或失载。

⑤ 载荷情况 N1.4：温度变化引起的影响。

(2) 载荷组 N2。

① 载荷情况 N2.0：在风速 V_I、V_R 和 V_0 点的正常外界条件下起动的基本状态。

② 载荷情况 N2.1：正常工作阵风。

(3) 载荷组 N3。

① 载荷情况 N3.0：在风速为 V_I、V_R 和 V_0 点的正常外界条件下，刹车过程的基本状态。

② 载荷情况 N3.1：正常运行阵风。

(4) 载荷组 N4。

① 载荷情况 N4.0：在风速直至 V_I 下的正常外界条件下的待机基本状态。

② 载荷情况 N4.1：年阵风的发生。

③ 载荷情况 N4.2：侧风。

④ 载荷情况 N4.3：温度变化的影响。

2) 极限载荷情况

极限载荷情况是由正常运行状态和极限外界条件组合构成的，至少应研究下列情况。

(1) 载荷组 E1。

① 载荷情况 E1.0：基本功率输出状态和风速为 V_R 和 V_0 以及在结构上产生最大载荷的 V_I 和 V_0 之间的正常外界条件。

② 载荷情况 E1.1：考虑风向极端变化和可能的偏航情况下的极端运行阵风。

③ 载荷情况 E1.2：在风轮扫掠面上的极限风速梯度。

④ 载荷情况 E1.3：负载的极端影响。

⑤ 载荷情况 E1.4：在功率输出过程中的结冰载荷。

(2) 载荷组 E2。

① 载荷情况 E2.0：具有 50 年一遇风速下的基本待机状态。

② 载荷情况 E2.1：50 年一遇阵风和风向极端变化的发生，如果电网发生故障，将导致更不利的状态，可以应用这一状态。对于水平轴风力发电机组，可以假定平均风向（在阵风前）和风力发电机组轴向一致。

③ 载荷情况 E2.2：结冰载荷和风向的极端变化。

3) 特殊载荷情况

特殊载荷情况通常是由故障运行状态和正常外界条件组成的，至少应研究下列情况。

(1) 载荷组 S1。

① 载荷情况 S1.0：由基本功率输出状态和在风速 V_R 和 V_A 时的正常外界条件，以及对结构产生最大载荷的介于 V_I 和 V_A 之间的风速一起构成。

② 载荷情况 S1.1：应急刹车状态。

③ 载荷情况 S1.2：内部电气系统故障。

④ 载荷情况 S1.3：控制系统的故障。

⑤ 载荷情况 S1.4：安全系统或制动系统中的故障。

⑥ 载荷情况 S1.5：地震。

注：当分析载荷组 S1 中的特殊载荷情况时，应注意制动系统的要求。

（2）载荷组 S2。

① 载荷情况 S2.0（基本状态）在年平均风速下发生故障的状态。

② 载荷情况 S2.1：一年一遇的阵风。

4）运输和吊装载荷情况

这些载荷情况来源于制造商规定的运输和安装时的吊装条件，由制造商规定的外部条件，在吊装和维护期间的短暂状态以及在竖立期间多于 1 天的盛行状态。

（1）载荷组 M1。

① 载荷情况 M1.0（基本状态）如果没有规定风速，在制造商规定的最大允许平均风速或年平均风速下吊装、安装和维护状态。

② 载荷情况 M1.1：如假定年平均风速为基本状态，正常工作阵风或年阵风的发生。

③ 载荷情况 M1.2：在校验塔架时，应考虑由涡流脱落引起的横向振动。

（2）载荷组 M2。

在运输和吊装过程中的载荷情况。

复习思考题

1. 运动中的风轮受到的气动载荷有哪些？
2. 水平轴风力机的特点是什么？
3. 垂直轴风力机类别有哪几种？基本结构是什么？
4. 垂直轴风力机的特点是什么？
5. 空气动力载荷的依据是什么？如何计算空气总动力？
6. 简述叶片旋转时，离心力的计算方法。

第**5**章
风力机的设计

教学目标

要求学生掌握风力发电机组设计的一般方案；掌握风力发电机组设计的基本参数；掌握风力发电机组设计的常用方法；掌握水平轴风力机的基本构成及功用。理解小型风力发电机常规的设计方法；理解大型风力发电机组叶片的设计方法及其优化目标；理解叶片设计常用的各种标准；理解风力机各种分类方法；理解水平轴风力机与垂直轴风力机的特点。了解各种风力机的特点；了解大型风力发电机组各部分组件的设计方法及其运行特点；了解风力发电机组设计的相关标准。

教学要点

知识要点	掌握程度	相关知识
机组设计参数	掌握风力发电机组整体设计参数的作用及其确定方法；掌握风能利用系数在风力发电机系统中的重要作用；掌握风力发电机风轮直径的计算方法	风场风况对风力发电机的设计和运行的影响；不同等级的风力发电机组的设计要求和整机性能；离网型和并网型风力发电机组的组成
风力机叶片的基本设计方法	掌握叶片设计时需要的几种重要参数的确定方法；掌握给出的八种叶片基本设计方法；理解叶片内部结构和叶片材料及加工方法	实际中不同功率的风力发电机叶片外形的设计方法；市场中叶片常用的材料及加工方法
叶片的优化设计方法	掌握叶片优化设计的目标、约束条件及优化算法；理解兆瓦级和小型风力发电机的设计方法	优化算法；风力发电机组所涉及的约束条件
风力发电机组各部分组件的设计	熟悉机组各部分组件的设计方法	发电机等机组各个部件的类型和功能

导入案例

中国风力发电网发布：我国第一台自主研发、拥有完全自主知识产权的 6 兆瓦风电机组，2011 年 6 月 1 日在盐城的华锐盐都综合产业基地下线。这是目前国内单机容量最大的风电机组，标志着中国风机制造技术达到了国际最先进水平。

6 兆瓦风电机组可以广泛应用于陆地、海上、潮间带等多种环境和不同风能资源条件的风场。该机组风轮直径长达 128 米，适应零下 45 摄氏度的极限温度，并通过了 62.5 米/秒的极限风速测试。其特殊的防腐系统满足了海上高盐雾和高腐蚀的运行环境。

风力发电是利用风力带动风轮叶片旋转，再通过增速器将旋转的速度提升，来促使发电机发电。风力发电正在世界上形成一股热潮，因为风力发电以大自然的风作为原料，不需要燃料，不会产生辐射或污染等问题。风力发电在德国、芬兰、丹麦等国家很流行；我国也在大力提倡风能的开发和利用。那么，如何能够更加有效地利用风能，怎样设计风力发电机才能使风力机在微风时就可以发电，在大风时又可以保持额定功率呢？

风力发电机组设计应满足标准 "JB/T 10300—2001 风力发电机组设计要求" 规定的各项要求，其中包括外部条件、设计工况和载荷情况、局部安全系数、结构强度分析、各零部件和系统设计，以及噪声、安装和维修等。不同类型的风力发电机组由于组成结构不同，整个机组的设计方案及各个组件的设计方法都有很大区别。这里就风力发电机组设计过程中涉及的主要情况和参数进行分析，包括风力发电机组的设计中的风场风况测算，机组各部分组件的匹配，叶片、轮毂、发电机、控制系统等各个组件的设计等内容。本章重点讨论水平轴风力发电机的叶片设计方法，包括风力机的空气动力学性能计算、叶片的外形设计、叶片材料的选用、加工工艺等内容。

5.1 风力机设计方案

根据风力发电机组设计的一般规程，首先对安装风力发电机组的风场风况进行考察估算，以此作为确定风速梯度函数、额定风速、风速分布函数、年发电量等性能的参考指标。其次就是要根据风力发电机组的安全等级、风况等外部条件确定风力发电机组的总体设计参数，并据此确定风力发电机组的构成及其合理配置。

5.1.1 风场

1. 风场选址

风电场址的选择有宏观选址和微观选址两个方面。宏观选址的优劣对风电开发项目的经济可行性起主要作用。而控制一个场址经济潜力的主要因素之一是风能资源的特性。在近地层，风的特性是十分复杂的，它在空间分布上是分散的，在时间分布上是不连续和不稳定的。风速对当地气候十分敏感，同时，风速的大小、品位的高低又受到风场地形、地貌特征的影响，所以要选择风能资源丰富的有利地形，进行分析，加以筛选。另外，还要结合征地价格、工程投资、交通、通信、接网条件、环保要求等因素进行经济和社会效益的综合评价，最后确定最佳场址。

微观选址是指风力发电机组具体安装位置的选择。作为风电场选址工作的组成部分，需要充分了解和评价特定的场址地形、地貌及风况特征后，再匹配于风力发电机组的性能进行发电经济效益和载荷分析计算。

进行风电场宏观选址时，尤其是组建电网时主要考虑以下几个指标。

(1) 平均风速。一般来说平均风速越大越好，只有年平均风速大于6m/s的地方才基本适合建立风电场。根据我国风能资源的实际情况，把10m高度处年平均风速在6m/s以上的地区定为风能丰富区的一项指标。

(2) 风功率密度。风功率密度与所在地的空气密度和风速大小都有关系。高原地区风大，但风功率密度不一定大，因为空气稀薄。

(3) 主要风向分布。这一参数决定了风力发电机组在风电场中的最佳排列方式。虽然可以调整风力发电机的方向，但密集排列的机组间的湍流影响有时是不容忽视的。利用实测风玫瑰图可以表示出风向的分布情况，主导风向占30%以上就可以认为该地区有比较稳定的风向。

(4) 年风能可利用时间。一般是指风速在3～25m/s时的时间，每年大于2000小时，即为风能可利用区。

世界气象组织给出了风力发电机组微观选址的总体规则：首先确定盛行风向；其次地形归类，可以分为平坦地形和复杂地形。在平坦地形中主要是地面粗糙度的影响；复杂地形除了地面粗糙度，还要考虑地形特征。

1) 高度和粗糙度对风速的影响

在地球表面100～6000m的范围内，风速一般随高度增加而增大。气象学家把这个范围称为大气边界层。把风速随高度变化的图形称为风速剖面。在风速剖面上，风速变化很小，只受最大的地形影响，如高山、森林及海洋等地形的影响。图5.1表示在15m、30m、100m的平面上空风速的变化。图5.1表明：在一个很短时间内，风速是不规则的，低处的瞬时风速大于较高处的风速也是常见的。

风速剖面的形状与3个因素有关：其一是地面是否平坦。其二是空气流过地表面时摩擦力的大小。例如，城市、乡村和海洋的地面摩擦力不同，因此风速剖面也不同，如图5.2所示。其三是气流流经路线的温差以及通过大气的温度。

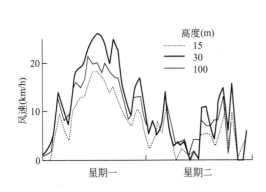

图5.1 不同高度的风速-时间曲线

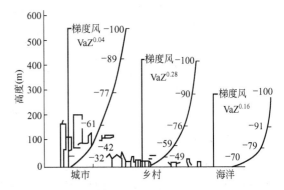

图5.2 地表上高度与风速的关系

由于地表面摩擦阻力的作用，海面上的风速比海岸上的风速大，而沿海的风要比内陆大得多。例如，台风登陆后，其风速几乎衰减了一半；海岸上平均风速为 4～6m/s 时，距海岸线 70km 处海面上的风速可能达到 6～10m/s，要比海岸大 60%～70%。

常用如下指数公式（也称为风剪切数学模型）表示风速 v 随高度 h 的变化

$$v = v_1 \left(\frac{h}{h_1} \right)^n \tag{5-1}$$

式中，h_1 为参考高度，一般 h_1 取 10m；v_1 为参考高度为 h_1 时的已知风速（m/s）；n 为粗糙度，主要由大气的热稳定度和地表的粗糙度来决定，其取值约为 1/8～1/2。

稳定度居中的开阔平地取 1/7；粗糙度大的大城市常取 1/3；稳定度差时，因上下紊流混合频繁，上下风速差小，n 值小；稳定度高时，因混合的作用得到了抑制，上下风速差大，n 值变大。

2）障碍物的影响

风流经障碍物时，会在其后面产生不规则的涡流，致使风速降低，而且还会形成强的湍流，对风力发电机组的运行十分不利，因此在选择风力发电机组安装位置时必须避开障碍物下流这种扰动区。由于障碍物对气流的扰动随着气流的远离，扰动的影响越来越小，以至逐渐消失。从理论上讲，扰动区的长度约为 17H（H 为障碍物的高度）。所以在选址时，尽量避开障碍物，至少要选在 10H 以上。

3）山地的影响

山地对风速影响的水平距离，一般在向风面为山高的 5～10 倍，背风面为 15 倍。山脊越高，坡度越缓，在背风面影响的距离越远。根据经验，在背风面对风速影响的水平距离 D 大致是与山高 h 和山的坡度 α 半角的余切的乘积成正比，即

$$D = h \times \cot(\alpha/2) \tag{5-2}$$

4）风力发电机组安装间距的影响

建设风场时，风力发电机组之间必然会产生相互干扰的问题，受风力发电机组尾流中产生的气动干扰的影响，下游风轮所在位置的风能平均能量和风速持续时间将会减少，从而造成发电量下降。此外，由于尾流中存在的风剪切和湍流作用，使风轮受到脉动的气动载荷，风轮结构发生振动，增加了疲劳损伤度。

实际上将各风力发电机组安装间距扩展到没有尾流的距离是不现实的，因此，在进行多台风力发电机组安装间距选择之前，必须要参考风向及风速分布数据，同时也要考虑风电场长远发展的整体规划、征地、设备引进、运输安装投资费用、风力发电机组尾流作用、环境影响等综合因素。现实的选择是：安装间距要满足风场总体效益最大化的目标，同时满足适当的条件限制。通过对国内外风电场多年建设经验的分析，风力发电机组安装间距在盛行风向上选择为 5～7 倍风轮直径，在垂直盛行风向上选择为 3～5 倍的风轮直径较为合适。

另外，风场机组布局方式可根据场址的具体地形条件进行规划，假如场址是在山脊上，布局就顺着山脊的走势排列。场址是平坦的，就可采用较为规则的几何形状排列。

2. 风玫瑰图

在极坐标底图上点绘出的某一地区在某一时段内各风向出现的频率或各风向的平均风速的统计图，前者为风向玫瑰图，后者为风速玫瑰图。因图形类似玫瑰花朵而得名。在风向玫瑰图中，频率最高的方位表示该风向出现次数最多。最常见的风玫瑰图（图 5.3）是一

个圆，圆上引出16条放射线，它们代表16个不同的方向，每条直线的长度与这个方向的风的频率成正比。静风的频率放在中间。有些风玫瑰图上还指示出了各风向的风速范围。

风向频率是在一定时间内各种风向出现的次数占所有观察次数的百分比。根据各个方向风的出现频率，以相应的比例长度按风向中心吹，描在8向或16向的风玫瑰图坐标系上，然后将各相邻方向的端点用直线连接起来，绘成一朵宛如玫瑰花的闭合折线，这就是风向玫瑰图。图中线段最长的即为当地主导风向。图5.4所示是某地测得并绘制出的年平均风向玫瑰图。风向玫瑰图可直观地表示年、季、月等的风向，为城市规划、建筑设计和气候研究所常用。

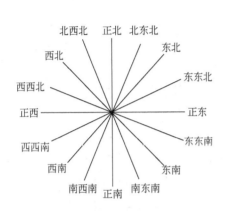

图 5.3　风向玫瑰图坐标系

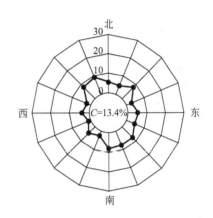

图 5.4　风向玫瑰图

风速的频率在国标 GB/T 13981—1992 中由年风频曲线描述，年风频曲线由风场对风力进行统计、分析并按照威布尔分布或瑞利分布给出。

3. 风力等级

在气象学上把垂直方向的大气运动称为气流，把水平方向的大气运动称为风。风吹来的方向称为风的方向。因此，来自北方的风称为北风，来自西方的风称为西风。风是一种随机的湍流运动。风特性分为脉动风特性和平均风特性，脉动风特性有脉动风速、脉动系数、风向、湍流强度、湍流积分尺度等；平均风特性有平均风速、平均风向、风速廓线等。这里研究的风特性主要是平均风特性。

风速可以用风速仪测量。它表示单位时间内风流过的距离，单位是 m/s 或 km/h。由于风速大小变化频繁，在风力发电机叶片设计和性能计算中通常用平均风速表示，通常有日平均风速、月平均风速、年平均风速等。

风力是指风吹到物体上所表现出的力量的大小。一般根据风吹到地面或水面的物体上所产生的各种现象，国际上把风力的大小分为13个等级，最小是0级，最大是12级。风力等级 B 与风速 v(m/s)的关系可以表示为

$$v = 0.86 B^{\frac{3}{2}} \tag{5-3}$$

中国气象局曾于2001年下发《台风业务和服务规定》，以蒲式风力等级将12级以上台风补充到17级。12级台风定为32.7~36.9米/秒；13级为37.0~41.4米/秒；14级为41.5~46.1米/秒，15级为46.2~50.9米/秒，16级为51.0~56.0米/秒，17级为56.1~61.2米/秒。琼海30年前那场台风，中心附近最大风力为73米/秒，已超过17级的最高标准，称之为

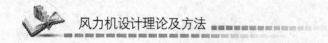

18级，也是国际航海界关于特大台风的普遍说法。具体划分标准见表 5-1。

表 5-1　风速与风力等级划分标准

风力等级	名称	风速		陆地现象	海面状态
		(m/s)	(km/h)		
0	无风	0~0.2	小于1	静，烟直上	平静如镜
1	软风	0.3~1.5	1~5	烟能表示风向，但风向标不能转动	微浪
2	软风	1.6~3.3	6~11	人面感觉有风，树叶有微响，风向标能转动	小浪
3	微风	3.4~5.4	12~19	树叶及微枝摆动不息，旗帜展开	小浪
4	和风	5.5~7.9	20~28	能吹起地面灰尘和纸张，树的小枝微动	轻浪
5	清劲风	8.0~10.7	29~38	有叶的小树枝摇摆，内陆水面有小波	中浪
6	强风	10.8~13.8	39~49	大树枝摆动，电线呼呼有声，举伞困难	大浪
7	疾风	13.9~17.1	50~61	全树摇动，迎风步行感觉不便	巨浪
8	大风	17.2~20.7	62~74	微枝折毁，人向前行感觉阻力甚大	猛浪
9	烈风	20.8~24.4	75~88	建筑物有损坏(烟囱顶部及屋顶瓦片移动)	狂涛
10	狂风	24.5~28.4	89~102	陆上少见，见时可使树木拔起将建筑物损坏严重	狂涛
11	暴风	28.5~32.6	103~117	陆上很少，有则必有重大损毁	非凡现象
12	飓风	32.7~36.9	118~133	陆上绝少，其摧毁力极大	非凡现象
13	飓风	37.0~41.4	134~149	陆上绝少，其摧毁力极大	非凡现象
14	飓风	41.5~46.1	150~166	陆上绝少，其摧毁力极大	非凡现象
15	飓风	46.2~50.9	167~183	陆上绝少，其摧毁力极大	非凡现象
16	飓风	51.0~56.0	184~201	陆上绝少，其摧毁力极大	非凡现象
17	飓风	56.1~61.2	202~220	陆上绝少，其摧毁力极大	非凡现象

5.1.2　风力发电机组等级

进行风力发电机组设计时首先要根据风况等外部条件确定机组的等级。风力发电机组的等级有正常安全等级和特殊安全等级两种，正常安全等级是考虑风力发电机组损坏将导致人员受伤或造成经济损失和社会影响时的安全要求；特殊安全等级是根据地方法规确定的安全要求和(或)由制造商与用户之间商定的安全要求。

设计中需考虑的外部条件取决于风力发电机组安装的预定场地或场地类型。依据风速和湍流参数确定风力发电机组的等级。划分等级的目的是为了按强度变化的明显程度对风力发电机组分类，而强度变化取决于风速和湍流参数。风速值和湍流参数可用于表示许多不同场地的特性值，但不能给出任何特定场地的精确表述。表 5-2 规定了风力发电机组等级的基本参数。

表 5-2　风速与风力等级划分标准

风力发电机组等级		正常安全等级				特殊安全等级
		I	II	III	IV	S
V_{ref}/(m/s)		50	42.5	37.5	30	设计值由设计者规定
V_{ave}/(m/s)		10	8.5	7.5	6	
A	$I_{15}(-)$	0.18	0.18	0.18	0.18	
	$a(-)$	2	2	2	2	
B	$I_{15}(-)$	0.16	0.16	0.16	0.16	
	$a(-)$	3	3	3	3	

注：表中数据为使用的轮毂高度处值，其中：A 为较高湍流特性的类型；B 为较低湍流特性的类型；V_{ref} 为 10min 平均参考风速；V_{ave} 为轮毂高度处的年平均风速；I_{15} 为风速 $V=15$m/s 时的湍流强度特性值；a 为计算正常湍流模型标准差时采用的斜率参数。

对一些需要特殊设计(如特殊风况或其他外部条件或特殊安全等级)的情况，规定了其他风力发电机组等级——S 级。S 级风力发电机组的设计值应由设计者选择，并在设计文件中规定。对这样的特殊设计，设计状态的取值应该能够反映出比预期使用风力发电机组时遇到的更为严重的环境。在近海安装时的特殊外部条件下，风力发电机组就应该按 S 级设计。

除这些基本参数外，还需要某些其他重要参数，以便用来完整规定风力发电机组设计中采用的外部条件。对风力发电机组的 IA～IVB 级，以后统称为标准风力发电机组等级，设计寿命应至少 20 年。

对 S 级风力发电机组制造商，应参考相关标准进行设计，并在设计文件中说明使用的模型和主要设计参数值。

5.1.3　机组设计参数

风力发电机的整体设计包括风轮、齿轮箱、发电机、调速装置、调向装置、塔架及控制系统等的设计。这里给出了计算风力发电机组输出功率时涉及的主要参数，如额定功率、额定风速、风轮直径、空气密度和风能利用系数等总体参数。

1. 额定功率

中华人民共同和国机械行业标准"JB/T 10300—2001 风力发电机组设计要求"中 5.4.3.2 定义了额定输出功率 P_r 是指在正常运行状态下从功率曲线得到的风轮轴的最大连续机械功率，达到这一功率时，发电机就产生其额定的电输出，称为机组额定输出功率，简称额定功率。

额定功率常用来表示风力发电机组单机容量，单机容量的大小决定了机组的规模。目前在风场安装运行的单机容量已经达到 7MW，风轮直径达到 126m，而且 10MW 机组也已经在开发研制。随着高度的增加，平均风速增大，因此较大的风力发电机有较大的单位面积输出能量。更重要的是，尽管较大的风力发电机安装和运行费用比小风力发电机多，但每千瓦输出电量的总生产成本普遍随着风力发电机额定功率的增大而降低。因此，预计在未来 10～15 年内，额定输出功率范围在 8～10MW、风轮直径在 180～200m 的风力发电机将得到进一步发展。但是目前的设计方法、可用的组件和材料还不能支持生产这种规模的叶片或其他组件。此外，额定功率的增加意味着风轮直径的增加，这使得机组的重力负荷也增加，可以预料，这些负荷比风荷载还要大，这又将导致转子系统重量和成本的大幅增加。目前，"最佳/最优"设计方案有多种类型，主要取决于特定风场、各组件性能、材料、工艺及运作特点等因素。全球意义或普遍意义上的最优方案是不可能存在的。

2. 额定风速

在标准"JB/T 10300—2001 风力发电机组设计要求"中5.4.3.3 定义了额定风速 v_r 是指达到风力发电机组产生额定输出功率 P_r 时的风速。

额定风速（又称设计风速）是一个非常重要的参数，直接影响到风力发电机组的大小和成本。额定风速主要由安装风力发电机组地区的风能资源决定。风能资源既要考虑到平均风速的大小，又要考虑风速的频率。知道了当地风场的平均风速和频率，就可以确定额定风速 v_r 的大小。在机组设计时通常采用优化设计方法，可以按全年获得的最大能量为优化目标来确定额定风速；也可以按单位投资获得的最大能量为优化目标来选取额定风速。

试验证明，风轮的转换功率与风速的立方成正比，也就是说，风速对功率影响最大。例如，在当地最佳设计风速为 6m/s 的地区，安装一台额定设计风速为 8m/s 的风力发电机，结果其年额定输出功率只达到原设计输出功率的 42%，也就是说，风力发电机额定输出功率较设计值降低了 58%。若选用的风力发电机额定设计风速越高，那么其额定功率输出的效果就越不理想。但也必须指出，风力发电机额定设计风速偏低，其风轮直径、电机相对要增大，整机造价相应也就加大，从制造和产品的经济意义上考虑都是不合算的。

3. 风能利用系数

中华人民共和国国家标准"GB 8974—88(JB/T 7878—1995)风力机术语"中定义：风能利用系数(rotor power coefficient)是风轮所接受的风的动能与通过风轮扫掠面积的全部风的动能的比值，用 C_p 表示。

在有些文献中也用 C_p 表示风力发电机组的功率系数。如在国标"GB/T 2900.53—2001(IEC 60050—415：1999)电工术语—风力发电机组"中也定义风力发电机组的功率系数(power coefficient)为净电功率输出与风轮扫掠面上从自由流得到的功率之比。净电功率输出是风力发电机组输送给电网的电功率值。该功率系数可以根据所测得的功率曲线由式(5-4)计算而获得。

$$C_p = \frac{P}{\frac{1}{2}\rho_0 A V^3} \tag{5-4}$$

式中，C_p 为功率系数；V 为折算所得的平均风速(m/s)；P 为折算所得的在 V 时的功率输出(W)；A 为风力发电机组风轮的扫掠面积(m²)；ρ_0 为标准空气密度，$1.225kg/m^3$。

由上述标准的定义可以看出，如果用 C_p 表示风力发电机组的功率系数时，其中包括了风能利用系数和发电机及传动系统的效率。

风力发电机的气动理论在第 2 章中的所述表明：理想的风能对风轮叶片做功的最高效率是 59.3%。通常风力机风轮叶片接受风能的效率达不到 59.3%，一般设计时根据叶片的数量、叶片翼型、功率等情况取 25%~45%。

对实际使用的风力发电机来说，C_p 越大，表示风力发电机的效率越高。C_p 不是一个常数，它随风速、风力发电机转速以及风力发电机叶片参数（如攻角、桨距角等）变化而变化。

风力发电机的叶片有定桨距的，也有变桨距的。对于定桨距的风力机来讲，除了采用可控制的变速运行外，在额定风速以下的风速范围内，C_p 常偏离其最佳值，使输出功率有所降低，当风速超过额定风速后，通过采用偏航控制或失速控制等措施，使输出功率控制在额定值附近。对于变桨距的风力发电机而言，通过调节桨距可使 C_p 在额定风速下具有可能较大的值，从而得到较高的输出功率；超过额定风速后，通过改变桨距减小 C_p，使输出功率保持在额定值附近。

4. 空气密度

风场所在环境的空气密度对风力发电机的性能也有很大影响，而风速、温度、湿度、大气压等因素又直接影响着空气密度。

1）干燥空气的密度

用温度计和气压计测出试验地点的环境温度 t 和大气压 P_m，由下式计算出不考虑环境湿度时的空气密度：

$$\rho_{td} = \frac{352.99}{273+t} \cdot \frac{P_m}{101325} \qquad (5-5)$$

式中，ρ_{td} 为温度为 t℃时对应的空气密度（kg/m³）；t 为大气温度（℃）；P_m 为当地大气压（Pa）。

2）湿空气的密度

特别地，在开发海上风电场时，湿度对风力发电机组的输出功率有较大影响。大气湿度对大气压的影响为

$$P_1 = P_m - 0.378 \cdot \varphi \cdot P_s \qquad (5-6)$$

式中，P_1 为当地大气压（Pa）；P_m 为实测大气压（Pa）；φ 为空气相对湿度；P_s 为饱和水蒸气压强（Pa）。

大气湿度对马赫数的影响为

$$M^2 = \frac{v_h^2}{kRT} \qquad (5-7)$$

式中，M 为马赫数；R 为湿空气气体常数（J/kg·K）；T 为实测大气温度（K）；k 为空气绝热指数；v_h 为自然风场高度为 h 处的风速（m/s）。

这样，考虑空气湿度后风场实际的密度为

$$\rho_w = \frac{352.99}{273+t} \times \frac{P_1}{101325} \qquad (5-8)$$

3）根据 DRA 和 DRT 指数计算密度

在海平面上，温度为 15℃时，空气密度为 1.226kg/m³，在不同高度上空气的密度是不同的。将不同高度的密度除以海平面上的空气密度即得到高度密度比，用 DRA 表示，见表 5-3。

表 5-3　高度密度比 DRA

高度/m	0	1000	2000	3000	4000
DRA	1	0.9074	0.8215	0.7432	0.6685

在不同温度下，空气密度也不相同。用不同温度下的密度除以 15℃时的空气密度即得到温度密度比，用 DRT 表示，见表 5-4。

表 5-4　温度密度比 DRT

温度/℃	−15	−5	5	15	25	35
DRT	1.116	1.074	1.036	1	0.967	0.935

为了确定在某一高度和温度下的空气密度,可以将相应的 DRT 和 DRA 与标准状态下空气密度 1.226kg/m^3 相乘,即

$$\rho_{ht}=DRT_t\times DRA_h\times1.226 \tag{5-9}$$

式中,DRT_t 为温度为 $t℃$ 时的温度密度比;DRA_h 为高度为 h 处的高度密度比。

4) 3 种方法的比较及选择

上述 3 种计算空气密度的方法各有优劣。第一种方法不考虑空气湿度,计算测试都很简单,适合于计算高原干旱地区风场的空气密度;第二种方法重点考虑湿度对马赫数及密度的影响,较适合于海上风力发电场的密度计算;第三种方法重点考虑温度和高度对密度的综合影响,测算所得的 DRT 和 DRA 也是离散型数据,测量数据真实但计算方法简单,因而结果不精确。

在实际应用当中需要采取哪种方法,应根据风场所处环境选择,如果要根据一般情况进行分析设计,可以取这 3 种方法所得结果的平均值。

例 5.1 测得内蒙古某地风场的实际大气压为 89800Pa,气温为 18℃,湿度为 50%,饱和水蒸气压为 2685.559Pa,试计算这个风场的空气密度。

解: 根据第一种干燥空气密度计算

$$\rho_{td}=\frac{352.99}{273+t}\times\frac{P_m}{101325}=\frac{352.99}{273+18}\times\frac{89800}{101325}=1.075(\text{kg/m}^3)$$

根据第二种湿空气密度计算

$$\rho_w=\frac{352.99}{273+t}\times\frac{P_m-0.378\times\varphi\times P_s}{101325}$$

$$=\frac{352.99}{273+18}\times\frac{89800-0.378\times0.5\times2685.559}{101325}=1.069(\text{kg/m}^3)$$

根据第三种方法计算

可以查得 DRT 在 18℃ 时对应密度 $DRT_t=1.036\text{kg/m}^3$;DRA 在海拔高度 1063m 的密度 $DRA_h=0.8215\text{kg/m}^3$,按照温高法得到的空气密度为

$$\rho_{ht}=DRT_t\times DRA_h\times1.226=1.043(\text{kg/m}^3)$$

根据实际风场特点可以取不同方法计算,得到实际密度,如果湿度不高,用前两种计算出的结果是一致的,考虑温度和高度的共同影响时可以用 3 种方法计算所得的平均值。如上述 3 种结果的平均值为 1.063kg/m^3,可以作为风场的平均密度。

5. 风轮直径

根据用电量及风电场建设规模等情况确定出额定功率 Pr,参照中华人民共和国国家标准推荐的风速值及成本等因素的影响,对当地风场平均风速做适当调整后定出额定风速 v_r,测量计算得到当地气温、安装高度,确定出当地空气密度 ρ,再根据风力发电机的风能利用率 C_p、发电机效率 η_1、机械传动效率 η_2 利用公式

$$D=\sqrt{\frac{8P_r}{C_p\times\rho\times v_r^3\times\pi\times\eta_1\times\eta_2}} \tag{5-10}$$

就可以确定出用户所需要额定功率为 P_r 的风力发电机组风轮直径 D。可以看到风轮直径和风力发电机额定功率成正比,和风速的 3/2 次方成反比。因此人们看到的风力发电机往往是大功率的风力发电机的风轮半径就大;相同功率的低风速型风力发电机的风轮直径比常规的风轮直径大。

5.1.4 离网型风力发电机组的基本配置

当确定了风力发电机的额定功率以后，风力发电机组的额定组成规模也就形成了。典型的离网型风力发电机组由叶片、轮毂、发电机、逆变控制器、尾翼、蓄电池等组件构成。图5.5所示是牧区独立运行的300W风力发电机组典型构成。

图5.5 300W风力发电机组

风轮扫掠面积小于40m²的离网型水平轴风力发电机组通常称为是小型风力发电机组。这种离网型机组运行的环境温度变化范围为−25～+45℃，湿度为90％。机组运行的最高海拔高度为4500m；机组额定工况的大气条件为海拔1000m。额定工况是指机组在额定风速和额定电压下的运行状况。国标"GBT 19068.1—2003离网型风力发电机组第1部分：技术条件"中规定离网型机组在额定工况下，其输出功率应不小于额定功率。额定功率小于或等于1kW时，发电机转速应不大于额定转速的150％；额定功率大于1kW时，发电机转速应不大于额定转速的125％，机组的切出风速应不小于17m/s，即10min最大平均风速超过这一风速时，风力发电机组就应停机。机组的极端风速应不小于50m/s。极端风速是指按t秒平均的最高平均风速，它是所规定N年时间周期（重复周期为N年）内，很可能遇到的风速，极端风速也称为安全风速。一般采用重复周期N＝50年和N＝1年及平均时间间隔t＝3s和t＝10min。

按国家标准"GBT 13981—2009小型风力机设计通用要求"中规定小型高速风力机的切入风速不得低于3m/s，不得高于5m/s。有些厂商为了追求能在微风时也能发电，改进结构与叶片设计也能在1m/s风速时发出电来，这样的风力机很轻巧灵活；但要使该风力机在切出风速17m/s时也能正常工作还要能抗极端风速，必须结实牢固，电机还要能适应很大的速度变化范围，这又要进一步改进结构与风轮叶片设计，系统将会变得复杂，势必增加成本，是否经济合算要慎重考虑。通常情况下的小型风力发电机的切入风速还是选3m/s左右较为合适。

机组风轮的风能利用系数应不小于0.36；整机效率应不小于25％。国标"JB/T 10396—2004离网型风力发电机组可靠性要求"中规定，木芯玻璃纤维负荷材料叶片的使用寿命为10年，玻璃纤维增强塑料叶片为10年，其他部件的使用寿命为15年。

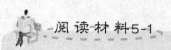

阅读材料 5-1

7MW 风力发电机组

由德国 Enercon 有限责任公司制造的 E-126 型风力发电机，是至 2010 年为止世界上最大的风力发电机。图 5.6 所示为该机组吊装的后期过程。E-126 型风力发电机的转子直径为 126 米，约 413 英尺，是早先装机容量 6MW 的 E-112 型号的改进版，装机容量可以达到 7MW。

图 5.6　E-126 型机组吊装的后期过程

该机组转子的转速为 12r/min。机组叶片上的扰流板设计延伸至轮毂，安装前预制混凝土基座。准确的轮毂高度和优化的叶片轮廓设计使得该机组性能超过 E-112 的性能。此外，E-126 不设置变速箱，因此风轮直接驱动发电机。在设计中选用变流器，取代了同步发电机。也就是说，控制器将交流波动电流转换成同步交流电流输入电网。发电机安装于机舱空间最大处。

E-126 基座直径为 29 米，占地面积为 1400 平方米，耗用 120 多吨钢筋。E-126 由于其大尺寸而在设计建造过程中面临多项挑战。比如，所需施工人员人数是 2MW 风电机组项目的 2 倍，每张叶片由于尺寸太大而不得不在现场进行组装。随后，每一张组装完成的叶片都需要花一天半时间将其与轮毂啮合。另外，发电机的转子和 140 吨的定子由于其重量太大，需要分开起吊安装。

E-126 型机组可以供给欧洲的 5000 个四口之家。再如，在美国，每个月每个家庭用电 938 千瓦时，每家一年用电 11256 千瓦时，那么一台风机可以供给 1776 个美国家庭。

5.1.5　并网型风力发电机组的基本配置

典型的并网型机组，兆瓦级风力发电机组主要由叶片、轮毂、塔架、齿轮箱、发电机、机舱、底座、机械系统、液压系统、控制系统、电气系统、传动系统、偏航系统、制动系统等部件构成。图 5.7 所示是大型并网型风力发电机组的结构示意图。

风轮扫掠面积大于或等于 $40m^2$ 的水平轴风力发电机组通常称为大型风力发电机组，大型机组一般都通过并网运行，因此也称为并网型风力发电机组。由于这类机组部件多、结构复杂，风轮直径超过 7m，机组能够正常运行所需的外部条件与离网型风力发电机组相比较为严格。当额定功率比较大时，风轮直径也相应会增长，要使机组安全可靠运行就需要各个部件的强度、刚度、柔性、振动等各部件技术达到一定要求。国

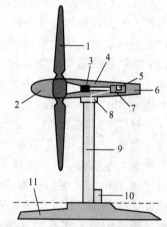

图 5.7　大型风力发电机组结构示意图

1—风轮叶片；2—轮毂及叶片桨距控制机构；3—齿轮变速机构；4—制动系统；5—开关控制系统；6—机舱；7—发电机；8—回转体；9—塔架；10—网络连接设备；11—地基

标 "GB/T 19060.1—2005 风力发电机组第 1 部分：通用技术条件" 规定这类机组的工作
环境温度范围是 −20～+40℃，湿度小于等于 95%。机组运行的最高海拔高度为 1000m。
机组的切入风速应大于 2.5m/s，小于 5.5m/s，切入风速是指风力机对额定负载开始有功
率输出时的最小风速。切出风速应大于 20m/s，小于 25m/s。机组最大风能利用系数应大
于 0.4，机组年可利用率应大于等于 97%。机组在额定工况时，其输出的功率应大于或等
于额定功率。在正常工作状态下，机组功率输出与理论值的偏差应不超过 10%；当风速大
于额定风速时，持续 10min 功率输出应不超过额定值的 115%，瞬间功率输出应不超过额
定值的 135%。机组各部件设计寿命应不小于 20 年。

5.2 风力机叶片的基本设计方法

叶片设计包括气动设计和结构设计两部分。气动设计考虑叶片的额定设计风速、风能
利用系数、外形尺寸和气动载荷等因素。结构设计是根据气动设计时的载荷计算，并考虑
机组实际运行环境因素的影响，使叶片具有足够的强度和刚度。保证叶片在规定的使用环
境条件下，在其使用寿命期内不发生损坏。另外，要求叶片的重量尽可能轻，并考虑叶片
间相互的平衡措施。

气动设计是整个机组设计的基础，为了使风力发电机组获得最大的气动效率，所设计
的叶片在弦长和扭角分布上一般采用曲线变化。

叶片气动设计常用的方法有图解法、等升力系数法、等弦长法、Glauert 设计法、
Wilson 设计法、简化风车设计法、动量叶素法等多种方法。目前叶片设计方法主要以动
量叶素理论为基础，结合其他优化算法实现叶片气动性能、强度、内部结构、外形及发电
量等各项性能的综合优化设计。

5.2.1 叶片设计参数

1. 叶片数

一般来讲，风轮的叶片数取决于风轮的叶尖速比，国标 GB/T 13981—1992 给出了叶
尖速比和叶片数的对应关系，表 5-5 是不同叶尖速比对应的叶片数及风力机类型。

表 5-5 各种类型水平轴风力机的叶尖速比与叶片数

叶尖速比	叶片数目	风机类型	叶尖速比	叶片数目	风机类型
1	6～20	低速	4	3～5	中速
2	4～12	低速	5～8	2～4	高速
3	3～8	中速	8～15	1～2	高速

叶片数与叶片弦长和风轮转速之间的关系

$$BC(\mu)\left(\frac{\Omega R}{V_\infty}\right)=\frac{16\pi R}{9C_L}\frac{1}{\mu} \tag{5-11}$$

式中，B 为叶片数（枚）；Ω 为风轮转速（r/min）；R 为风轮半径（m）；V_∞ 为自由风速（m/s）；
C_L 为升力系数；$\mu=r/R$ 为半径比；C 为弦长（m）。

从风轮和机舱所受的载荷考虑，两叶片风轮所受的主轴弯曲力矩、俯仰力矩、机舱偏航力矩均比三叶片风轮大。

叶片数减少后，叶尖线速度增加，噪声增大，在有噪声限制的地区，噪声 dB 值成为限制指标。一般三叶片风轮在运行中比两叶片风轮噪声低 10~20dB。

实际设计生产时往往是根据风力机用途先确定风轮的叶片数，然后根据风轮实度、发电机及系统性能确定叶尖速比。用于风力提水的风力机一般属于低速风力机，叶片数较多。叶片数多的风力机在低叶尖速比运行时有较低的风能利用系数，即有较大的转矩，而且起动风速亦低，因此适用于提水。目前用于风力发电的都属于高速风力机，叶尖速比都大于 2。尤其是大型风力发电机叶尖速比在 3~10，甚至更高。再考虑到大型叶片的成本、稳定性、载荷、噪声等因素，一般都采用三叶片风轮。

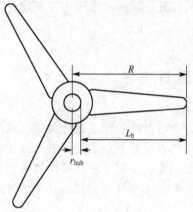

图 5.8　叶片长度与轮毂外径
注：R 为风轮半径；L_b 为叶片长度；
r_{hub} 为轮毂半径

2. 叶片长度

在风轮叶片设计中除了要知道风轮直径 D 和半径 R 外，还需要知道叶片的实际长度。叶片长度的确定和系统所选用的轮毂有关。不同结构的轮毂，叶片安装的位置和方法也不同。假设轮毂外径，即叶片实际安装位置所构成圆弧的半径为 r_{hub}，如图 5.8 所示，叶片长度用 L_b 表示时，可以用关系式 $L_b = R - r_{hub}$ 计算得出。

3. 安装角

标准 "JB/T 10194—2000 风力发电机组风轮叶片" 中定义叶片安装角为叶根所在位置处翼型几何弦与叶片旋转平面所夹的角度。在国标 "GB 8974—88(JB/T 7878—1995) 风力机术语" 中安装角的定义外延更广些，它是指叶片翼型几何弦与叶片旋转平面所夹的角度。这也是通常所说的安装角。扭角为叶片尖部几何弦与根部几何弦夹角的绝对值。在变桨距系统中，安装角也称为节距角、桨距角。安装角的选取由机组的类型、规模和轮毂的结构决定，兆瓦级变桨距机组中，安装角选择 −1°~2°，这样便于控制桨距。小型机的叶片安装角由轮毂决定，可以选择的安装角范围较大，尤其在试验中可以在 0°~90° 内选定安装角。目前在小型机上采用圆盘式轮毂，这种轮毂适合的叶片安装角为 0°。图 5.9 表示出了叶片的安装角、攻角和风向角的位置关系。

风向角是翼型上相对风速方向与风轮旋转平面之间的夹角，也称气相角、倾角或入流角。

4. 攻角

攻角也称为迎角，是翼型上合成风速或称相对风速方向与翼型几何弦的夹角。不同的翼型，其升力系数和升阻比随攻角的变化情况是不一样的。而同一攻角，大弯度翼型对应升力系数较大。在一定攻角范围内，翼型升力系数随攻角的增大而增加，在叶片设计中常常利用这种变化情况，选择适当的翼型和最佳攻角，使风轮叶片在运行时的升阻比达到最大。但是当攻角达到某一值时，升力系数急剧下降，进入失速状态。对于定桨距型叶片来

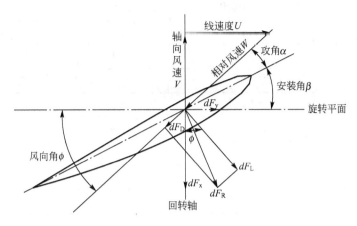

图 5.9 安装角与攻角

讲，还要利用叶片的失速现象控制机组的功率输出。

在叶片设计中，攻角和风向角、安装角有着密切关系。利用关系式

$$\beta = \phi - \alpha + \gamma \tag{5-12}$$

确定安装角。

式中，β 为安装角；ϕ 为风向角；α 为攻角；γ 为零位角。

由于叶片具有一定的厚度和宽度，使得轴向和周向速度都会发生改变，尤其对展弦比小、实度大的风力机影响更大。叶栅理论指出，这种影响主要体现在对攻角的影响，从而使机组输出性能受到影响。

5. 叶尖速比

风轮叶片尖端的线速度与额定风速之比称为叶尖速比，可表示为

$$\lambda = \frac{\omega R}{V} = \frac{\pi n R}{30V} \tag{5-13}$$

式中，ω 为旋转角速度(rad/s)；R 为风轮的半径(m)；n 为风轮转速(r/min)；V 为额定风速(m/s)。

风力机理论指明，风力机最大能量变换效率出现在叶尖速比最优时，这样就可以通过控制系统的叶尖速比而使风力发电系统获得最大能量。现在很多大型风力发电机都是采用这种方法或者通过改变与叶尖速比密切相关的风力发电机的转速来控制系统的输出功率。

叶尖速比决定了风轮的功率，也是控制系统对风力发电系统实现优化控制，使系统保持在最佳运行状态下工作的重要参数。合理地选取叶尖速比可使风轮功率达到峰值。而叶尖速比不是可以随意设定的，它和风力发电机的种类、叶片类型、风轮实度、叶片翼型、叶片数、负荷类型等因素都有关系。

对于不同种类的风力发电机及叶片类型可以设计不同的叶尖速比。如表 5-6 所示，低转速风力提水机的叶尖速比最低，在 1～2 之间；小型风力发电机的叶尖速比取 3～5；而大型风力发电机的叶尖速比较高，一般为 5～15；尤其是扭转翼型对应的升阻比也很高，所以现在大型风力发电机都采用具有扭角的叶片，叶尖速比设计为 2～10，以获得较高的升阻比和功率系数。

表5-6　各种类型水平轴风力机的叶尖速比与升阻比

风力机	叶片种类	叶尖速比	升阻比 L/D
水泵	平板	1	10
	曲板	1	20～40
	风帆	1	10～25
小型风力发电机	简单翼型	3～4	10～50
	扭转翼型	4～6	20～100
	风帆	3～5	20～30
大型风力发电机	扭转翼型	5～15	20～100

　　由图5.10可知，对风车来讲，叶尖速比在2～3之间有较高的功率系数；对低速风力机来说，叶尖速比在1附近有较高的功率系数；对高速风力机来说，叶尖速比在6～8之间有较高的功率系数，有的高速风力机的叶尖速比可以到10以上。

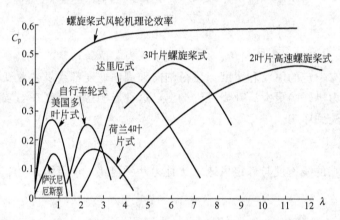

图5.10　风力发电机功率系数与叶尖速比的关系

　　对于不同类型的风力机，取不同的尖速比可以得到不同的功率系数。由图5.11可知，对风车来说，尖速比在2～3范围内有较高的功率系数；对高速风力机来说，尖速比在6～8范围内有较高的功率系数，有的高速风力机尖速比可以达到10以上；而对低速风力机来说，尖速比在1附近有较高的功率系数。

　　负荷的类型也决定了叶尖速比，驱动活塞泵的风力提水机常用$1<\lambda<2$；风力发电机常用$4<\lambda<10$。

6. 翼型

　　翼型参数主要有两类：一类是几何参数；一类是气动参数。这些数据可以从公布的数据中得到；如果是新设计的

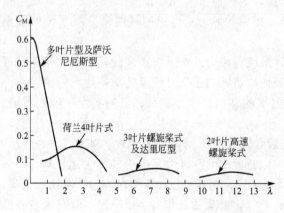

图5.11　风力发电机转矩系数与叶尖速比的关系

专用翼型，就需要通过试验测得。根据风力发电系统安装运行时的实际雷诺数查到相应的攻角 α、升力系数 C_L 及升力系数 C_L 阻力系数 C_D 对应曲线，获得叶片设计中用到的攻角 α、升力系数 C_L 和阻力系数 C_D 这 3 个参数。翼型的几何参数主要以翼型坐标形式给出。

这些数值都是试验所得，在性能计算和气动设计中需要用到它们的函数表达式。为了使表达式更加精确地拟合实际数值，采用正交多项式做最小二乘拟合。

1）翼型的几何参数

叶片横截面的形状称为叶片的翼型，有时也把叶片横截面直接称为翼型或翼叶。翼型的几何参数主要有如下几种。

（1）翼弦：翼型前缘点 A 与后缘点 B 之间的连线称为翼弦，如图 5.12 所示，翼弦上面的弧面，即 ACB 弧面称翼的上表面；翼弦下部的弧面，即 ADB 弧面称翼的下表面。翼弦 AB 的长度称为弦长，以 c 表示，它是翼型的基准长度，也称为几何弦。除几何弦外，翼型还有气动弦。当气流方向与气动弦一致时，作用在翼型上的升力为零，气动弦又称零升力线。对称翼型的几何弦与气动弦重合。

（2）前缘半径与前缘角：前缘指翼弦的最前点，翼型前缘处的内切圆半径称为翼型前缘半径，亚音速翼型前缘是圆的，超音速翼型前缘是尖的。前缘点上下翼面切线的夹角就是前缘角。

（3）厚度和厚度分布：在计算翼型时通常采用图 5.13 所示的直角坐标，x 轴与翼弦重合，y 轴通过前缘点垂直向上。这样在 x 轴上方的翼型表面称为上翼面，以 $yu(x)$ 表示，下方的翼型表面称为下翼面，以 $yd(x)$ 表示。翼型上下翼面间内切圆的直径称为翼型厚度，以 t 表示，如图 5.13 所示。厚度随 x 的变化规律称为厚度分布，以 $t(x)$ 表示。

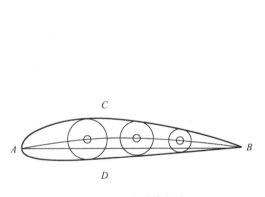

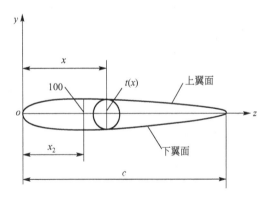

图 5.12　翼型的翼弦　　　　　　　　图 5.13　翼型的厚度分布

$$t(x) = yu(x) - yd(x) \qquad (5-14)$$

当 $x = xt$ 时，$t = t(xt) = tmax$ 称为翼型的最大厚度。

$\bar{t} = t(xt)/c$ 称为最大相对厚度，xt 为最大厚度位置，一般翼的最大厚度位置距前缘弦长的 20%～35%。通常，翼型的相对厚度就是指最大相对厚度，以 t 表示，通常为 10%～15%。

（4）中弧线：翼型内切圆圆心的连线称为中弧线。显然只有对称翼型的中弧线与翼弦重合。

（5）弯度与弯度分布：翼型中弧线和翼弦间的高度称为翼型的弯度。中弧线沿翼弦的变化称为弯度分布，以 $ym(x)$ 表示。

$$ym(x)=[yu(x)+yd(x)]/2 \qquad (5-15)$$

当 $x=xm$ 时，$ym=ym(xm)$ 取最大值，称为最大弯度，以 w 表示。把 $\overline{w}=ym(xm)/c$ 称为最大相对弯度，xm 为最大弯度位置。通常，翼型的相对弯度就是指最大相对弯度。

翼弦、前缘半径、厚度和弯度等几何参数往往可以从翼型的坐标获得。翼型坐标是叶片设计和加工时都要用到的主要数据。表 5-7 是叶片设计时参考的一种主要标准翼型坐标。其中，xu、yu 是翼型上表面坐标值；xd、yd 是翼型下表面坐标值。

表 5-7　标准 NACA632-615 翼型坐标

xu	yu	xd	yd
0	0	0	0
0.205	1.317	0.795	−1.017
0.418	1.634	1.082	−1.214
0.866	2.159	1.634	−1.517
2.05	3.129	2.95	−2.013
4.492	4.56	5.508	−2.664
6.973	5.667	8.027	−3.123
9.473	6.578	10.527	−3.476
14.504	8.01	15.496	−3.972
19.558	9.066	20.442	−4.29
24.625	9.83	25.375	−4.46
29.7	10.331	30.3	−4.499
34.788	10.587	35.222	−4.407
39.857	10.598	40.143	−4.172
44.932	10.384	45.068	−3.814
50	9.974	50	−3.356
55.058	9.393	54.942	−2.823
60.105	8.665	59.895	−2.289
65.139	7.809	64.861	−1.629
70.159	6.847	69.841	−1.015
75.163	5.8	74.837	−0.43
80.153	4.693	79.847	0.083
85.127	3.555	84.873	0.483
90.089	2.398	89.911	0.704
95.042	1.245	94.958	0.651
100	0	100	0

实际应用中通常要根据需要对标准翼型进行修型。例如从气动性能、强度、刚度等方面考虑，在靠近叶根处需要厚度大的翼型，靠近叶尖处需要厚度小的翼型；而中间还需要有许多过渡翼型，既可以保证叶片具有较好的气动性能，又可以保证叶片具有良好的光滑曲线外形。

在增加翼型厚度时，采用修厚因子 k_t 为

$$k_t = \frac{t_2}{t_1} \tag{5-16}$$

式中，k_t 为修厚因子；t_1 为原有翼型的厚度；t_2 为修改后翼型的厚度。

在保证中弧线不变时，改变厚度，这时修改后翼型上下表面的坐标为

$$\begin{cases} yu'(xu) = ym(xu) + \dfrac{t(xu)}{2}k_t \\[3mm] yd'(xd) = ym(xd) - \dfrac{t(xd)}{2}k_t \end{cases} \tag{5-17}$$

式中，xu 和 xd 为翼型上表面和下表面的 x 轴坐标值；$ym(xu)$ 和 $ym(xd)$ 为 x 轴坐标值为 xu 和 xd 时对应的中弧线的上表面和下表面的值；$ym'(xu)$ 和 $ym'(xd)$ 为改变厚度后 $ym(xu)$ 和 $ym(xd)$ 对应的值。

如图 5.14 所示，采用这种方法修型后，中弧线和弯度不变，修改后的翼型和原有翼型的气动性能变化小。但是如果修厚因子 k_t 小于 1，即减小翼型厚度时，尤其是 k_t 越小，这种方法会使翼型出现凹形，对气动性能产生的影响就越大。因此，在靠近叶尖处的翼型采用如下方法修型。

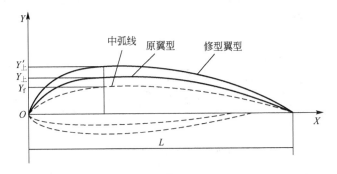

图 5.14　翼型坐标修改示意图

设原有翼型的弯度为 w_1，修改后翼型的弯度为 w_2，则定义修弯因子 k_w 为

$$k_w = \frac{w_2}{w_1} \tag{5-18}$$

修改后中弧线坐标为

$$ym'(x) = ym(x) \cdot k_w \tag{5-19}$$

修改后翼型上下表面坐标为

$$\begin{cases} yu'(xu) = ym'(xu) + \dfrac{t(xu)}{2}k_t \\[3mm] yd'(xd) = ym'(xd) - \dfrac{t(xd)}{2}k_t \end{cases} \tag{5-20}$$

也就是说，在减小翼型厚度的同时减小弯度，这样对修改后翼型的气动性能产生的影响小，可以保留原有翼型的气动参数。

尽管如此，修改翼型后，翼型原有的性能也会有所变化。当翼型的弯度加大后，导致上、下弧的流速差加大，从而使压力差加大，故升力增加；与此同时，上弧流速加大，摩擦阻力上升，并且由于迎流面积增加，故压差阻力也加大，导致阻力上升。因此，同一攻角时，随着弯度增加，其升、阻力都显著增加，但阻力比升力的增加更快，使升阻比有所下降。

翼型厚度增加后，其影响与弯度类似。同一弯度的翼型，厚度增加时，对应于同一攻角的升力有所提高，但对应于同一升力的阻力也较大，使升阻比有所下降。

（6）后缘半径或后缘角：后缘指翼弦的最后点，翼型后缘点 B 的内切圆半径称为翼型后缘半径。若后缘是尖的，则以后缘点上下翼面的切线夹角表示，称为后缘角。有的翼型后缘是平的，则用后缘厚度表示。

2）翼型的气动参数

翼型空气动力学特性参数主要包括升力、阻力、力矩、气动中心(焦点)和压力中心位置等。风力机是靠风作用在旋转桨叶上产生空气动力而工作的。这种力通常分为升力和阻力。

假定叶片处于静止状态，令空气以相同的相对速度吹向叶片，此时，作用在叶片各个截面上的气动力将不改变其大小。气动力只取决于相对速度和攻角的大小。因此为了便于研究，均假定叶片各个截面都静止且处于均匀来流速度 V_r 中。但是，气流作用在翼叶表面上的空气压力是不均匀的：上表面压力减少，下表面压力增加。按照伯努里理论，翼型上表面的气流速度较高，翼叶下表面的气流速度则比来流速度低。因此，围绕翼叶的流动可以看成由两个不同的流动组合而成：一个是将叶型置于均匀流场中时围绕翼叶的零升力流动，另一个是空气环绕翼叶表面的流动。而翼叶升力则是由于在翼表面上存在一速度环量造成的，如图 5.15 所示。

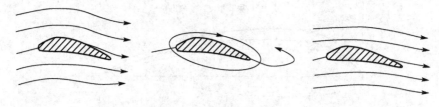

图 5.15　翼型表面的气流

为了表示压力沿表面的变化，可作叶片表面的垂线，用垂线的长度 K_P 表示各部分压力的大小

$$K_P = \frac{P-P_0}{1/2\rho V^2} \qquad (5-21)$$

式中，P 为叶片表面上的静压；ρ、P_0、V 为无限远处来流的密度、压强和气流速度。

连接各垂线段长度 K_P 的端点，得到图 5.16，其中上表面 K_P 为负，下表面 K_P 为正。对于每个攻角值，存在某一特别的点 C，该点的气动力矩为零，称为压力中心。于是，作用在叶片截面上的气动力可表示为作用在压力中心上的升力和阻力。而气动中心是指翼型上气动合力对这一点的力矩不随攻角的变化而变化，也称为焦点。翼型的气动中心

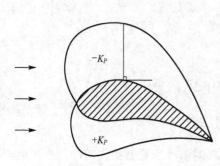

图 5.16　作用在翼叶上的压力

一般位于翼型的 $1/4 \sim 1/3$ 弦长处。

风力机叶片不同半径处的各个截面均产生升力和阻力，所有翼剖面的升力总和即为风力机一个叶片所受的升力；同样，所有翼剖面的阻力总和即为风力机一个叶片所受的阻力。在风力机每个叶片所受升力共同作用下，对风轮转轴产生转矩推动风轮旋转，进而带动发电机工作来发电。

升力是一个垂直于气流相对速度方向并指向上翼面的力，用 F_L 表示。作用在翼型上的空气动力可简化为图 5.17 所示的升力与阻力。

阻力方向则与相对速度方向相同，用 F_D 表示。把叶片径向单位长度上的力除以动压力和弦长就得到了升力和阻力的无量纲值，称之为升力系数和阻力系数，分别用 C_L 和 C_D 表示，关系式分别如式(5-22)和式(5-23)所示。

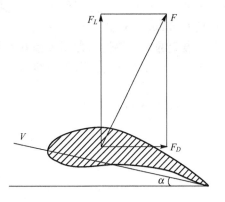

图 5.17 作用在翼叶上的升力与阻力

$$C_L = \frac{2L}{\rho V_r^2 c} \tag{5-22}$$

$$C_D = \frac{2D}{\rho V_r^2 c} \tag{5-23}$$

式中，L 为单位长度翼型上的升力(N)；D 为单位长度翼型上的阻力(N)；c 为翼型弦长(m)；V_r 为相对来流速度(m/s)；ρ 为空气密度(kg/m^3)。

升力系数曲线由直线和曲线两部分组成。与 C_{Lmax} 对应的 α_m 点称为失速点，超过失速点后，升力系数下降，阻力系数迅速增加。攻角为负值时，C_L 也成曲线形，C_L 通过一最低点 C_{Lmin}。阻力系数曲线的变化则不同，它的最小值对应一确定的攻角值。不同攻角的升力和阻力系数如图 5.18 所示。

为了便于研究问题，可将 C_L 和 C_D 表示成对应的变化关系曲线，称为埃菲尔极线(图 5.19)。其中直线 OM 的斜率是 $\tan\varepsilon = C_L/C_D$。当 $\tan\varepsilon$ 值较大时，效率是较高的。如果在 $\tan\varepsilon$ 值趋于正无穷的极限情况下，气动效率将等于 1，所以实际的 $\tan\varepsilon$ 值取决于攻角的大小。当直线 OM 与埃菲尔极线相切时，与该点对应的攻角使得 $\tan\varepsilon$ 成为最大，在这个特定的攻角时，气动效率达到最大值。

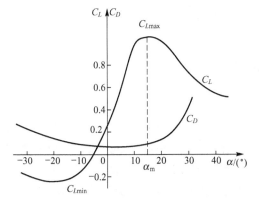

图 5.18 升力和阻力系数曲线

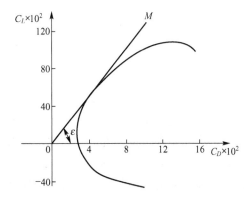

图 5.19 埃菲尔极线

当叶片在运行中出现失速以后，噪声常常会突然增大，引起风力发电机的振动和运行不稳等现象。因此，在选取 C_L 值时，以失速点作为设计点不是最好的选择。对于水平轴型风力发电机而言，为了使风力发电机攻角在稍向设计点右侧偏移时仍能很好地工作，所取的 C_L 值最大不超过 $(0.8 \sim 0.9)C_{Lmax}$。

翼型的升力特性通常用翼型升力系数 C_L 随攻角变化的曲线来表示，图 5.20～图 5.22 给出了几种翼型的升力系数曲线。翼型的升力特性和气流绕翼型的流动有关，按攻角大小一般可分为附着流区、失速区和深失速区 3 个流动区。附着流区的攻角范围约从 $-10°$ 至 $10°$；失速区的攻角范围约从 $10°$ 至 $30°$；深失速区的攻角范围约从 $30°$ 至 $90°$。

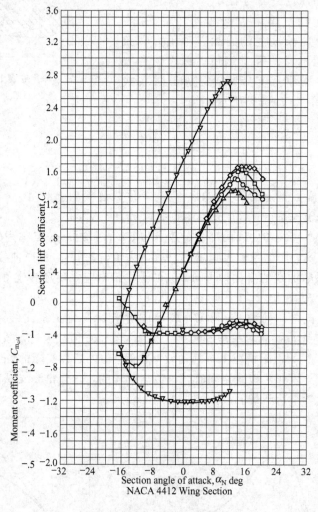

图 5.20　NACA4412 升力系数

翼型的阻力特性可以用翼型阻力系数 C_D 随攻角变化的阻力曲线来表示，也可以用翼型的阻力系数随翼型的升力系数变化的极曲线来表示。图 5.23～图 5.25 给出了几种翼型的升力系数与阻力系数的关系曲线。翼型阻力由摩擦阻力和压差阻力构成。在附着流区，翼型阻力主要是摩擦阻力，阻力系数随攻角增大缓慢增大；气流发生分离后，翼型阻力主要是压差阻力，阻力系数随攻角的增大迅速增大；当攻角增大到 $90°$ 时，阻力特性和平板

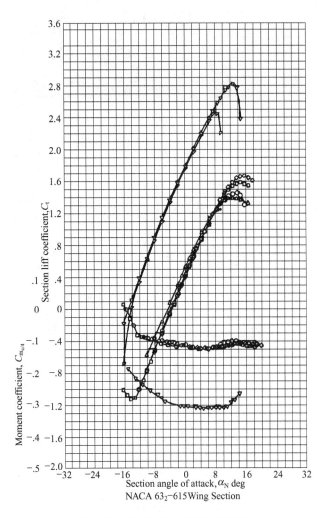

图 5.21　NACA63$_2$−615 升力系数

相类似，阻力系数接近于 2.0。

翼型的气动特性主要由翼型的前缘半径、相对厚度、相对弯度及后缘角等几何特性参数决定。此外，雷诺数、边界层厚度、粗糙度、气流湍流度和攻角等气动特性参数对翼型的气动特性也有较大影响。

3）翼型的分类

目前，风力发电机风轮叶片使用的翼型主要有两类。一类是低速航空翼型，另一类是风电机专用翼型。

最具代表性的低速航空翼型是 NACA 翼型。NACA 翼型是 20 世纪 30 年代末到 40 年代初由美国国家宇航局的前身国家航空咨询委员会（National Advisory Committee for Aeronautics）提出的。NACA 翼型由基本厚度翼型和中弧线迭加而成。NACA 系列翼型常用的有四位数系列、五位数系列和层流型系列翼型。在某些方面，这些翼型并不能令人满意。例如，NACA230XX 系列中的翼型具有对表面污垢敏感的最大升力系数，而且随着厚度的增加，它们的性能比其他翼型恶化迅速得多。NACA 层流翼型是 20 世纪 40 年代研制

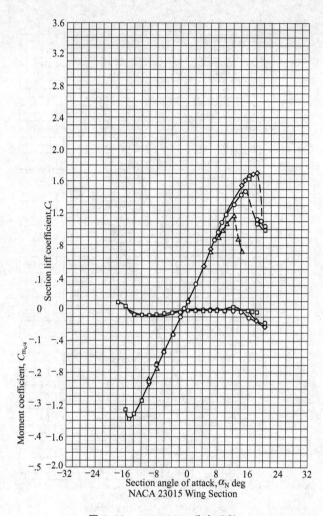

图 5.22　NACA230 -升力系数

　　成功的一种翼型。层流翼型的特点是使翼型上的最低压力点尽量后移，以增加层流附面层的长度，降低翼型的摩擦阻力。这种翼型在 NACA 翼型中总体性能表现良好，而且它们对表面粗糙度具有稳定的不敏感性，因而在各种水平轴风力机上得到了广泛的应用。

　　常用的 NACA6 和 NACA7 族层流翼型的厚度分布和中弧线是分开设计的。最大厚度的相对位置有 0.35、0.40、0.45 和 0.50 等多种。中弧线的形状是按照载荷分布设计的。按照这种设计方法，层流翼型的每个族里包含有多种系列翼型，如 NACA63 系列、NACA64 系列和 NACA65 系列等翼型。NACA63 系列翼型在抵抗由于表面粗糙度引起的气动性能下降方面的能力比其他航空翼型强，常常用于高速风力机翼型。这个系列的翼型相对厚度为 $6\%\sim8\%$，相对弯度为 $2\%\sim6\%$，高速机中常用的是 $NACA63_2$ - 615，其数字含义为：6——翼型设计的序列号；3——最小压力位置占弦长的十分数，即对称翼型中零升力点位置；2——升力系数变化范围，即高于或低于设计升力系数的十分数，在此范围内，翼型上下表面的压力梯度分布很适合气流特性；翼型参数中 615 是对升力系数和厚度的表示，其中的 6 代表设计升力系数的十分数，即设计升力系数为 0.6，15 代表翼型厚度占弦长的百分数，即相对厚度。

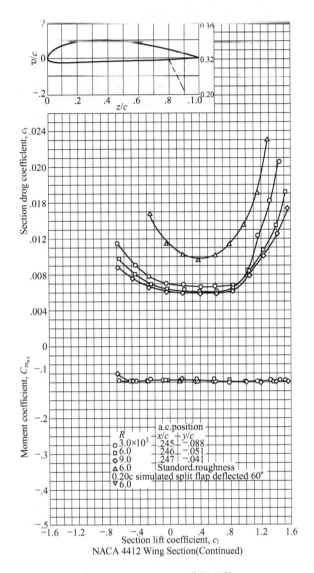

图 5.23 NACA4412 升阻系数

由于传统航空翼型作为风力机翼型并不能很好地满足使用要求，因此风能技术发达的国家从 20 世纪 80 年代中期开始研究新型的风力机专用翼型，并开发了各自的系列翼型。其中具有代表性的有美国的 NREL 系列翼型、丹麦的 RISΦ - A 系列翼型和瑞典的 FFA - W 系列翼型族。

NREL 系列翼型是美国国家可再生能源实验室(National Renewable Energy Laboratory)研制的翼型，包括薄翼型族和厚翼型族，分别用于中型桨叶和大型桨叶。每种翼型族中又有从薄到厚不同的翼型，分别为用于桨叶靠近叶尖部分(95％半径处)的翼型、用于桨叶主要功率产生区(75％半径处)的翼型和用于桨叶靠近根部部分(40％半径处)的翼型。这些翼型能有效减小由于昆虫残骸和灰尘积累使桨叶表面粗糙度增加而造成的风轮性能下降的影响。

SERI 系列翼型是 NREL 针对各种直径的风力机风轮设计的，该系列翼型具有较高升阻比和较大的最大升力系数，失速时对翼型表面的粗糙度敏感性低。RISΦ - A 系列翼型

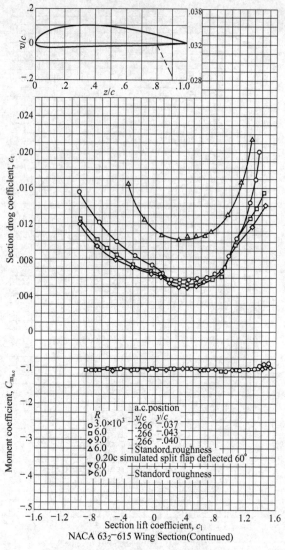

图 5.24 NACA63_2-615 升阻系数

■230 -升阻系数

是丹麦 RISΦ 国家实验室研究设计的，整个系列包括 7 种翼型，最大相对厚度从 12％到 36％。RISΦ-A 系列翼型的几何特征是具有一个较尖的前缘，这使得流体迅速加速并产生一个负压峰值，最终使气动中心靠近翼型的前缘。在空气动力学方面，该系列翼型在接近失速时具有最大的升阻比，在攻角为 10°时设计升力系数大约为 1.55，而最大升力系数为 1.65。RISΦ-A 系列翼型具有对前缘粗糙度的不敏感性。FFA-W 系列翼型是由瑞典航空研究所研制的，是最具代表性的风力机专用新翼型之一，该系列翼型具有较大的升力系数和升阻比，并在失速状态下具有良好的气动特性。风力机桨叶生产商丹麦 LM 公司就在大型风力机上采用了 FFA-W 翼型。FFA-W 翼型族有 3 个翼型系列，分别为 FFA-W1、FFA-W2 和 FFA-W3 系列翼型。

由于大型风力发电机的叶片比较长，根据叶片根部、中部和尖部的不同结构，对叶片性能的要求也不同。因而在设计时往往要分成若干个截面，对不同的截面选用不同的翼型，再根据翼型的气动数据计算叶片各个截面的弦长、安装角、厚度等参数。

标准"JB/T 10300—2001 风力发电机组设计要求"中关于叶片设计时选择翼型应考虑：升阻比高；失速平缓；压力中心随迎角变化小；翼型相对厚度满足结构设计和受力要求；工艺性好。

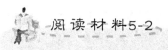 阅读材料5-2

NACA 与翼型

美国国家航空咨询委员会（National Advisory Committee for Aeronautics，NACA）是美国于 1915 年 3 月 3 日成立的联邦机构，负责航空科学研究的执行、促进与制度化。

随着航空科学的发展，世界各主要航空发达的国家建立了各种翼型系列。美国有 NACA 系列，德国有 DVL 系列，英国有 RAE 系列，前苏联有 ЦАГИ 系列等。在现有的翼型资料中，NACA 系列翼型的资料比较丰富，飞行器上采用这一系列的翼型也比较多。而现在风力发电机叶片设计中大多数还使用 NACA 系列翼型，只有少数国家有专门用于风力发电机叶片的翼型。

NACA 的名字在汽车界与航空界仍然很常见，例如汽车的进气导管有称为 NACA duct(导管)的，或是飞机上常用的 NACA 翼型、NACA cowling(整流罩)等仍被用于新设计上。

NACA 开始于一个就战争相关计划进行合作的紧急措施，并且参考了几个欧洲国家的相似组织，例如法国(L'Etablissement Central de l'Aérostation Militaire，现在的 Office National d'Etudes et de Recherches Aerospatiales)、德国(Aerodynamical Laboratory of the University of Göttingen)或俄国(Aerodynamic Institute of Koutchino)，影响最大的则是连名字都几乎一样的英国"航空咨询委员会"(Advisory Committee for Aeronautics)。

1912 年 12 月，时任美国总统的威廉·霍华德·塔夫脱指派华盛顿卡内基学会(Carnegie Institution of Washington)总裁的 Robert S. Woodward 主持国家航空动力实验室委员会(National Aerodynamical Laboratory Commission)，相关法规在 1913 年 1 月于参众两院提出，但在投票中失利而未获核准。

经过多年努力，直到威尔逊总统在第 63 届参议院的最后一天签署了法案，国家咨询委员会正式成立。参议院的说明书叙述："……管理与指引飞行问题的科学研究并包含实务解决方案的看法……是国家航空咨询委员会的任务……"。

由于进入太空竞赛时代，1958 年 NASA 成立后 NACA 也随之解散，而其研究机构包括 Ames 研究中心、Lewis 研究中心、兰利航空实验室等，也与美国陆军及海军等的一些单位一起并入新部门。1967 年，国会指示 NASA 成立航太安全咨询小组(Aerospace Safety Advisory Panel，ASAP)，以提供太空计划的安全性与风险的评估建议。另外还有太空计划咨询会议(Space Program Advisory Council)及研究与科技咨询会议(Research and Technology Advisory Council)等机构。1977 年，这些机构全部整合为 NASA 咨询委员会(NASA Advisory Council，NAC)，继承了 NACA 的功能。

NASA(National Aeronautics and Space Administration，美国国家航空航天局)是美国联邦政府的一个政府机构，负责美国的航空科学及太空计划。1958 年 7 月 29 日，艾森豪威尔总统签署了《美国公共法案 85-568》(United States Public Law 85-568，即《美国国家航空暨太空法案》)，创立了 NASA，取代了其前身 NACA。NASA 总部设在华盛顿哥伦比亚特区，于 1958 年 10 月开始运转。自此，美国国家航空航天局负责了美国的太空探索，例如登月的阿波罗计划，太空实验室，以及随后的航天飞机。在太空计划之外，美国国家航空航天局还进行长期的民用以及军用航空太空研究。美国国家航空航天局被广泛认为是世界范围内太空机构中执牛耳者。美国国家航空航天局透过地球观测系统提升对地球的了解，透过太阳科学研究计划精进太阳科学。美国国家航空航天局注重于利用先进的机械任务探索太阳系中的所有天体并利用天文观测台及相关计划研究天体物理学中的主题，例如大霹雳理论。美国国家航空航天局与许多国内及国际的组织分享其研究数据。

NACA 转型成为 NASA，从人们熟知的翼型研究机构转身登上了世界太空研究的首席，那谁来负责 NACA 原来为风力发电叶片设计领域做出过的翼型研究呢?

在 20 世纪 70 年代，美国国家可再生能源实验室(National Renewable Energy Laboratory, NREL)于 1974 年成立，1977 年开始运作，起初专注于太阳能的开发利用，名叫"太阳能研究所"，后来扩展到可再生能源的各个领域。现在主要负责有 4 个重要的研发领域：可再生能源发电、可再生燃料、一体化能源系统工程与检测、战略能源分析。

其中风能就是一个重要分支。NASA 成立后，NASA 的 Tangler 和 Somers 发展了许多的 NREL 翼型，对促进风力机翼型的发展作出了很大贡献。同时，他们也提出了翼型的反设计方法。对 NREL 系列翼型的相关阐述可以在 NREL 一系列报告中找到。

我国目前还没有一个专门从事风力发电机翼型研究的机构。但是有很多研究机构、高等院校、企业等单位也在不断对叶片及翼型进行深入研究，如中国空气动力研究与发展中心、清华大学、汕头大学、华翼风电叶片研发中心等部门都在致力于风电方面的研究，而且也研制成功了如 FFA-W3-211 和 FFA-W3-360 等风力机专用翼型。

7. 雷诺数

雷诺数是表征流体惯性力和黏性力相对大小的一个无因次相似参数。雷诺数可以表示为

$$Re=\frac{vd}{\gamma} \tag{5-24}$$

式中，v 为自然风场风速(m/s)；d 为风轮的特征几何长度(当量直径)(m)；γ 为空气运动黏度(m^2/s)。

其中 γ 又可以表示为

$$\gamma=\frac{\mu}{\rho} \tag{5-25}$$

式中，μ 为第一黏性系数(kg/(s·m))；ρ 为空气密度(kg/m^3)。

运动黏度 γ 在标准状态下取 $\gamma=1.385\times10^{-5} m^2/s$，从而得到标准状态下第一黏性系数

$$\mu=\gamma\times\rho=1.698\times10^{-5} kg/(s·m) \tag{5-26}$$

当量直径是 4 倍的面积与周长之比。对于风轮而言，表示为

$$d=\frac{4\pi\times r^2}{2\pi\times r}=2r \tag{5-27}$$

也就是风轮的直径。

那么对于风力发电系统而言，当风轮半径为 R，风场空气密度为 ρ，风速为 v 时的雷诺数为

$$Re=\frac{vd}{\gamma}=\frac{2vR\rho}{\mu} \tag{5-28}$$

式中，第一黏性系数 μ 取 $1.698\times10^{-5} kg/(s·m)$。

可见雷诺数主要由风场风速和风轮结构特点决定。在相同风速下，翼型表面的边界层对翼型的升力系数和阻力系数影响较大，从而影响到叶片的空气动力特性。

雷诺数的大小决定了风场中作为流体的风的流动特性。雷诺数小，意味着风运动时各质点间的黏性力占主要地位，流体各质点有规则地流动，呈层流流动状态；雷诺数大，意味着惯性力占主要地位，流体呈紊流流动状态。

在逆压梯度作用下，不同雷诺数时边界层的发展变化情况是不同的：在低雷诺数

$(Re<5\times10^5)$情况下，翼型表面从层流边界层发展为完全分离和失速；在中等雷诺数$(5\times10^5<Re<3\times10^6)$情况下，翼型表面从层流边界层经过分离气泡，发展为湍流边界层；在高雷诺数$(Re>3\times10^6)$情况下，翼型表面从层流边界层经过转换发展为湍流边界层。这种边界层不同的发展情况对翼型空气动力特性，特别是阻力特性有较大的影响。其中层流翼型有较低的阻力系数和较高的升阻比。

通过对 NACA 系列翼型在不同雷诺数下的气动性研究，发现雷诺数增加时翼型的升力系数增大，同时阻力系数降低，使升阻比提高，如图 5.26 所示。

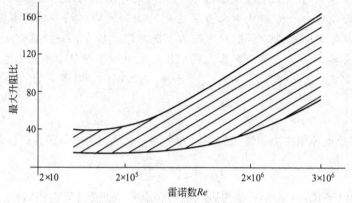

图 5.26　不同雷诺数下的最大升阻比

例 5.2　已知风轮直径为 1m，风场空气密度取例 5.1 中计算得到的平均值 1.063kg/m³，试计算风速为 10m/s 时的雷诺数。

解：根据雷诺数公式，取第一黏性系数 μ 为 1.698×10^{-5} kg/(s·m)，则

$$Re=\frac{vd}{\gamma}=\frac{2vR\rho}{\mu}=\frac{2\times10\times0.5\times1.063}{1.698\times10^{-5}}=6.260\times10^5$$

即此时的雷诺数为 6.260×10^5。

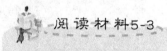
阅读材料5-3

雷　诺

雷诺(图 5.27)，O.Osborne Reynolds(1842—1912)，英国力学家、物理学家和工程师。1842 年 8 月 23 日生于北爱尔兰的贝尔法斯特，1912 年 2 月 21 日卒于萨默塞特的沃切特。1867 年毕业于剑桥大学王后学院。1868 年出任曼彻斯特欧文学院(以后改名为维多利亚大学)的首席工程学教授。1877 年当选为皇家学会会员。1888 年获皇家勋章。1905 年因健康原因退休。他是一位杰出的实验科学家。由于欧文学院最初没有实验室，因此他的许多早期试验都是在家里进行的。

　　他于 1883 年发表了一篇经典性论文——《决定水流为直线或曲线运动的条件以及在平行水槽中的阻力定律的探讨》。这篇

图 5.27　雷诺

文章以实验结果说明水流分为层流与紊流两种形态，并提出以

无量纲数 Re(也就是后来为纪念雷诺而命名的雷诺数)作为判别两种流态的标准。他于 1886 年提出轴承的润滑理论，1895 年在湍流中引入有关应力的概念。

在不可压缩流体动力学中，雷诺还提出了湍流的平均运动方程。他认为黏性不可压缩流体作湍流运动时，流场中的瞬时参量：压力 p 和速度分量 u、v、w 仍旧满足纳维-斯托克斯方程，并可将该瞬时参量分解为时间平均值 p、u、v、w 和在时间平均值上下涨落的脉动值 p'、u'、v'、w'，将其代入上述方程并取时间平均后，可得到用平均量表示的湍流运动方程式。雷诺本人采用的是时间平均法，后人也有采用统计平均法的，这些都称为雷诺方程。在直角坐标系中，单位质量的平面流动雷诺方程如下。

在 x 方向投影：

$$\frac{Dv}{Dt} = X - \frac{1}{\rho}\frac{\partial p}{\partial x} + v\nabla^2 u + \left[-\frac{\partial}{\partial x}\overline{u'u'} - \frac{\partial}{\partial y}\overline{u'v'} \right]$$

在 y 方向投影：

$$\frac{\partial v}{\partial t} = Y - \frac{1}{\rho}\frac{\partial p}{\partial y} + v\nabla^2 v + \left[-\frac{\partial}{\partial x}\overline{v'u'} - \frac{\partial}{\partial y}\overline{v'v'} \right]$$

方程的基本形式和各项物理意义都与纳维-斯托克斯方程相同。由方括弧给出的最后一项是雷诺方程的特点，它反映由湍流动量转化的应力(称为湍流应力)，是未知量。因此，流动方程组不再封闭。后来人们又建立了各种数学模型，力图用流场的速度平均值来描述湍流应力，但仍未获得统一的完善的模型，它仍然是湍流理论研究的重要课题。

雷诺兴趣广泛，一生著述很多，其中近 70 篇论文都有很深远的影响。这些论文研究的内容包括力学、热力学、电学、航空学、蒸汽机特性等。他的成果曾汇编成《雷诺力学和物理学课题论文集》两卷。

8. 展弦比与实度

1) 展弦比

展弦比是指半径的平方与面积的比值。对于形状均匀的叶片，展弦比可以简化为半径和平均弦长的比值。

$$Spr = \frac{R}{\overline{C}} \tag{5-29}$$

$$\overline{C} = \frac{1}{n}\sum_{i=1}^{n}c_i \tag{5-30}$$

式中，Spr 为展弦比；R 为风轮半径(m)；$\overline{C}$ 为平均弦长(m)；c_i 为第 i 个截面处弦长(m)，$i=1, 2, \cdots, n$；n 为叶片沿展向分成的截面数。

为设计需要，在程序中定义了最大展弦比

$$Spr\max = \frac{R}{c_{\max}} \tag{5-31}$$

式中，$Spr\max$ 为最大展弦比；$c_{\max}$ 为叶片各截面弦长中最大弦长(m)。

早期对于叶片特性的风洞试验研究表明，模型叶片的展弦比对升力系数和阻力系数随攻角的变化速率影响很大。如果用 $Spri$ 表示展弦比为 i 即 $Spr=i$，$i=1$，2，…，7 时，如图 5.28 和图 5.29 所示，不同展弦比的叶片在零升力点处具有几乎相同的攻角，但是升力系数曲线的斜率随着展弦比的增加而逐渐增加。展弦比越高的叶片，升力系数曲线的斜率越高，而且在高升力系数点处具有较高的阻力系数。尽管所有不同展弦比的叶片在零升力点时的阻力系数大体上是相等的，但是，在高升力系数位上，随着展弦比的增加阻力系数明显降低。

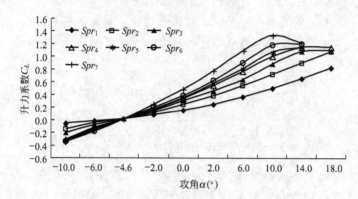

图 5.28　不同展弦比的升力系数曲线

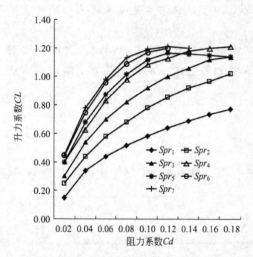

图 5.29　不同展弦比的阻力系数曲线

通过对上述特性的研究，Lanchester - Prandtl 提出了翼型理论。这一理论表明，在升力系数 C_L 确定的情况下，改变展弦比后阻力系数和攻角也要随之而改变

$$C_{d2}=C_{d1}+\frac{C_L^2}{\pi}\left(\frac{1}{Spr_2}-\frac{1}{Spr_1}\right) \quad (5-32)$$

$$\alpha_2=\alpha_1+\frac{C_L}{\pi}\left(\frac{1}{Spr_2}-\frac{1}{Spr_1}\right) \quad (5-33)$$

式中，C_{d2}，α_2 分别为修改后的升力系数和攻角；C_{d1}，α_1 分别为修改前的升力系数和攻角；Spr_1，Spr_2 分别为修改前和修改后的展弦比。

2）实度

实度是指风轮各叶片在风轮旋转平面内投影面积的总和与风轮扫掠面积的比值

$$\sigma=\frac{B\times S_{bd}}{\pi R^2} \quad (5-34)$$

$$S_{bd}=\int_{r_{hub}}^{R}c(r)\cos\beta\cos\psi dr \quad (5-35)$$

式中，B 为叶片数；S_{bd} 为叶片面积（m^2）；r_{hub} 为轮毂半径（m）；$c(r)$ 为沿叶片展向弦长关于半径 r 的函数（m）；β 为翼弦 $c(r)$ 所对应的安装角；ψ 为风轮锥角。

风轮实度和叶尖速比密切相关。Hutter 研究表明：对小叶尖速比的风力提水机而言，因为需要扭矩较大，因此采用较大的风轮实度；而对于大叶尖速比的风力发电机而言，因为要求转速高，因此采用较小的风轮实度。风轮的实度越大，起动力矩也越大，容易起动，但使用的材料增加，重量也相应增加；风轮的实度越小，起动扭矩也越小，不易起动，但使用材料减少，重量也相应减小。此外，风轮实度还与风轮的转动惯量及电机传动系统特性有关。通常的大型风力发电机的实度大致在 5%～20% 这一范围。

3）展弦比和实度的关系

假设风轮锥角为 0，采用梯形法计算叶片面积，单个叶片的面积为

$$S_{bd}=\frac{1}{2}(c_0+c_1)\times\Delta r_1\cos\beta_1+\frac{1}{2}(c_1+c_2)\times\Delta r_2\cos\beta_2+\cdots$$

$$+\frac{1}{2}(c_{n-1}+c_n)\times\Delta r_n\cos\beta_n \tag{5-36}$$

按照等分截面的方法，有

$$\Delta r_i=r_i-r_{i-1}=\Delta r,\ i=1,\ 2,\ \cdots,\ n \tag{5-37}$$

式中，Δr 为截面等分间距（m）。

这样得到叶片面积为

$$S_{bd}=\frac{1}{2}\Delta r\times c_0\cos\beta_0+\Delta r\times\sum_{i=1}^{n}c_i\cos\beta_i \tag{5-38}$$

由式（5-30）、式（5-34）、式（5-35）和式（5-38）得

$$\sigma=\frac{B\times\Delta r}{\pi R^2}\left(\frac{1}{2}c_0+\frac{nR}{Spr}\right) \tag{5-39}$$

上式表明，实度 σ 随展弦比 Spr 的增大而减小。通过控制展弦比的取值修正弦长，就能得到满足展弦比和实度要求的弦长分布。

9. 风轮的锥角和仰角

风轮锥角是叶片相对于和旋转轴垂直平面的倾斜度。锥角的作用是：在风轮运行状态下离心力起卸荷作用，以减少气动力引起的叶片弯曲应力和防止叶片梢部与塔架碰撞。

风轮仰角是风轮相对于和旋转轴平行平面的倾斜度，倾角的作用主要是减少和防止叶片梢部与塔架碰撞。

5.2.2 叶片的基本设计方法

1. 图解法

在叶片外形设计中，图解法是相对简单的一种设计方法。利用图解法首先要确定额定风速 V_r，额定功率 P_r，风轮半径 R，额定叶尖速比 λ_r，叶片数 B 和所用翼型这些参数。其中风轮半径 R 和叶尖速比 λ_r 如果没有特别要求时，可以根据 5.2.1 节的相应公式计算得出。确定了这些参数后，根据如下步骤进行计算。

（1）等分叶片。设计叶片时需要给定叶片各个横截面的几何参数，以便于加工制作。显然，截面数越多，设计和加工就越详细、越准确，但是，太多了反而使任务变得烦琐。因此在设计中要根据实际情况选取截面数。一般来讲，总是把叶片按照一定长度或一定份数进行等分。假设把长度为 Lb 的叶片进行 n 等分，则每个截面之间的距离就是

$$dbs=Lb/n \tag{5-40}$$

如果轮毂半径为 r_{hub}，则第 i 个截面距风轮旋转轴心，即距轮毂轴心的距离 r_i 为

$$r_i=r_{hub}+i\times dbs \tag{5-41}$$

式中，$i=0$，1，$\cdots$，n；当 $i=0$ 时，表示叶根截面；当 $i=n$ 时，表示叶尖。

（2）计算各个截面的周速比。周速比就是截面处的旋转线速度与风速的比值。第 i 个截面处的周速比就是

$$\lambda_i = \frac{\pi n r_i}{30V} = \frac{\pi n R}{30V} \times \frac{r_i}{R} = \lambda_r \times \frac{r_i}{R} \tag{5-42}$$

（3）由图找到周速比对应的安装角 β。图 5.30 中所示的周速比和安装角的对应关系是由日本学者牛山泉总结出的基本规律，说明安装角只和周速比有关系，可以适用于任何叶片的简单设计。

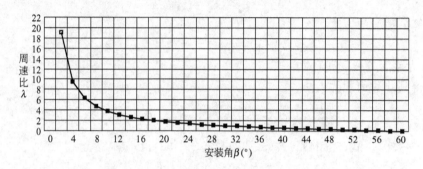

图 5.30　安装角与周速比关系曲线

（4）计算倾角 ϕ_i。倾角是指风速与风轮叶片旋转平面所夹的角。倾角也称为气相角、风向角或流动角。第 i 个截面的倾角可以由下式计算得出

$$\phi_i = \mathrm{atan}(1/\lambda_i) \times \frac{180}{\pi} \tag{5-43}$$

从而得到各个截面的攻角 α_i，通常用下式表示

$$\alpha_i = \phi_i - \beta_i \tag{5-44}$$

（5）计算雷诺数 Re。由于各种翼型在不同雷诺数下，它们的升阻关系曲线是不同的，因此就需要计算出风轮在风场中运转时的雷诺数。雷诺数是表征流体惯性力和粘性力相对大小的一个无因次相似参数，这一参数可以反映出叶片在风场中旋转时，周围气流对叶片翼型气动性能的影响。

计算雷诺数时需要有风场密度，根据实际测量或者按照前面给出计算密度的方法可以得到当地风场空气密度，再利用关系式

$$Re = \frac{2vR\rho}{\mu} \tag{5-45}$$

就得到风力发电机组在这个风场中以风速 v 运转时的雷诺数。

（6）根据所用翼型数据的攻角和升力系数对应关系得到每个截面处翼型的升力系数 C_L。

（7）计算各个截面的弦长。

$$c_i = \frac{8\pi r_i (1 - \cos\alpha_i)}{BC_{Li}} \tag{5-46}$$

式中，B 为叶片数，利用上式可以计算出第 i 个截面的弦长 c_i。

把通过上述步骤计算出的各项参数列一个表就得到叶片外形的基本参数了。对于初学者而言，图解法是一种简单易学的叶片设计方法，可以初步了解叶片设计中涉及的主要技

术参数，但是这种方法中用到的关系式是在特定情况下得到的简单关系，其他对风能转化有影响的参数不能表示出来。

在实际工程设计中，在采用某种理论设计方法进行设计后，还要对设计结果进行修正，直到达到实际需求为止。

例5.3 给定额定风速为10m/s，额定功率为100W，采用直驱式永磁发电机，转速为400r/min，试采用图解法设计水平轴三叶片风力发电机风轮叶片的外形。标准空气密度取1.225kg/m³，采用63_2-615层流翼型。

解： 根据图解法，按照如下步骤进行设计。

（1）计算风轮直径。依据实际经验和现有小型风力发电机技术水平，取风力发电机功率系数$C_p\eta_1\eta_2=0.21$，空气密度$\rho=1.225$kg/m³，利用公式

$$D=\sqrt{\frac{8Pr}{C_p\rho v_r^3\pi\eta_1\eta_2}}$$

得到风轮直径$D=1$m；则风轮半径$R=500$mm。

（2）计算叶片长度。假设轮毂半径为30mm，那么叶片长度Lb为

$$Lb=R-r_{hub}=500-30=470(\text{mm})$$

（3）等分叶片。等分叶片时，一方面要考虑加工精度不能把截面分得太少，另一方面还要考虑加工工艺，如果是手工工艺更需要把数据取成整数，减少操作中的误差。对于这里的叶片，把它分成5等份，则每一等份为94mm，取成整数后可以把前4个截面段分为100mm，这样，最后一个截面段为70mm。在绘图纸或制图软件如AutoCAD中以风轮旋转轴心为原点，在水平方向上画出叶片长度的直线，作为叶片的气动中心线OP；从原点O出发作一条垂直于OP的直线作为绘制弦线的坐标线。为了便于设计和加工，给各个截面从第$i=0$个截面到第$i=5$个截面编号为ds0到ds5，对应的截面分别为$A-A$截面到$F-F$截面，如图5.31所示。

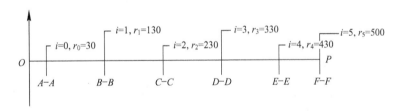

图5.31 等分叶片后各个截面

（4）计算各截面周速比。首先计算出额定尖速比λ_r

$$\lambda_r=\frac{\pi nR}{30V_r}=\frac{3.14\times400\times0.5}{30\times10}=2.09$$

对于小型风力发电机来讲，叶尖速比应该在3以上，但是在实际应用中多采用直驱式发电机，以风能直接驱动发电机发电。尽管由于风轮转速跟不上发电机的最佳转速，致使系统效率降低，但是这却大大节约了成本，对小型风力发电机的推广应用还是可行的。对于大型风力发电机而言，叶尖速比要在4～6，风轮转速更低，如1.5MW风力发电机额定转速为11～13r/min。风轮与发电机之间需要有变速齿轮箱连接，以便把风轮的低转速变为发电机的高转速。

根据上面给出的公式可以计算得出截面$i=0$、1、2、3、4、5处的周速比分别为

$$\lambda_0 = \lambda_r \times \frac{r_0}{R} = 2.09 \times \frac{30}{500} = 0.1$$

$$\lambda_1 = \lambda_r \times \frac{r_1}{R} = 2.09 \times \frac{130}{500} = 0.5$$

$$\lambda_2 = \lambda_r \times \frac{r_2}{R} = 2.09 \times \frac{230}{500} = 1.0$$

$$\lambda_3 = \lambda_r \times \frac{r_3}{R} = 2.09 \times \frac{330}{500} = 1.4$$

$$\lambda_4 = \lambda_r \times \frac{r_4}{R} = 2.09 \times \frac{430}{500} = 1.8$$

$$\lambda_5 = \lambda_r \times \frac{r_5}{R} = 2.09 \times \frac{500}{500} = 2.1$$

可以看到第5个截面的周速比和叶尖速比的值相等。这是因为叶尖速比就是截面半径等于风轮半径时的周速比。

（5）由图示关系曲线查到各截面周速比所对应的安装角。可以得到各个截面的安装角为

$$\beta_0 = 56°; \quad \beta_1 = 42°; \quad \beta_2 = 30°; \quad \beta_3 = 23°; \quad \beta_4 = 19°; \quad \beta_5 = 17°$$

（6）计算倾角和攻角。

$$\phi_0 = a\tan(1/\lambda_0) \cdot \frac{180}{\pi} = 83° \quad \alpha_0 = \phi_0 - \beta_0 = 27°$$

$$\phi_1 = a\tan(1/\lambda_1) \cdot \frac{180}{\pi} = 62° \quad \alpha_1 = \phi_1 - \beta_1 = 20°$$

$$\phi_2 = a\tan(1/\lambda_2) \cdot \frac{180}{\pi} = 46° \quad \alpha_2 = \phi_2 - \beta_2 = 16°$$

$$\phi_3 = a\tan(1/\lambda_3) \cdot \frac{180}{\pi} = 36° \quad \alpha_3 = \phi_3 - \beta_3 = 13°$$

$$\phi_4 = a\tan(1/\lambda_4) \cdot \frac{180}{\pi} = 29° \quad \alpha_4 = \phi_4 - \beta_4 = 10°$$

$$\phi_5 = a\tan(1/\lambda_5) \cdot \frac{180}{\pi} = 26° \quad \alpha_5 = \phi_5 - \beta_5 = 9°$$

（7）计算雷诺数。同前面计算密度的例子，得到风场密度为 1.063kg/m^3，则风力机以额定风速运转时的雷诺数为

$$Re = \frac{2vR\rho}{\mu} = \frac{2 \times 10 \times 0.5 \times 1.063}{1.698 \times 10^{-5}} = 6.26 \times 10^5$$

（8）根据攻角和升力系数关系曲线查得各个截面的升力系数 C_L

$$C_{L0} = 2.14; \quad C_{L1} = 1.78; \quad C_{L2} = 1.61; \quad C_{L3} = 1.45; \quad C_{L4} = 1.31; \quad C_{L5} = 1.23$$

（9）计算各个截面的弦长。

$$c_i = \frac{8\pi r_i (1 - \cos\alpha_i)}{BC_{Li}}$$

把前面计算出的相应参数带入上式，可以计算出各个截面的弦长：$c_0 = 12.8\text{mm}$；$c_1 = 36.8\text{mm}$；$c_2 = 46.3\text{mm}$；$c_3 = 48.8\text{mm}$；$c_4 = 41.7\text{mm}$；$c_5 = 41.9\text{mm}$

到此得到了100W风力发电机叶片外形的基本参数。为了设计方便，把上述步骤计算的结果在表5-8中列出。

表5-8 图解法得到各截面参数

截面号	截面	半径/mm	周速比	安装角 β(°)	倾角 ϕ(°)	攻角 α(°)	升力系数 C_L	弦长 c/mm
ds0	$A-A$	30.0	0.1	56	83	27	2.14	12.8
ds1	$B-B$	130.0	0.5	42	62	20	1.78	36.8
ds2	$C-C$	230.0	1.0	30	46	16	1.61	46.3
ds3	$D-D$	330.0	1.4	23	36	13	1.45	48.8
ds4	$E-E$	430.0	1.8	19	29	10	1.31	41.7
ds5	$F-F$	500.0	2.1	17	26	9	1.23	41.9

图解法设计出的安装角和弦长分布如图5.32和图5.33所示。

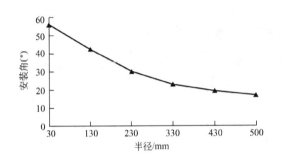

图5.32 图解法的安装角分布　　　图5.33 图解法的弦长分布

2. 简化风车设计法

简化风车设计法是基于简化风车理论的风力机叶片设计方法。在简化风车理论中假设风力机是按照贝茨公式的最佳条件运行的。现假设要设计的风力机额定功率为 P_r，额定风速 V_r，风轮半径为 R，额定尖速比为 λ_r，安装角为 β，所用翼型的 $\alpha-C_L$ 曲线也已经确定，那么利用简化风车设计法可以进行如下设计。

（1）参考图解法等分叶片后，计算各个截面的周速比。第 i 个截面的半径 r_i 对应的周速比 λ_i 为

$$\lambda_i = \lambda_r \times \frac{r_i}{R} \tag{5-47}$$

（2）计算倾角 ϕ_i。

$$\phi_i = a\tan\left(\frac{2}{3\lambda_i}\right) \cdot \frac{180}{\pi} \tag{5-48}$$

（3）计算攻角 α_i。在这种设计方法中安装角已经确定，假设第 i 个截面的安装角确定为 β_i，那么攻角就是

$$\alpha_i = \phi_i - \beta_i \tag{5-49}$$

（4）查翼型的 $\alpha-C_{Li}$ 曲线可以得到攻角 α_i 对应的升力系数 C_{Li}。

（5）根据如下关系式确定弦长 c。

$$c_i = \frac{16\pi}{9BC_{Li}} \cdot \frac{r_i}{\lambda_i \sqrt{\lambda_i^2 + \frac{4}{9}}} \tag{5-50}$$

根据叶尖速比的关系，上式变型后得到

$$C_L Bc = \frac{16\pi}{9} \frac{R}{\lambda_r \sqrt{\lambda_r^2 \frac{r^2}{R^2} + \frac{4}{9}}} \tag{5-51}$$

从这个表达式中可以看出，各个叶片截面的弦长 c 是 r 的函数；叶片上距转轴 r 处的弦长随尖速比 λ_r 的增加而减小。也就是说转的越快的风轮，本身重量越轻。

这种设计方法中假定了升阻比较大，甚至忽略了助力系数情况下得到的关系式，所以这种方法设定的效率要比实际效率高。

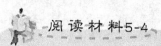

阅读材料5-4

简化风车理论主要关系的推导过程

为了决定叶片的弦长，先通过两种方法来估算在距转轴 r 至 dr 区截面上的轴向推力。这个计算将假设风力机是按照贝兹公式的最佳条件运行的。

第一种估算方法：

根据贝兹理论，整个风轮的轴向推力为

$$F = \frac{rS}{2}(V_1^2 - V_2^2) \tag{1}$$

通过风轮的风速为

$$V = \frac{V_1 + V_2}{2} \tag{2}$$

式中，V_1 为从风轮前方远处来的风速；V_2 为通过风轮后远方的风速。

按照贝茨理想风轮，当 $V_2 = \frac{1}{3}V_1$ 时输出功率达到最大值。这时推力和通过风轮扫掠面的风速为

$$F = \frac{4}{9}rSV_1^2 = rSV^2 \tag{3}$$

$$V = \frac{2}{3}V_1 \tag{4}$$

假设作用在风轮上的轴向推力与扫掠面积成正比，则在 r，$r + dr$ 区间扫掠面上推力为

$$dF = rV^2 dS = 2\pi r V^2 r dr \tag{5}$$

第二种估算法：

设旋转速度为 ω，半径 r 处叶素的圆周速度 $U = \omega r$。通过风轮的绝对风速 $\vec{V}$，r 处叶素的圆周速度 $\vec{U}$ 及相对翼型的气流速度 $\vec{W}$ 之间的关系 $\vec{V} = \vec{U} + \vec{W}$ 可以写成 $\vec{W} = \vec{V} - \vec{U}$，如图 5.34 所示。

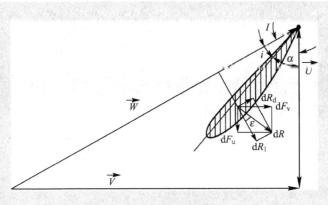

图 5.34 推导图示

计算长度为 dr 的叶素上所受空气动力。升力和阻力可以求出

$$dR_L = \frac{1}{2} r C_L W^2 c \, dr \tag{6}$$

$$dR_D = \frac{1}{2} r C_D W^2 c \, dr \tag{7}$$

其合力为

$$dR = \frac{dR_L}{\cos \varepsilon} \tag{8}$$

式中，ε 为 dR 与 dR_L 之间的夹角；c 为距转轴 r 处叶片的弦长。

由于 $W = \dfrac{V}{\sin \phi}$，则

$$dR = \frac{1}{2} r C_L \frac{W^2}{\cos \varepsilon} c \, dr = \frac{1}{2} r C_L \frac{V^2}{\sin^2 \phi} \frac{c \, dr}{\cos \varepsilon} \tag{9}$$

现将 dR 投影到转轴方向上，计算总推力在叶片上 r，$r+dr$ 区间部分的分量 dF。
设 B 为叶片数，则有

$$dR = \frac{1}{2} r C_L B \frac{V^2}{\sin^2 \phi} \frac{\cos(\phi - \varepsilon)}{\cos \varepsilon} c \, dr \tag{10}$$

将上式与第一种估算法中关于 dF 的表达式等同，就得到

$$C_L B c = 4 \pi r \frac{\sin^2 \phi \cos \varepsilon}{\cos(\phi - \varepsilon)} \tag{11}$$

将 $\cos(\phi - \varepsilon)$ 演变后，上式可表示为

$$C_L B c = 4 \pi r \frac{\tan^2 \phi \cos \phi}{1 + \tan \phi \tan \varepsilon} \tag{12}$$

在最佳运行条件下，通过风轮的风速 $V = \dfrac{2}{3} V_1$。

因此从下式可以求出倾角

$$\cot \phi = \frac{\omega r}{V} = \frac{3 \omega r}{2 V_1} = \frac{3}{2} \lambda \tag{13}$$

将这个结果代回 $C_L B c$ 的关系式，得

$$C_L Bc = \frac{16\pi}{9} \frac{r}{c\sqrt{c^2 + \frac{4}{9}\left(1+\frac{2}{3c}\tan\varepsilon\right)}} \tag{14}$$

正常运转时 $\tan\varepsilon = \frac{\mathrm{d}R_D}{\mathrm{d}R_L} = \frac{C_D}{C_L}$ 的值一般都比较小，对于普通的翼型，攻角接近于最佳值时，$\tan\varepsilon$ 大约是 0.02，这样上面的关系式可写为

$$C_L Bc = \frac{16\pi}{9} \frac{r}{\lambda\sqrt{\lambda^2 + \frac{4}{9}}} \tag{15}$$

在叶尖处和距转轴 r 处的周速比分别为 $\lambda_r = \frac{\omega R}{V_1}$ 和 $\lambda = \frac{\omega r}{V_1}$，从这两式中消去 ω 和 V_1 便得到 $\lambda = \lambda_r \frac{r}{R}$。

把这个 λ 值再代回 $C_L Bc$ 的表达式就得到

$$C_L Bc = \frac{16\pi}{9} \frac{R}{\lambda_r\sqrt{\lambda_r^2 \frac{r^2}{R^2} + \frac{4}{9}}} \tag{16}$$

由上式就可以求出半径为 r 处截面的叶片弦长。

已知风轮的叶尖速比和直径，对每个 r 值的倾角可由下式计算

$$\phi = \arctan\left(\frac{2}{3\lambda}\right) \tag{17}$$

如果又知道了安装角，攻角也就确定了。

例 5.4　采用简化风车法设计例 5.3 中三叶片水平轴风力发电机风轮叶片的外形。给定额定风速为 10m/s，额定功率为 100W，采用直驱式永磁发电机，转速为 400r/min。标准空气密度取 1.225kg/m³，采用 63_2-615 层流翼型。

解：根据简化风车设计法，按照如下步骤进行设计。

(1) 参考图解法，得到风轮的半径 $R=500$mm；叶尖速比 $\lambda_r=2.1$。各个截面的周速比如图解法中计算所得

$$\lambda_0=0.1；\lambda_1=0.5；\lambda_2=1.0；\lambda_3=1.4；\lambda_4=1.8；\lambda_5=2.1$$

根据 100W 风力机常用的安装角分布情况，确定各个截面的安装角为

$$\beta_0=30°；\beta_1=21°；\beta_2=16°；\beta_3=13°；\beta_4=11°；\beta_5=10°$$

(2) 计算倾角 ϕ_i 和攻角 α_i。

$$\phi_0 = a\tan\left(\frac{2}{3\lambda_0}\right)\cdot\frac{180}{\pi}=79° \quad \alpha_0=\phi_0-\beta_0=49°$$

$$\phi_1 = a\tan\left(\frac{2}{3\lambda_1}\right)\cdot\frac{180}{\pi}=51° \quad \alpha_1=\phi_1-\beta_1=30°$$

$$\phi_2 = a\tan\left(\frac{2}{3\lambda_2}\right)\cdot\frac{180}{\pi}=35° \quad \alpha_2=\phi_2-\beta_2=19°$$

$$\phi_3 = a\tan\left(\frac{2}{3\lambda_3}\right)\cdot\frac{180}{\pi}=26° \quad \alpha_3=\phi_3-\beta_3=13°$$

$$\phi_4 = a\tan\left(\frac{2}{3\lambda_4}\right) \cdot \frac{180}{\pi} = 20^\circ \quad \alpha_4 = \phi_4 \quad \beta_4 = 9^\circ$$

$$\phi_5 = a\tan\left(\frac{2}{3\lambda_5}\right) \cdot \frac{180}{\pi} = 18^\circ \quad \alpha_5 = \phi_5 - \beta_5 = 8^\circ$$

(3) 查翼型的 $\alpha - C_{Li}$ 曲线可以得到攻角 α_i 对应的升力系数 C_{Li}

$C_{L0} = 3.25$；$C_{L1} = 2.30$；$C_{L2} = 1.75$；$C_{L3} = 1.45$；$C_{L4} = 1.25$；$C_{L5} = 1.20$

(4) 确定弦长。把上述各项参数带入下式

$$c_i = \frac{16\pi}{9BC_{Li}} \cdot \frac{r_i}{\lambda_i \sqrt{\lambda_i^2 + \frac{4}{9}}}$$

得到各个截面的弦长为

$c_0 = 201.9mm$；$c_1 = 225.0mm$；$c_2 = 217.4mm$；$c_3 = 200.4mm$；$c_4 = 185.8mm$；$c_5 = 169.1mm$

用简化风车法设计的过程及得到的结果见表 5-9，安装角和弦长与半径的对应关系如图 5.35 和图 5.36 所示。

表 5-9　简化风车法得到各截面参数

截面号	截面	半径/mm	周速比 λ	安装角 β(°)	倾角 ϕ(°)	攻角 α(°)	升力系数 C_L	弦长 c/mm
ds0	$A-A$	30.0	0.1	30	79	49	3.25	201.9
ds1	$B-B$	130.0	0.5	21	51	30	2.30	225.0
ds2	$C-C$	230.0	1.0	16	35	19	1.75	217.4
ds3	$D-D$	330.0	1.4	13	26	13	1.45	200.4
ds4	$E-E$	430.0	1.8	11	20	9	1.25	185.8
ds5	$F-F$	500.0	2.1	10	18	8	1.20	169.1

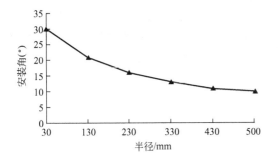

图 5.35　简化风车法的安装角分布

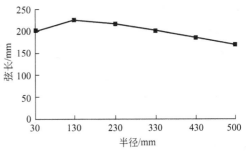

图 5.36　简化风车法的弦长分布

3. 等升力系数法

在设计叶片时，根据所用翼型的 $\alpha - C_L$ 曲线，选定曲线上相应雷诺数下的最大升力系数，作为叶片每个截面处要达到的升力系数，记为 C_{Ld}。同时查到此升力系数对应的攻角，显然，这个攻角也是每个截面要具有的攻角，记为 α_d。那么对于半径为 R，叶片数为 B，

额定叶尖速比为 λ_r 的风轮叶片就可以按照如下步骤进行设计。

(1) 与图解法相同，等分叶片后，计算各个截面的周速比和倾角。第 i 个截面的半径 r_i 对应的周速比 λ_i 为

$$\lambda_i = \lambda_r \times \frac{r_i}{R} \qquad (5-52)$$

倾角 ϕ_i 为

$$\phi_i = a\tan\left(\frac{2}{3\lambda_i}\right) \cdot \frac{180}{\pi} \qquad (5-53)$$

(2) 确定安装角 β_i。由于攻角 α_d 已经由升力系数确定，因此直接用下式就可以确定安装角 β_i

$$\beta_i = \phi_i - \alpha_d \qquad (5-54)$$

(3) 根据如下关系式确定弦长 c 为

$$c_i = \frac{16\pi}{9BC_{Ld}} \cdot \frac{r_i}{\lambda_i \sqrt{\lambda_i^2 + \frac{4}{9}}} \qquad (5-55)$$

这种设计方法中，升力系数是固定的，弦长随半径的增加几乎呈线性减小。在设计时选取的是最大升力系数，但实际中每个截面并不能达到最大的升力系数。一方面在选取的最大升力系数下，阻力系数也可能很大，升阻比不大，截面的输出性能受到影响；另一方面，设计是在额定状态下忽略了阻力系数进行的，而实际运行时有多种工况，不可能保证每个截面都是按照设计时的最大升力系数选取的。

例 5.5 采用等升力系数法设计例 5.3 中三叶片水平轴风力发电机风轮叶片的外形。

解： 根据等升力系数法，按照如下步骤进行设计。

(1) 参考图解法，得到风轮的半径 $R = 500\text{mm}$；尖速比 $\lambda_r = 2.1$。各个截面的周速比为

$$\lambda_0 = 0.1；\lambda_1 = 0.5；\lambda_2 = 1.0；\lambda_3 = 1.4；\lambda_4 = 1.8；\lambda_5 = 2.1$$

(2) 根据翼型 $63_2 - 615$ 的 $\alpha - C_L$ 曲线，最大升力系数可以达到 1.4，雷诺数不同时可以达到更高的升力系数。但是，风力机在运行时，攻角会发生改变，一方面为了给风力机运行时留有一定的攻角变化范围，使风力机在此范围内仍然保持较高的升力系数；另一方面，使升阻比也在设计状态保持较高。选定最佳升力系数为 $C_{Ld} = 1.25$，对应的攻角为 $\alpha_d = 8°$。

(3) 计算倾角 ϕ_i。利用周速比带入公式

$$\phi_i = a\tan\left(\frac{2}{3\lambda_i}\right) \cdot \frac{180}{\pi}$$

得到各个截面的倾角

$$\phi_0 = 79°；\phi_1 = 51°；\phi_2 = 35°；\phi_3 = 26°；\phi_4 = 20°；\phi_5 = 18°$$

(4) 计算安装角 β_i。带入公式

$$\beta_i = \phi_i - \alpha_d$$

得到各个截面的安装角

$$\beta_0 = 71°；\beta_1 = 43°；\beta_2 = 27°；\beta_3 = 18°；\beta_4 = 12°；\beta_5 = 10°$$

(5) 把 C_{Ld} 带入如下关系式

$$c_i = \frac{16\pi}{9BC_{Ld}} \cdot \frac{r_i}{\lambda_i \sqrt{\lambda_i^2 + \frac{4}{9}}}$$

得到各个截面弦长 c_i

$c_0 = 525.0\text{mm}$；$c_1 = 414.1\text{mm}$；$c_2 = 304.4\text{mm}$；$c_3 = 232.4\text{mm}$；$c_4 = 185.8\text{mm}$；$c_5 = 162.3\text{mm}$

用等升力系数法设计的过程及结果见表 5 – 10，安装角和弦长与半径的对应关系如图 5.37 和图 5.38 所示。

表 5 – 10　等升力系数法得到各截面参数

截面号	截面	半径/mm	周速比 λ	倾角 ϕ(°)	攻角 α(°)	安装角 β(°)	升力系数 C_L	弦长 c/mm
ds0	$A-A$	30.0	0.1	79	8	71	1.25	525.0
ds1	$B-B$	130.0	0.5	51	8	43	1.25	414.1
ds2	$C-C$	230.0	1.0	35	8	27	1.25	304.4
ds3	$D-D$	330.0	1.4	26	8	18	1.25	232.4
ds4	$E-E$	430.0	1.8	20	8	12	1.25	185.8
ds5	$F-F$	500.0	2.1	18	8	10	1.25	162.3

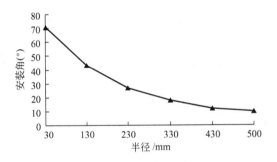

图 5.37　等升力系数法的安装角分布　　　图 5.38　等升力系数法的弦长分布

4. 等弦长法

这是微、小型风力发电机叶片加工制作中常用的一种设计方法。对于半径为 R，叶片数为 B，额定叶尖速比为 λ_r 的风轮叶片，根据实际需要已经确定了每个截面的弦长都等于一个固定的值，那么，只要确定了安装角就得到了叶片的基本外形参数。

（1）与图解法相同，等分叶片后，计算各个截面的周速比和倾角。第 i 个截面的半径 r_i 对应的周速比 λ_i 为

$$\lambda_i = \lambda_r \times \frac{r_i}{R} \tag{5-56}$$

倾角 ϕ_i 为

$$\phi_i = a\tan\left(\frac{2}{3\lambda_i}\right) \cdot \frac{180}{\pi} \tag{5-57}$$

（2）根据如下关系式确定升力系数 C_{Li}。

$$C_{Li} = \frac{16\pi}{9Bc} \frac{R}{\lambda_r \sqrt{\lambda_r^2 \dfrac{r_i^2}{R^2} + \dfrac{4}{9}}} \tag{5-58}$$

计算升力系数时，可以发现给定的弦长值越大，升力系数值越小，而展弦比也越小；如果考虑大展弦比在成本、外观、强度等方面的优势，希望展弦比值较大时，就使得弦长值变小，实度减小，从而得到较大的升力系数，有时可能会超出该翼型的有效升力系数范围，也就无法得到有效的攻角范围。在这一步计算时对这些参数都要进行修正，以免出现无效参数。

（3）根据翼型的 α-C_L 曲线，查到升力系数为 C_{Li} 对应的攻角为 α_i。

（4）利用如下关系式确定安装角 β_i

$$\beta_i = \phi_i - \alpha_i \tag{5-59}$$

这种设计法的关键是弦长的大小，弦长定得太大，风轮的实度大，转速低，功率低，成本高；如果弦长定得太小，风轮的实度小，转速高，但风能转化率低。但是如果弦长选定合适，加工简单，生产效率高。

例 5.6 采用等弦长法设计例 5.3 中三叶片水平轴风力发电机风轮叶片的外形。取弦长值均为 300mm。

解： 根据等弦长法，按照如下步骤进行设计。

（1）参考图解法，得到风轮的半径 $R = 500$mm；尖速比 $\lambda_r = 2.1$。各个截面的周速比为

$$\lambda_0 = 0.1；\lambda_1 = 0.5；\lambda_2 = 1.0；\lambda_3 = 1.4；\lambda_4 = 1.8；\lambda_5 = 2.1$$

（2）计算倾角 ϕ_i。把周速比带入公式

$$\phi_i = a\tan\left(\frac{2}{3\lambda_i}\right) \cdot \frac{180}{\pi}$$

得到各个截面的倾角

$$\phi_0 = 79°；\phi_1 = 51°；\phi_2 = 35°；\phi_3 = 26°；\phi_4 = 20°；\phi_5 = 18°$$

（3）根据关系式，代入弦长值，得到升力系数 C_{Li}

$$C_{Li} = \frac{16\pi}{9Bc} \frac{R}{\lambda_r \sqrt{\lambda_r^2 \dfrac{r_i^2}{R^2} + \dfrac{4}{9}}}$$

$$C_{L0} = 2.18；C_{L1} = 1.71；C_{L2} = 1.26；C_{L3} = 0.96；C_{L4} = 0.77；C_{L5} = 0.67$$

（4）根据翼型 63_2-615 的 α-C_L 曲线，查到升力系数为 C_{Li} 对应的攻角 α_i

$$\alpha_0 = 28°；\alpha_1 = 18°；\alpha_2 = 9°；\alpha_3 = 3°；\alpha_4 = -1°；\alpha_5 = -3°$$

（5）计算安装角 β_i。带入公式

$$\beta_i = \phi_i - \alpha_d$$

得到各个截面的安装角

$$\beta_0 = 51°；\beta_1 = 33°；\beta_2 = 26°；\beta_3 = 23°；\beta_4 = 21°；\beta_5 = 21°$$

用等弦长法设计的结果见表 5-11。安装角和攻角与半径的对应关系如图 5.39 和图 5.40 所示。

表 5-11　等弦长法得到的各截面参数

截面号	截面	半径/mm	周速比 λ	升力系数 C_L	倾角 $\phi(°)$	攻角 $\alpha(°)$	安装角 $\beta(°)$
ds0	$A-A$	30.0	0.1	2.18	79	28	51
ds1	$B-B$	130.0	0.5	1.71	51	18	33
ds2	$C-C$	230.0	1.0	1.26	35	9	26
ds3	$D-D$	330.0	1.4	0.96	26	3	23
ds4	$E-E$	430.0	1.8	0.77	20	-1	21
ds5	$F-F$	500.0	2.1	0.67	18	-3	21

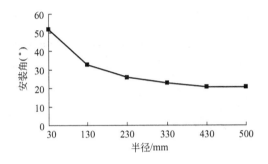

图 5.39　等弦长法的安装角分布　　　图 5.40　等弦长法的攻角分布

5. Glauert 设计法

Glauert 设计法在不同的版本中有不同的表示方法，但是实质上都是基于 Glauert 旋涡理论的一种设计方法。这种设计方法考虑了风轮涡流系的影响，Glauert 旋涡理论指出，对于叶片长度有限的风轮，每个叶片都有一条后缘旋涡，这个后缘旋涡由两个主要旋涡组成：一个在轮毂附近，另一个在叶尖。当风轮转动时，这些旋涡对风速产生一定影响，这就形成了 Glauert 旋涡理论中的轴向诱导因子和切向诱导因子。具体设计过程可以按照下述步骤进行。

（1）与图解法相同，等分叶片后，计算各个截面的周速比。第 i 个截面的半径 r_i 对应的周速比 λ_i 为

$$\lambda_i = \lambda_r \times \frac{r_i}{R} \tag{5-60}$$

（2）计算轴向诱导因子 a 和切向诱导因子 b。在 Glauert 旋涡理论中假设风轮叶片数是无限的，不受阻力，而且翼型的阻力系数为 $C_D = 0$，阻升比 $C_D/C_L = \tan\varepsilon = 0$，这时能够使风能利用系数 C_P 最大。由此推导出的轴向诱导因子 a 和切向诱导因子 b 可以通过下面的公式进行计算。

首先计算出一个中间变量 θ_i 为

$$\theta_i = \frac{1}{3}\arctan(\lambda_i) + \frac{\pi}{3} \tag{5-61}$$

然后带入如下公式得到轴向诱导因子 a_i 为

$$a_i = \sqrt{\lambda_i^2 + 1} \cdot \cos\theta_i \tag{5-62}$$

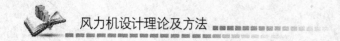

把上式结果带入下式就可以得到切向诱导因子 b_i 为

$$b_i = \sqrt{1 + \frac{1 - a_i^2}{\lambda_i^2}}$$ (5-63)

此时，可以由下式得到最大风能利用系数 C_{pi} 为

$$C_{pi} = \lambda_i^2 (1 + a_i) \left(\sqrt{1 + \frac{1 - a_i^2}{\lambda_i^2}} - 1 \right)$$ (5-64)

（3）计算倾角 ϕ_i。为了便于计算，先计算一个中间变量 λ_e 为

$$\lambda_e = \lambda_i \frac{1 + b_i}{1 - a_i}$$ (5-65)

于是，可得倾角 ϕ_i 为

$$\phi_i = \arctan \frac{1}{\lambda_e} = \arctan \frac{1 - a_i}{\lambda_i (1 + b_i)}$$ (5-66)

在叶片设计中翼型的阻力系数对设计参数影响不大，但是在实际运行中，阻力系数对风力机的输出性能参数有一定影响。考虑翼型的阻力系数，即当 $C_D/C_L = \tan\varepsilon \neq 0$ 时，风力机的最大风能利用系数 C_{pi} 为

$$C_{pi} = \frac{(1 + a_i)(1 - a_i^2)}{1 + b_i} \cdot \frac{1 - \tan\varepsilon_i \cdot \cot\phi_i}{1 + \tan\varepsilon_i \cdot \tan\phi_i}$$ (5-67)

式中，$\tan\varepsilon_i = \dfrac{C_{Di}}{C_{Li}}$，$\cot\phi_i = \dfrac{\lambda_i(1 + b_i)}{1 - a_i}$。

（4）选定攻角 α_i，查出对应的升力系数 C_{Li}。Glauert 设计法中最关键的一步就是确定攻角。为了使叶片翼型能够充分发挥其优势，趋于理想状态运转，选取攻角时就要使翼型在这个攻角下的升力系数最大，阻力系数最小，从而使升阻比最大，这种条件下选定的攻角称为是最佳攻角，用 α_m 表示。

理论上来讲，叶片每个截面处的攻角都选定为所用翼型对应的最佳攻角 α_m，这可以使得每个截面都能按照接近于理想状态下运行。但是，在这种思路下设计出的叶片，在轮毂附近时往往导致相当大的弦长值。对应于 α_m 的升力系数 C_L 通常并不太高（约 0.9）。如果取攻角的值沿着向轮毂方向逐渐增大，会使弦长缩短。只要运行时攻角的变化范围相当于埃菲尔极曲线的上升部分，所对应的 $\tan\varepsilon$ 值小于 0.1，这样虽然叶片的弦长减小了，但是在轮毂附近单位长度叶片的扫掠面积小，风能利用效率下降得并不多。而在叶尖附近单位长度叶片的扫掠面积大，翼型的性能对风轮的性能起重要作用。所以，在实际中往往只在叶尖附近选取最佳攻角。例如在 $r > 0.8R$ 的地方选定为最佳攻角 α_m，从这个位置到轮毂处选择线性变化的攻角 α_i，使得越接近轮毂处攻角值越大。

如果攻角沿叶片的变化选得好，效率只会稍微降低一些，因为单位长度叶片的扫掠面积从叶尖向轮毂逐渐缩小。这种效率下降的影响也容易减轻，只要略为增加风轮直径还可保持功率恒定。另一方面，起动扭矩随弦长和安装角的减小而降低却不合适。尽管如此，这种方法还是经常采用的，因为可以设计出比较轻的风轮。

在实践中，对于常用翼型（NACA 系列，如 NACA 4412、4415、4418、23012、33015、23018），正常运转时，距风轮轴 0.2R 处的最大攻角选取 $10°\sim12°$，对应的升力系数约为 $1.2\sim1.4$。

（5）计算安装角 β_i。带入公式

$$\beta_i = \phi_i - \alpha_i \tag{5-68}$$

就可以得到各个截面的安装角。

（6）建立关系式，确定弦长 c。在 Glauert 设计理论的基础上，利用如下关系式可以计算出各个截面的弦长

$$c_i = \frac{r_i}{BC_{Li}} \cdot \frac{8\pi a_i}{(1-a_i)} \cdot \frac{\sin^2\phi_i}{\cos\phi_i} \tag{5-69}$$

采用 Glauert 设计法设计的优点在于：首先，在设计中考虑了风作用在动态旋转的风轮上时的相互影响，提出了轴向和切向诱导因子，使理论结果和设计结构更加接近；其次，攻角的确定方法是基于翼型的气动性能，根据翼型在不同攻角下的升力系数和阻力系数的不同分布选定能够使升阻比最佳时的攻角，从叶尖部分截面的最佳攻角到叶根部分截面的攻角逐渐增加，从而得到叶根弦长较小，而风能利用系数较大的设计结果；此外，在设计中考虑到翼型升力系数对风力机性能的影响较大这一实际情况，在计算风能利用系数时考虑了阻力系数。但是，Glauert 设计法忽略了叶尖损失和轮毂损失的影响，这对外形设计影响不大，而对风能利用系数的影响较大。

Glauert 设计法在目前仍在某些领域得到广泛的应用，但在应用时需要注意两点：一是对接近根部处的过大的弦长和安装角要进行修正；二是对所设计的外形应计算其功率特性曲线，然后再根据结果对外形作必要的修正。

例 5.7 采用采用 Glauert 法设计例 5.3 中三叶片水平轴风力发电机风轮叶片的外形。采用 63_2 - 615 层流翼型。

解： 根据 Glauert 设计法，按照如下步骤进行设计。

（1）参考图解法，得到风轮的半径 $R=500$mm；尖速比 $\lambda_r=2.1$。各个截面的周速比为

$$\lambda_0=0.1; \ \lambda_1=0.5; \ \lambda_2=1.0; \ \lambda_3=1.4; \ \lambda_4=1.8; \ \lambda_5=2.1$$

（2）计算轴向诱导因子 a_i 和切向诱导因子 b_i。

计算中间变量 θ_i

$$\theta_i = \frac{1}{3}\text{arctg}(\lambda_i) + \frac{\pi}{3}$$

然后带入如下公式得到轴向诱导因子 a_i 和切向诱导因子 b_i

$$a_i = \sqrt{\lambda_i^2+1} \cdot \cos\theta_i$$

$$b_i = \sqrt{1+\frac{1-a_i^2}{\lambda_i^2}}$$

结果为

$$a_0=0.468; \ a_1=0.399; \ a_2=0.369; \ a_3=0.355; \ a_4=0.348; \ a_5=0.345$$

$$b_0=1.335; \ b_1=1.357; \ b_2=1.365; \ b_3=1.369; \ b_4=1.371; \ b_5=1.372$$

（3）计算倾角 ϕ_i。由公式

$$\lambda_e = \lambda_i \frac{1+b_i}{1-a_i}$$

$$\phi_i = \arctan\frac{1}{\lambda_e} = \arctan\frac{1-a_i}{\lambda_i(1+b_i)}$$

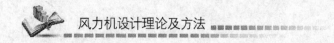

得到各个截面的倾角

$$\phi_0 = 61.2°; \quad \phi_1 = 25.2°; \quad \phi_2 = 15.5°; \quad \phi_3 = 11.2°; \quad \phi_4 = 8.7°; \quad \phi_5 = 7.5°$$

（4）选定攻角 α_i，查出对应的升力系数 C_{Li}。从翼型 63_2-615 的升力系数曲线可以看到，当攻角为 9° 时升力系数及升阻比都比较大，为使风力机运转时工作范围大些，选择叶尖攻角为 6°；在半径为 30mm 叶根处的攻角定为 8°，为计算简便，按直线分布，得到各个截面处的攻角为

$$\alpha_0 = 8.0°; \quad \alpha_1 = 7.6°; \quad \alpha_2 = 7.1°; \quad \alpha_3 = 6.7°; \quad \alpha_4 = 6.3°; \quad \alpha_5 = 6.0°$$

从翼型 63_2-615 的升力系数曲线上就可以查到这些攻角值对应的升力系数了。但是在翼型 63_2-615 的升力系数曲线上攻角间隔为 2°，不容易查到这些还有一位小数的升力系数，对此可以采用 Matlab 或利用数值计算的方法拟合出翼型 63_2-615 的攻角和升力系数的关系：

$$C_L = 0.0003\alpha^2 + 0.1159\alpha + 0.389$$

由此可以得到各个截面的升力系数为

$$C_{L0} = 1.34; \quad C_{L1} = 1.28; \quad C_{L2} = 1.23; \quad C_{L3} = 1.18; \quad C_{L4} = 1.13; \quad C_{L5} = 1.10$$

（5）计算安装角 β_i。带入公式

$$\beta_i = \phi_i - \alpha_i$$

得到各个截面的安装角

$$\beta_0 = 53.0°; \quad \beta_1 = 17.4°; \quad \beta_2 = 8.9°; \quad \beta_3 = 4.3°; \quad \beta_4 = 2.7°; \quad \beta_5 = 2.0°$$

（6）确定弦长 c。利用公式

$$c_i = \frac{r_i}{BC_{Li}} \cdot \frac{8\pi a_i}{(1-a_i)} \cdot \frac{\sin^2\phi_i}{\cos\phi_i}$$

得到各个截面的弦长 c_i(mm) 为

$$c_0 = 263.3; \quad c_1 = 112.2; \quad c_2 = 67.7; \quad c_3 = 49.2; \quad c_4 = 39.3; \quad c_5 = 34.8$$

用 Glauert 法设计的结果见表 5-12，安装角和弦长与半径的对应关系如图 5.41 和图 5.42 所示。

表 5-12　Glauert 设计法得到的各截面参数

截面	半径/mm	周速比 λ	轴向诱导因子 a	切向诱导因子 b	倾角 $\phi(°)$	攻角 $\alpha(°)$	安装角 $\beta(°)$	弦长 c/mm
$A-A$	30.0	0.1	0.468	1.335	61.2	8.0	53.0	263.3
$B-B$	130.0	0.5	0.399	1.357	25.2	7.6	17.4	112.2
$C-C$	230.0	1.0	0.369	1.365	15.5	7.1	8.9	67.7
$D-D$	330.0	1.4	0.355	1.369	11.2	6.7	4.3	49.2
$E-E$	430.0	1.8	0.348	1.371	8.7	6.3	2.7	39.3
$F-F$	500.0	2.1	0.345	1.372	7.5	6.0	2.0	34.8

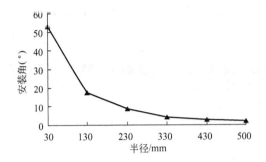

图 5.41　G1auert 设计法的安装角分布

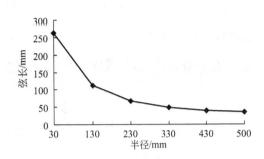

图 5.42　G1auert 设计法的弦长分布

6. Wilson 设计法

Wilson 设计法是较为常用的一种设计方法。该方法对 G1auelt 设计法作了改进，研究了叶尖损失和升阻比对叶片最佳性能的影响，考虑使每个叶素的风能利用系数最大，从而达到是整个风轮的风能利用系数最大。

考虑到升阻比对轴向和切向诱导因子影响较小，故在气动外形设计时不计阻力影响。但是，当风作用到桨叶上时，由于桨叶两面的气压差异，在桨叶尖端的气流会沿叶片产生二次流动，从而引起力矩的减小。由于叶尖处的叶素受力对整个风力机性能影响很大，所以叶尖损失不容忽视。Prandtl 对叶尖区的流动做了研究，定义了叶尖损失系数 F 为

$$F = \frac{2}{\pi}\arccos(\mathrm{e}^{-f}) \tag{5-70}$$

$$f = \frac{B}{2} \cdot \frac{R-r}{R\sin\phi} \tag{5-71}$$

联立式(5-70)和式(5-71)得

$$F = \frac{2\cos^{-1}\left[\mathrm{e}^{-\frac{B(R-r)}{2R\sin\phi}}\right]}{\pi} \tag{5-72}$$

在 Glauert 弦长关系式中考虑叶尖损失的影响，可得

$$\frac{BcC_L\cos\phi}{8\pi r\sin^2\phi} = \frac{(1-aF)aF}{(1-a)^2} \tag{5-73}$$

$$\frac{BcC_L}{8\pi r\cos\phi} = \frac{bF}{(1+b)} \tag{5-74}$$

求解式(5-73)和式(5-74)这两个关系式可得到如下能量方程

$$a(1-aF) = b(1+b)\lambda^2 \tag{5-75}$$

这就是考虑了叶尖损失后，轴向诱导因子和切向诱导因子必须要满足的一个关系式。

在 Glauert 设计法的基础上，考虑每个叶素的风能利用系数，可得

$$\mathrm{d}C_p = \frac{8}{\lambda_0^2}b(1-a)F\lambda^3\,\mathrm{d}\lambda \tag{5-76}$$

要使整个风轮的风能利用系数 C_p 值最大，就要使每个叶素的 $\dfrac{\mathrm{d}C_p}{\mathrm{d}\lambda}$ 值达到最大。可用选代法计算诱导因子 a、b，使诱导因子 a、b 在同时满足式(5-75)能量方程的条件下使 $\dfrac{\mathrm{d}C_p}{\mathrm{d}\lambda}$

达到最大。这样，通过迭代计算，就可以得到每个截面处使$\dfrac{\mathrm{d}C_\rho}{\mathrm{d}\lambda}$值取得最大的诱导因子$a$、$b$及相应的叶尖损失系数$F$。

对应于最大$\dfrac{\mathrm{d}C_\rho}{\mathrm{d}\lambda}$值的诱导因子$a$、$b$和相应的叶尖损失系数$F$求得后，利用式（5-73）可得

$$\frac{BcC_L}{r}=\frac{(1-aF)aF}{(1-a)^2}\cdot\frac{8\pi\sin^2\phi}{\cos\phi} \tag{5-77}$$

由式（5-77）就可得到每个截面的最佳$\dfrac{BcC_L}{r}$值和来流角ϕ，进而求得每个截面的弦长c和安装角β。

利用式（5-73）和式（5-77）可得

$$\tan^2\phi=\frac{bF}{(1+b)}\cdot\frac{(1-a)^2}{(1-aF)aF} \tag{5-78}$$

可见，倾角不仅和叶尖损失系数有关，和a、b这两个诱导因子也有关。

通过上述分析，可以总结出如下 Wilson 设计的步骤。

（1）与 Glauert 设计法相同，等分叶片后，计算各个截面的周速比。第i个截面的半径r_i对应的周速比λ_i为

$$\lambda_i=\lambda_r\times\frac{r_i}{R} \tag{5-79}$$

（2）对每个截面i计算轴向诱导因子a_i和切向诱导因子b_i以及叶尖损失系数F_i，这也是求解如下条件极值问题的过程。

$$\max:\ \frac{\mathrm{d}C_{pi}}{\mathrm{d}\lambda_i}=\frac{8}{\lambda_0^2}b_i(1-a_i)F_i\lambda_i^3 \tag{5-80}$$
$$s.t.\ a_i(1-a_iF_i)=b_i(1+b_i)\lambda_i$$

常规的做法是利用迭代法，通过给定a_i和b_i的初值，找到使得$\dfrac{\mathrm{d}C_{pi}}{\mathrm{d}\lambda_i}$最大的$F_i$，从而也就得到相应这个$F_i$的第$i$个截面的$a_i$和$b_i$。当然也可以通过求解条件极值问题的方法得到这些参数。

这里提示可以通过给定倾角的初值求解出答案。从叶尖损失系数的表达式来看，对应于i截面的半径r_i处的叶尖损失系数只和此截面的倾角有关。也就是说，给定倾角ϕ_i后，叶尖损失系数F_i就确定了。把F_i代入能量方程，再把b_i用a_i表示出来，代入目标方程，问题就转化为求解一元方程的极值问题了，这个问题是很容易求解出结果的。可以应用计算机程序设计语言编制程序实现 Wilson 设计。

（3）选定翼型，确定攻角α_i，得到对应的升力系数C_{Li}和阻力系数C_{Di}。类似于 Glauert 设计法中攻角的选取，选定一个最佳攻角范围，然后使攻角值从叶根到叶尖呈递减方式分布，通常选用直线分布，这样既节约材料又便于加工，而且从风载荷角度来看也不容易出现应力几种现象。根据确定的攻角值，从选定翼型的升力系数和阻力系数曲线上就可以查到这些攻角值所对应的升力系数C_{Li}和阻力系数C_{Di}。但是风力机功率不同，半径长短不一，各个截面分布也不同，需要的攻角值及其对应的升力系数和阻力系数也有很大变化。为了便于设计计算，可以采用 Matlab 或利用数值计算的方法拟合出翼型的攻角和升力系

数的关系

$$C_L = f(\alpha) \qquad (5-81)$$

同样，也可以拟合出翼型的升力系数和阻力系数的关系

$$C_D = g(C_L) \qquad (5-82)$$

(4) 计算安装角 β_i。把用求解条件极值中计算出的倾角 ϕ_i 带入公式

$$\beta_i = \phi_i - \alpha_i \qquad (5-83)$$

得到各个截面的安装角。

(5) 确定弦长 c_i。利用公式

$$c_i = \frac{(1-a_iF_i)a_iF_i}{(1-a_i)^2} \times \frac{8\pi r_i}{BC_{Li}} \times \frac{\sin^2\phi_i}{\cos\phi_i} \qquad (5-84)$$

可以得到各个截面的弦长 c_i。

Wilson 设计法也是常用的一种叶片设计方法，尤其在小型叶片的设计中应用得较多。但是这种设计方法也有不足之处，没有考虑轮毂损失和叶栅效应等影响，而且叶片外部形状也不符合某些特殊要求，因此，常常对 Wilson 设计法设计出的叶片外形进行修正。

例 5.8 采用 Wilson 设计法设计例 5.3 中三叶片水平轴风力发电机风轮叶片的外形。选用 63_2-615 层流翼型。

解： 根据 Wilson 设计法，按照如下步骤进行设计，并用计算机高级程序设计语言 Visual Basic 编制程序，实现如下算法。

(1) 参考前面方法，得到风轮的半径 $R=500$mm；设计叶尖速比 $\lambda_r=2.1$。各个截面的周速比为

$$\lambda_0=0.1；\lambda_1=0.5；\lambda_2=1.0；\lambda_3=1.4；\lambda_4=1.8；\lambda_5=2.1$$

(2) 计算轴向诱导因子 a_i 和切向诱导因子 b_i 以及叶尖损失系数 F_i。利用给定倾角进行迭代的方法进行设计，程序设计界面如图 5.43 所示。

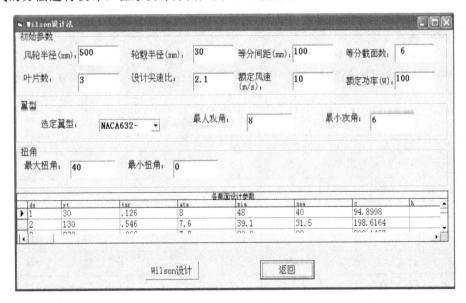

图 5.43 Wilson 设计程序界面

（3）选定翼型，确定攻角 α_i，得到对应的升力系数 C_{Li} 和阻力系数 C_{Di}。类似于 Glauert 设计法中攻角的选取，对于翼型 63_2-615 而言，把半径为 30mm 叶根处的攻角定为 8°，按直线分布，得到各个截面处的攻角为

$$\alpha_0=8.0°；\ \alpha_1=7.6°；\ \alpha_2=7.1°；\ \alpha_3=6.7°；\ \alpha_4=6.3°；\ \alpha_5=6.0°$$

从翼型 63_2-615 的升力系数和阻力系数曲线上可以查到这些攻角值所对应的升力系数 C_{Li} 和阻力系数 C_{Di}。为了便于程序设计，利用数值计算方法中的正交多项式拟合方法拟合出翼型 63_2-615 的攻角和升力系数的关系

$$C_L=0.0003\alpha^2+0.1159\alpha+0.389$$

由此可以得到各个截面的升力系数为

$$C_{L0}=1.335；\ C_{L1}=1.284；\ C_{L2}=1.233；\ C_{L3}=1.182；\ C_{L4}=1.131；\ C_{L5}=1.095$$

同样的方法可以拟合出翼型 63_2-615 的升力系数和阻力系数的关系

$$C_D=0.0045C_L^3+0.0029C_L^2-0.0046C_L+0.0062$$

由此可以得到各个截面的阻力系数为

$$C_{D0}=0.016；\ C_{D1}=0.015；\ C_{D2}=0.013；\ C_{D3}=0.012；\ C_{D4}=0.011；\ C_{D5}=0.011$$

（4）计算安装角 β_i。把用上述方法计算出的倾角 ϕ_i 带入公式

$$\beta_i=\phi_i-\alpha_i$$

得到各个截面的安装角

$$\beta_0=40.0°；\ \beta_1=31.5°；\ \beta_2=22.1°；\ \beta_3=16.1°；\ \beta_4=9.9°；\ \beta_5=0.0°$$

（5）确定弦长 c_i。利用公式

$$c_i=\frac{(1-a_iF_i)a_iF_i}{(1-a_i)^2}\cdot\frac{8\pi r_i}{BC_{Li}}\cdot\frac{\sin^2\phi_i}{\cos\phi_i}$$

得到各个截面的弦长 c_i(mm) 为

$$c_0=94.9；\ c_1=198.6；\ c_2=201.1；\ c_3=144.0；\ c_4=82.7；\ c_5=17.9$$

用 Wilson 法设计的结果见表 5-13，安装角和弦长与半径的对应关系如图 5.44 和图 5.45 所示。

表 5-13 Wilson 设计法得到的各截面参数

截面	半径 /mm	轴向诱导因子 a	切向诱导因子 b	叶尖损失系数 F	倾角 ϕ(°)	攻角 α(°)	安装角 β(°)	升力系数 C_L	阻力系数 C_D	弦长 c /mm
A-A	30.0	0.389	0.435	0.905	48.0	8.0	40.0	1.335	0.016	94.9
B-B	130.0	0.328	0.515	0.890	39.1	7.6	31.5	1.284	0.015	198.6
C-C	230.0	0.346	0.213	0.879	29.2	7.1	22.1	1.233	0.013	201.1
D-D	330.0	0.350	0.116	0.828	22.8	6.7	16.1	1.182	0.012	144.0
E-E	430.0	0.353	0.077	0.657	16.2	6.3	9.9	1.131	0.011	82.7
F-F	500.0	0.353	0.077	0.657	6.0	6.0	0.0	1.095	0.011	17.9

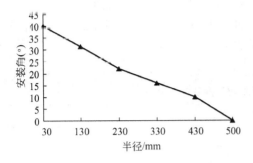

图 5.44　Wilson 设计法的安装角分布

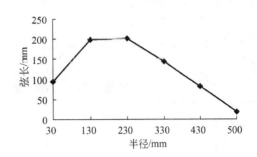

图 5.45　Wilson 设计法的弦长分布

7. 动量叶素理论设计法

动量叶素理论是目前风力机软件中叶片设计和气动分析两大模块中运用较广的一种方法。这种方法是将动量理论和叶素理论两种理论中得到的两种推力和扭矩的表达式联合起来，得出关于轴向诱导因子和切向诱导因子等关系式，进而求出叶片的弦长和安装角分布。经典的动量叶素理论没有考虑叶尖损失和轮毂损失的影响。后来，经过 Prandtl 等人的研究，在这种理论基础上对一些参数进行了修正，从而形成了改进后的动量叶素理论设计方法。这里讨论考虑了叶尖损失和轮毂损失后的设计方法。

Prandtl 在研究风轮轮毂大小对叶片性能影响时还发现，当轮毂半径较小时，对于大直径风轮和小直径风轮影响都不大；但是当轮毂半径较大时，这种影响就比较明显了。同一截面处，当轮毂半径变大时，同一倾角对应的轮毂损失系数就变小，而且，倾角越大，这种变化越大。经过分析研究，得出轮毂对叶片的影响关系，用轮毂损失系数表示

$$F_h = \frac{2\cos^{-1}\left[e^{-\frac{B(r-r_{hub})}{2r_{hub}\sin\phi}}\right]}{\pi} \tag{5-85}$$

式中，F_h 为轮毂损失系数；r 为叶素所在处半径(m)；ϕ 为叶素处倾角(°)；B 为叶片数；r_{hub} 为轮毂半径(m)。

考虑叶尖损失和轮毂损失的影响后，可以得到总的损失系数 F

$$F = F_t \times F_h \tag{5-86}$$

式中，F_t 为叶尖损失系数。

同 Wilson 设计法中定义的表达式一样，这里可以表示为

$$F_t = \frac{2\cos^{-1}\left[e^{-\frac{B(R-r)}{2R\sin\phi}}\right]}{\pi} \tag{5-87}$$

把 Wilson 设计法中的叶尖损失系数 F 换成这里用叶尖损失系数和轮毂损失系数乘积得到的损失系数 F，其他算法同 Wilson 设计法一样就可以得到动量叶素理论设计法的结果。

动量叶素设计法也属于 Wilson 设计法的改进，在考虑诱导因子的计算时又考虑了叶尖损失系数和轮毂损失系数的影响。相对于 Wilson 设计法主要加入了轮毂损失系数。对于轮毂半径较小的风轮来讲，两者设计结果几乎相同；但是如果轮毂半径较大，也就是说对于大功率的风力机叶片来讲，设计结果是不同的。

例 5.9　采用动量叶素设计法设计例 5.3 中三叶片水平轴风力发电机风轮叶片的外形。

选用 63_2 - 615 层流翼型。试选用不同的轮毂半径进行设计，比较其设计结果。

解：根据动量叶素设计法，按照 Wilson 设计法的设计步骤，编制算法，并用计算机高级程序设计语言 Visual Basic 编制程序，得到如表 5 - 14 及图 5 - 46 和图 5 - 47 所示的结果。

表 5 - 14　动量叶素设计法得到的各截面参数

截面	半径/mm	轴向诱导因子 a	切向诱导因子 b	叶尖损失系数 F_t	轮毂损失系数 F_h	倾角 $\phi(°)$	安装角 $\beta(°)$	弦长 c/mm
$A-A$	30.0	0.389	0.435	0.905	1.001	48.0	40.0	94.9
$B-B$	130.0	0.329	0.515	0.891	1.001	39.1	31.5	199.4
$C-C$	230.0	0.347	0.213	0.879	1.001	29.1	22.0	200.7
$D-D$	330.0	0.352	0.116	0.828	1.001	22.7	16.0	146.3
$E-E$	430.0	0.339	0.075	0.651	1.001	18.8	10.5	93.7
$F-F$	500.0	0.339	0.075	0.651	1.001	6.0	0.0	16.6

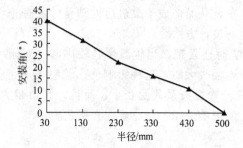

图 5.46　动量叶素设计法的安装角分布　　图 5.47　动量叶素设计法的弦长分布

从图 5.46、图 5.47 和表 5 - 14 可以看出，这种方法设计出的结果几乎和 Wilson 设计法设计出的结果一样。因为这两种算法中动量叶素设计法比 Wilson 设计法只是增加了轮毂损失系数。而在这个例题中，轮毂半径很小，所以轮毂损失系数的影响非常小。

在原有设计参数的基础上，把轮毂半径从 50mm 按 50mm 的等间距递增到 300mm，得到不同的设计结果，图 5.48 和图 5.49 是在这几种轮毂半径下得到的安装角和轮毂损失系数。

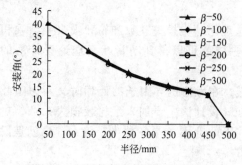

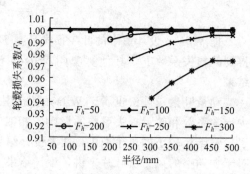

图 5.48　不同轮毂半径下的安装角分布　　图5.49　不同轮毂半径下的轮毂损失系数分布

尽管叶尖损失系数和轮毂损失系数对安装角都有影响，但是这种影响非常小，但不同轮毂半径的轮毂损失系数却有明显差别，轮毂半径越大，轮毂损失系数越小。

8. 失速设计

功率调节是风力发电机的关键技术之一。现在主要有两类功率调节方式：一类是定桨距失速控制，另一类是变桨距控制。

失速设计就是利用翼型气动失速特性来限制叶片吸收风速过大时的风能，从而控制机组的输出功率。国标 GBT 21150—2007 中定义，失速为气流流过翼面发生分离的现象。失速引起气动升力下降但阻力上升，限制了风轮翼面从风能所获取的能量。失速设计应用于定桨距失速控制型风力发电机的叶片设计。定桨距风轮的桨叶与轮毂刚性连接。如图 5.50 所示，当气流流经上下翼面形状不同的叶片时，上下翼面的气流形成一个分离区，凸起的翼面使气流加速，压力降低；凹陷的翼面使气流流速减缓，压力增高，因而产生升力。在定桨距型风力发电机系统中，桨距角不变，即各个截面安装角不变；随着风速增加，攻角增大，分离区形成大的涡流，流动失去翼型效应，与未分离时相比，上下翼面压力差减少，致使阻力增加，升力减少，造成叶片失速，从而限制了功率增加。为了使风力发电机系统保持额定功率输出，在叶片设计时可以利用翼型的这一特性，当风速高于额定风速时，使叶素的攻角值达到其所用翼型的失速攻角值，这样翼叶表面产生涡流，升阻比急剧下降，从而达到限制功率的目的。失速型风力发电机组的优点是整机结构简单，部件少，造价低，调节可靠，控制简单，具有较高的安全系数，有利于市场竞争，所以 200kW 以下的机组大部分采用失速控制，而且现在大型机组也趋向于采用定桨距失速型叶片。但是这种叶片的缺点是桨叶等主要部件受力大，没有功率反馈系统和变距执行机构，输出功率随风速的变化而变化。此外，失速型叶片本身结构较复杂，成型工艺难度也较大；随着功率增大，叶片加长，所承受的气动推力大，使得叶片刚度减弱，失速动态性能不易控制，使制造更大机组受到一定限制。

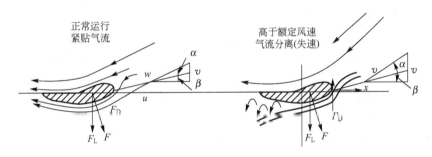

图 5.50 翼型失速特性

在上述各种设计方法中可以知道，倾角 ϕ 直接或间接地和叶尖速比有关，这样，通过转化都可以把倾角 ϕ 表示成叶尖速比 λ 的关系式，用一个通用表达式表示为

$$\phi = f(\lambda) \tag{5-88}$$

而叶尖速比又和风速有关

$$\lambda = \frac{\pi n r}{30 V} \tag{5-89}$$

式中，n 为风轮转速(r/min)；r 为叶片半径(m)；V 为风速(m/s)。

这样每个截面的倾角就可以由风速确定了。把上面两个关系式组合起来得到一个倾角关于风速和叶片半径的表达式

$$\phi = g(r, V) \qquad (5-90)$$

如果风力机在达到某一风速后开始失速，称这个风速为失速风速，用 V_{sl} 表示。定桨距风力发电机的功率输出是随着风速的升高而增大的。在工作风速范围，即风力机对额定负载有功率输出的风速范围内，机组可以正常运行。失速风速和切出风速不同，切出风速是利用调节器的作用，使风力机对额定负载停止功率输出时的风速，调节器可以自动或人工进行控制；失速风速是使风力机风能利用系数下降，从而降低输出功率时的风速，当风速达到或超过失速风速时，风力机仍然有功率输出，直到到达切出风速时才没有功率输出。

如果设计在风速为 V_{sl} 时使叶片失速，那么带入上式就可以计算出失速时需要的倾角 ϕ_{sl}。

另一方面，从攻角升力系数曲线可以得到失速攻角 α_{sl}，利用关系式

$$\beta_{sl} = \phi_{sl} - \alpha_{sl} \qquad (5-91)$$

就可以计算出失速时需要的安装角 β_{sl}。由此就可以进一步计算出叶片外形的其他参数。

例 5.10 在 Glauert 设计法中进行失速控制，设计失速型叶片。仍然选用 $63_2 - 615$ 层流翼型。

解：首先根据翼型的攻角升力系数曲线确定出失速攻角，再根据实际需要确定出失速风速，应用 Glauert 设计法就可以设计出失速型叶片。

(1) 确定失速攻角。从 $63_2 - 615$ 翼型的升力系数曲线可以看到，当攻角增大到 $12°$ 时升力系数就开始急剧下降，表现出该翼型的失速特性。为了使所设计的风轮具有较好的失速限速特性，选择的设计点攻角应小于并接近翼型失速点攻角。这里可以选择失速攻角 $\alpha_{sl} = 11°$。各个截面选取的攻角值为

$$\alpha_0 = 11.0°; \ \alpha_1 = 10.6°; \ \alpha_2 = 10.1°; \ \alpha_3 = 9.7°; \ \alpha_4 = 9.3°; \ \alpha_5 = 9.0°$$

攻角从叶根到叶尖逐渐减小，叶片根部开始进入失速状态，随着风速增加，失速部分由叶根向叶尖伸展。

(2) 确定失速风速。定桨距风力发电机的输出功率随着风速的升高而增大，当风速达到额定值，风力机达到额定功率时，需要输出功率稳定在其额定值附近，需要限制输出功率随风速升高而增大的速度，那就要降低风能利用率，使风力机进入失速状态。应该选大于等于额定风速的风速值作为失速风速。但是，发电机在低于其额定转速的 150% 时仍然可以正常工作，因此可以适当放大失速风速。对于本例中所用的直驱式发电机来讲，额定转速为 400r/min，它的工作转速可以达到 600r/min。根据转速、功率和风速的关系可以确定对应此转速的风速，为安全起见，取失速风速点为 15m/s，记作 $V_{sl} = 15m/s$。

(3) 确定失速叶尖速比。根据叶尖速比公式，把用失速风速替换额定风速得到对应失速风速时的叶尖速比 λ_{sl} 及第 i 个截面的失速叶尖速比 λ_{sti} 为

$$\lambda_{sti} = \frac{\pi n r_i}{30 V_{sl}} = \frac{\pi n R}{30 V_{sl}} \times \frac{r_i}{R} = \lambda_{sl} \times \frac{r_i}{R} \qquad (5-92)$$

(4) 利用 Glauert 设计法确定其他参数，所得结果见表 5 - 15。

表 5－15　失速型 Glauert 设计法得到的各截面参数

截面	半径/mm	周速比 λ	轴向诱导因子 a	切向诱导因子 b	倾角 φ(°)	安装角 β(°)	弦长 c/mm
A－A	30	0.1	0.478	1.331	69.5	58.0	337.5
B－B	130	0.4	0.422	1.350	34.1	23.4	182.5
C－C	230	0.6	0.389	1.360	21.9	11.9	115.3
D－D	330	0.9	0.370	1.365	16.1	6.3	84.0
E－E	430	1.2	0.359	1.368	12.7	3.7	66.7
F－F	500	1.4	0.354	1.369	11.0	2.0	58.7

安装角和弦长的分布如图 5.51 和图 5.52 所示。

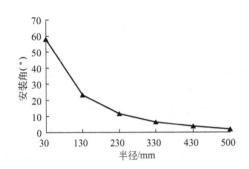

图 5.51　失速型 G1auert 法的安装角分布

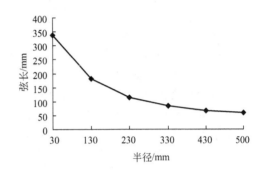

图 5.52　失速型 G1auert 法的弦长分布

9. 外形修正

上述介绍了各种叶片设计方法，但在实际应用中是不完全按照这些方法进行设计加工的。因为通过这些理论性的设计方法设计出来的外形还有很多弊端。比如在这些方法中连接轮毂处即叶根部分的叶片弦长都比较大，但是对风力发电机效率的贡献却很小；除了等升力系数中选定了合适的升力系数、攻角外，其他方法计算出来的攻角都偏大，尤其是叶根部分的攻角已经超出了所用翼型的有效攻角范围。因此在实际应用到工程设计时，如果用上述这些方法进行理论设计时，那要对理论设计出的结果进行修正，然后计算性能，再修正参数，直到得到合理的外形参数。

10. 优化设计法

随着风力发电机功率的增加，叶片长度、重量、强度等物理特性对机组的输出功率、风能利用率、安全性及噪音等综合性能产生了较大影响。在强度设计时通常考虑叶片的柔性设计。在风压力作用下叶片会发生弯曲变形，对于兆瓦级柔性叶片变形情况更加明显。因此在叶片外形结构设计时，考虑叶尖部分向外弯曲的方法，即采用预弯技术，这样叶片在旋转运行，甚至在强风时还能与塔架保持一定距离，避免叶片撞击塔体。此外，采用预弯技术，还可以减少材料，减轻重量，具有较强的风能捕获能力。

在叶片设计中，材料的选择和制作工艺的采用对叶片在整个机组的输出性能也有重要影响。目前兆瓦级叶片常用的是 GF/UP、GF/VE、GF/EP 等复合材料。在叶片的设计研究中，以低成本高性能为原则，选用环氧树脂为主体材料，采用真空吸注工艺加工制造。

对于大型或兆瓦级叶片的设计，上述介绍的几种设计方法已不能满足实际需求。近期的叶片外形设计通常是在早期的 Glauert 和 Wilson 等设计理论和方法的基础上进行改进实现优化设计。优化目标通常为满足额定功率条件下，使年发电量最大。有的文献给出了以风速频率的加权平均功率为优化目标时对叶片翼型、安装角、攻角等气动参数的优化；也有文献提出通过对某些气动因子的优化而实现叶片外形的优化设计。在优化方法中有的采用改进遗传算法 ECGA；也有按照贝塞尔曲线或参数的取值范围给出约束条件，采用 DS-FD 和 ECGA 等方法。

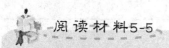

阅读材料5-5

叶片优化设计方法

根据 Wilson 理论进行叶片气动设计，在额定叶尖速比条件下保持最佳的气动特性，有最大的功率输出。当风速发生变化时，在非额定叶尖速比下，C_p 值急剧下降。为了提高叶片对工况的适应性，可以有两种方法使风能利用系数保持较大值。一是根据风速的变化不断改变叶片外形，这在目前成本、材料、控制系统等条件限制下，实现的可能性很小。另一种方法就是对叶片的弦长、扭角等重要参数进行整体或分段优化，使叶片在一定范围内适应风速的变化，保持较大的风能利用系数。为此，将叶片在额定状态和非额定状态下结合考虑，采用不同目标函数和优化算法，对叶片气动参数进行整体优化。

1. 按实度最小为目标优化

在叶片设计中，改变某些参数都会对其他参数产生影响。在叶素截面设计时，是以单位叶素达到最大风能利用系数为原则来选择叶片参数，并对弦长和扭角进行计算。其中贝兹理论把空气流动视为一维定常流动，对叶型阻力、叶梢阻力都没有考虑，仅从总体上对风轮气动性能和能量关系确定了定量关系。Glauert 理论、动量优化理论、Wilson 理论分别考虑了涡流运动、叶梢损失的影响，但此影响仅在计算轴向诱导系数 a、切向诱导系数 b 时加以考虑，在优化计算弦长 C 时仍采用动量理论推导出的公式，这样计算仅保证了设计风速下功率系数为最大值，而忽略了所设计风力机实际运行的风速范围和输出功率的限制，因而设计的弦长值与实际需求有偏离。因此，为了使设计弦长与叶片实际输出功率联系起来，有必要在计算弦长 C 值时，综合涡流运动、叶型阻力、叶片数等因素，用实际输出功率作为约束条件，以风轮实度最小为优化目标进行整体优化设计。在风轮直径 D 确定后，风轮扫风面积是定值。所以，实度最小的优化问题就是：

$$\min S_y = \int_0^{\frac{D}{2}} f_c(r) \cos\theta_0 \, dr$$

其中，

$$f_c(r) = \frac{8\pi r a T (1 - aT) \sin^2\phi}{C_L B (1 - a)^2 \cos\phi}$$

$$s.t.\, a(1 - aT) = b(1 + b)\lambda^2 \quad 0 \leqslant P = \pi\rho V_0 \Omega^2 (1 - a) b T R^4 \leqslant P_e \tag{1}$$

对上述优化问题进行计算后就得到各个变量的值，带入公式

$$\tan\phi = \frac{V_1(1-u)}{\Omega_r(1-b)} = \frac{1-u}{\lambda(1-b)} \qquad (2)$$

式中，V_1 为半径 r 处风速（m/s）；λ 为风轮半径 r 处叶尖速比 $\lambda = \Omega_r/V_1$；T 为风轮气动损失系数；P_e 为风力机极限功率（W）。

2. 按年输出能量最大为目标优化

1）设计变量

叶片的气动外形由各截面的翼型、弦长和扭角所决定，当使用的翼型系列确定之后，就需要根据设计目标确定每个截面的最佳弦长和扭角。为使叶片主要功率输出段的截面弦长和扭角沿展向连续光滑分布，将弦长和扭角都定义为按贝塞尔曲线分布。

弦长和扭角分布所对应的贝塞尔曲线都使用 4 个控制点，所以总共有 16 个设计变量，分别为弦长曲线控制点的坐标：$\qquad (x_{ci}, Y_{ci}) \quad i=1,2,3,4 \qquad (3)$

及扭角曲线控制点的坐标：$\qquad (x_{ti}, Y_{ti}) \quad i=1,2,3,4 \qquad (4)$

2）适应度函数

因为风力机的年能量输出等于风力机的年平均功率和年总时间的乘积，而年总时间为常数，所以在计算中可以使用年平均功率作为设计目标。因此定义适应度函数 $f(x)$ 为

$$f(x) = \overline{P} = \int_{U_{in}}^{U_{out}} f_w(U)P(U)\mathrm{d}U \qquad (5)$$

式中，$\overline{P}$ 为平均功率（W）；U 为风速（m/s）；U_{in} 为切入风速（m/s）；U_{out} 为切出风速（m/s）；$f_w(U)$ 为风速的 Weibull 分布密度函数；$P(U)$ 为风轮在风速为 U 时的输出功率（W）。

3）约束方程

如果对基因采用二进制编码，那么设计变量的约束决定了染色体的长度，因为要编制通用的优化设计程序，所以染色体的长度根据用户确定设计变量的约束条件之后由程序自动给出。设计变量采用以下的约束方程

$$\begin{cases} r_{min} \leqslant x_{c1} < x_{c2} < x_{c3} < x_{c4} \leqslant r_{max} \\ c_{max} \geqslant Y_{c1} > Y_{c2} < Y_{c3} < Y_{c4} \geqslant c_{min} \\ r_{min} \leqslant x_{t1} < x_{t2} < x_{t3} < x_{t4} \leqslant r_{max} \\ t_{max} \geqslant Y_{t1} > Y_{t2} < Y_{t3} < Y_{t4} \geqslant t_{min} \end{cases} \qquad (6)$$

式中，r_{min}、r_{max} 为分别为用户定义的叶片优化设计段的截面最小半径和最大半径；c_{min}、c_{max} 为分别为用户定义的允许的最小和最大弦长；t_{min}、t_{max} 为分别为用户定义的允许的最小和最大扭角。

在求解个体的适应度函数时，需要计算个体的气动性能，所以气动性能的准确度对优化设计结果影响较大。设计时采用片条理论计算气动性能，计算模型考虑叶尖损失、轮毂损失、叶栅理论及失速状态下动量理论的失效修正，并且考虑风剪、偏航、风轮的结构参数和风力机安装参数的影响，保证气动性能计算的准确性。

利用计算机高级语言程序，编制程序就可以得到用遗传算法得出的优化设计结果。

5.2.3　叶片的内部结构

在进行叶片气动设计的基础上，还要考虑机组实际运行环境因素的影响，进行叶片结构的设计，使叶片具有足够的强度和刚度。保证叶片在规定的使用环境条件下，在其使用寿命期内不发生损坏。另外，要求叶片的重量尽可能轻，并考虑叶片间相互平衡措施。

叶片的重量太重，还会加重其他部件如轮毂、控制器、发电机、变桨机构、塔架等设备的负担，造成变桨灵敏度下降、控制延时、系统协调性差等缺陷。改变叶片内部结构也是降低叶片重量、降低成本、优化机组性能的有效方法。德国的 Enercon 公司对叶片结构进行了深入研究，为缩小叶片的外形截面、剖面结构采用蒙皮与主梁形式，如图 5.53 所示。常用的有玻璃纤维夹层板做成 C 型、O 型或箱型大梁，内部填充硬质泡沫塑料。对其叶片根部固定方案进行了改进，主要采用金属法兰、预埋金属杆及 T 型螺栓方式，以减轻根部的重量，如图 5.54 所示。

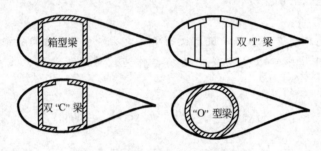

图 5.53　典型的叶片截面

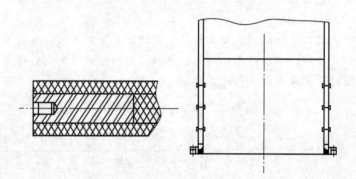

图 5.54　典型的叶根结构

叶片强度通常要进行静强度和疲劳强度的分析和验证，而受压部件还应该校验其稳定性，如材料不至发生膨胀、折皱、翘曲等变形。强度分析应在足够多的截面上进行，被验证的横截面的数目取决于叶片类型和尺寸，但至少应分析 4 个截面。在几何形状和/或材料不连续的位置应研究附加的横截面。强度分析既可以用应变验证又可以用应力验证，对于后者，应额外校验最大载荷点处的应变，以证实没有超过破坏极限。

进行强度分析时主要基于叶片的载荷计算。载荷计算主要有惯性载荷和重力、气动载荷、运动载荷及其他载荷。

1. 惯性载荷和重力

惯性载荷和重力是由于振动、转动、地球引力和地震引起的作用在风力发电机组上的静态和动态静荷。

2. 气动载荷

气动载荷是由气流及气流与风力发电机组不动和运动部件相互作用引起的静态和动态载荷。气流取决于风轮转速、通过风轮平面的平均风速、湍流、空气密度和风力发电机组零部件的气动外形及相互影响(包括气动弹性效应)。

3. 运动载荷

运动载荷是由风力发电机组的运行和控制产生的,可将它们分成若干类。每一类都与风轮转数的控制有关,例如通过叶片或其他气动装置的变距进行扭矩控制。运行载荷包括由风轮停转和起动,发电机接通和脱开引起的传动链机械刹车和瞬态载荷,以及偏转载荷。

4. 其他载荷

其他载荷包括波动载荷、尾流载荷、冲击载荷、冰载荷等都可能发生外力,凡是适用的均应考虑。此外,对于大型风力发电机组来讲,还需要考虑由风力发电机组自身(尾流诱导速度、塔影效应等)引起的空气流场扰动;三维气流对叶片气动特性的影响(如三维失速和叶尖气动损失);非定常空气气动力学效应;结构动力学和振动模态的耦合;气动弹性效应;风力发电机组控制系统和保护系统的性能。

确定载荷情况要以具体的装配、吊装、维修、运行状态或设计工况同外部条件的组合为依据,必须考虑具有合理出现概率的所有相关载荷情况,以及控制和保护系统的特性。

通常用于确定风力发电机组结构完整性的设计载荷情况,由下列组合进行计算。

(1) 正常设计工况和正常外部条件。

(2) 正常设计工况和极端外部条件。

(3) 故障设计工况和允许的外部条件。

(4) 运输、安装和维修设计工况和适当的外部条件。

设计工况是指在进行载荷设计时考虑的风力发电机组所处的状况。在每种设计工况中,至少要考虑的几种工况为发电、发电和故障、起动、正常关机、应急关机、停机(静止或空转)、停机和故障状态及运输组装维护和修理等 8 种设计工况。故障设计工况是指有故障出现的设计工况。

风力发电机组所受外部条件有正常外部条件和极端外部条件两种情形。正常外部条件一般涉及的是长时期的结构受载和运行状态;而极端外部条件是罕见的,但它是潜在的临界外部设计条件。外部条件的影响是指环境、电力和土壤等条件。环境和电力会影响到机组的受载、耐久性和运行状况。环境条件可进一步分为风况和其他外部条件;电力条件是指电网的状况;土壤特性关系到风力发电机组的基础设计。其中,风况是结构完整性设计中主要考虑的外部条件。

从载荷和安全角度考虑,风况可分为风力发电机组正常运行期间频繁出现的正常风况

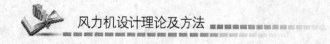

及按 1 年或 50 年重复周期确定的极端风况。

5.2.4　叶片材料

风力发电机组风轮叶片材料从 20 世纪七八十年代主要使用的钢材、铝材或木材，一直发展到目前的玻璃纤维和碳纤维这两种叶片制造中最为重要的材料。每种材料的使用都各自有其使用范围和各自的优势与不足。下面简单说明这些主要材料的特点。

1. 木制叶片及布蒙皮叶片

近代的微、小型风力发电机也有采用木制叶片的，有一定强度，但加工时间长，不易做成扭曲型，适合中、小型单套叶片的生产。大、中型风力发电机很少用木制叶片，采用木制叶片的也是用强度很好的整体木方做叶片纵梁来承担叶片在工作时所必须承担的力和弯矩。

2. 钢梁玻璃纤维蒙皮叶片

叶片在近代采用钢管或 D 型钢做纵梁，钢板做肋梁，内填泡沫塑料外覆玻璃钢蒙皮的结构形式，一般在大型风力发电机上使用。叶片纵梁的钢管及 D 型钢从叶根至叶尖的截面应逐渐变小，以满足扭曲叶片的要求并减轻叶片重量，即做成等强度梁。

3. 铝合金等弦长挤压成型叶片

用铝合金挤压成型的等弦长叶片易于制造，可连续生产，又可按设计要求的扭曲进行扭曲加工，叶根与轮毂连接的轴及法兰可通过焊接或螺栓连接来实现。铝合金叶片重量轻、易于加工，但不能做到从叶根至叶尖渐缩的叶片，因为目前世界各国尚未解决这种挤压工艺。

4. 玻璃钢叶片

所谓玻璃钢(Glass Fiber Reinforced Plastic，GFRP)就是环氧树脂、不饱和树脂等塑料渗入长度不同的玻璃纤维或碳纤维而做成的增强塑料。增强塑料强度高、重量轻、耐老化，表面可再缠玻璃纤维及涂环氧树脂，其他部分填充泡沫塑料。玻璃纤维的质量还可以通过表面改性、上浆和涂覆加以改进。LM 玻璃纤维公司现致力于开发长达 54m 的全玻纤叶片，其单位 kWh 成本较低。

5. 玻璃钢复合叶片

20 世纪末，世界工业发达国家的大、中型风力发电机产品的叶片，基本上采用型钢纵梁、夹层玻璃钢肋梁及叶根与轮毂连接用金属结构的复合材料做叶片。风力发电转子叶片用的材料根据叶片长度不同而选用不同的复合材料，目前最普遍采用的是玻璃纤维增强聚酯树脂、玻璃纤维增强环氧树脂和碳纤维增强环氧树脂。美国的研究表明，采用射电频率等离子体沉积去涂覆 E−玻纤，其耐拉伸疲劳就可以达到碳纤维的水平，而且经这种处理后可以降低能实际上导致损害的纤维间的微振磨损。LM 玻璃纤维公司进一步开发以玻璃钢为主，在横梁和叶片端部只少量选用碳纤维的 61m 大型叶片，以发展 5MW 的风力机。

6. 碳纤维复合叶片

随着发电单机功率的增大，要求叶片长度不断增加，其在风力发电上的应用也将会不断扩大。对叶片来讲，刚度也是一个十分重要的指标。研究表明，碳纤维（Carbon Fiber，CF）复合材料叶片的刚度是玻璃钢复合叶片的2至3倍。虽然碳纤维复合材料的性能大大优于玻璃纤维复合材料，但价格昂贵，影响了它在风力发电上的大范围应用。因此，全球各大复合材料公司正在从原材料、工艺技术、质量控制等各方面深入研究，以求降低成本。

因此，传统的风力发电机叶片一般采用玻璃钢强化塑料（GFRP）制作。玻璃纤维使用的多元脂或环氧树脂产量大，价格便宜。玻璃钢强化塑料由于刚度和强度的限制，使大型风力发电机组叶片质量太重，导致制造、运输和安装的困难。20世纪90年代末，随着发电单机功率的增大，要求叶片长度不断增加，叶片采用E-玻纤增强塑料，该叶片就是环氧树脂、不饱和树脂等塑料渗入长度不同的玻璃纤维或碳纤维而做成的增强塑料，其强度高、重量轻、耐老化。当前叶片已开始采用碳纤维复合材料CF，该叶片刚度是玻璃钢复合叶片的2~3倍，而碳纤维强化塑料（CFRP）的刚度是玻璃钢强化塑料的3倍，质量比玻璃钢强化塑料减少一半，疲劳特性也优于玻璃钢强化塑料，使用寿命更长。为了满足风力发电机组风轮叶片的使用要求，目前玻璃纤维也在发生技术革新。例如，欧文斯科宁开发的WindStrand新一代增强型玻璃纤维，可以在不增加叶片成本的情况下提高叶片的性能。爱尔兰Gaoth风能公司与日本三菱重工和美国Cyclics公司已开始研制低成本热塑性复合材料叶片。

具体选用叶片材料时应主要考虑4个原则。

（1）材料应有足够的强度和寿命，疲劳强度要高，静强度要适当。

（2）必须有良好的可成型性和可加工性。

（3）密度低，硬度适中，重量轻。

（4）材料的来源充足，运输方便，成本低。

在我国北方地区，尤其是小型风力机的设计中，叶片往往采用以木材为芯，外包若干层玻璃钢。木材选用产于内蒙东北部及黑龙江省等地的樟松。樟松质地坚硬，许用应力比较大；它既可以达到所要求的强度和刚度，又降低了成本，还减少了破损丢弃后的污染。玻璃钢采用无碱玻璃纤维，其抗拉强度为3120MPa，介电常数低，绝缘强度高，抗疲劳强度高，尺寸稳定性好，化学稳定性好，耐候性好。无碱玻璃纤维的一系列优异性能使它成为近代工业应用广泛的增强材料。

复合材料在风力发电机组风轮叶片中的大量采用，促进了叶片材料向低成本、高性能、轻量化、多翼型、柔性化的方向发展。此外，根据风力发电机组风轮叶片长度的不同，叶片所选用的复合材料也有所不同。美国的实验研究表明，5MW以上风力发电机组风轮叶片应以玻璃钢为主，在横梁和叶片端部少量选用碳纤维，这样加工出的叶片性价比较好。丹麦的LM公司已开始研究风力发电机组风轮叶片专用翼型，从改变空气动力特性和叶片的受力状况出发，增加叶片运行的可靠性和对风的捕获能力。丹麦的Vestas公司研究柔性叶片，其在风况变化时能够改变它们的空气动力型面。

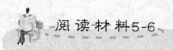

玻璃钢的由来

玻璃纤维增强塑料也称树脂复合材料（Resin Matrix Composite），俗称"玻璃钢"，是目前技术比较成熟且应用最为广泛的一类复合材料。这种复合材料是用短切的或连续纤维及其织物增强热固性或热塑性树脂基体经复合而成。

树脂基复合材料最早于1932年在美国出现，在最初的几年中，这种材料主要应用于军事领域。比如，1938年欧文斯·康宁玻璃纤维公司成立，这是世界上第一家玻璃纤维企业。1940年，美国军方以手糊成型制成了玻璃纤维增强聚酯的军用飞机雷达罩。1944年3月，美国军方在来特伯特空军基地试飞成功一架以玻璃纤维增强树脂为机身和机翼的飞机。

第二次世界大战以后，这种材料的应用范围开始从军用逐渐向民用扩展。1950年，真空袋和压力袋成型工艺研究成功，采用玻璃纤维增强塑料制成的直升机螺旋桨也在这一年问世。

1961年，片状模塑料（Sheet Moulding Compound，SMC）在法国问世，利用这种技术可制成大幅表面光洁，尺寸、形状稳定的制品，如汽车、船的壳体以及卫生洁具等大型制件，从而更扩大了树脂基复合材料的应用领域。

1970年，树脂反应注射成型（Reaction Injection Moling，RTM）和增强树脂反应注射成型（Reinforced Reaction Injection Moling，RRTM）技术研究成功，进一步改善了手糊工艺，使产品两面光洁，大量应用于卫生洁具和汽车零部件的生产。

从20世纪70年代开始，人们在不断开辟玻纤—树脂复合材料新用途的同时，也逐渐发现了这类复合材料的比刚度、比强度还不够理想，满足不了对重量敏感、强度和刚度要求很高的尖端技术的要求。因而人们又开发了一批如碳纤维、碳化硅纤维、氧化铝纤维、硼纤维、芳纶纤维、高密度聚乙烯纤维等高性能增强材料，并使用高性能树脂、金属与陶瓷为基体，制成先进复合材料（Advanced Composite Materials，ACM）。这种先进复合材料具有比玻璃纤维复合材料更好的性能，是用于飞机、火箭、卫星、飞船等航空航天飞行器的理想材料。

1980年以后，先进复合材料在航空、航天等领域得到了较为广泛的应用。其中有3项成果特别值得注意。

"里尔芳2100号"八座商用飞机：这架飞机全部采用碳纤维复合材料制作而成，飞机全部重量仅为567kg，它以结构小巧、重量轻而称奇于世。

"哥伦比亚"号航天飞机：这架航天飞机长18.2m、宽4.6m的主货舱门使用碳纤维环氧树脂制作而成，各种压力容器采用凯芙拉纤维环氧树脂制造，主机身隔框和翼梁使用的是硼—铝复合材料，发动机的喷管和喉衬使用碳—碳复合材料制造，发动机组的传力架全部采用硼纤维增强钛合金复合材料制成，机身上的防热瓦片是耐高温的陶瓷基复合材料。在这架代表近代最尖端技术成果的航天飞机上使用了树脂、金属和陶瓷基复合材料。

波音-767大型客机：这架可载80人的客运飞机使用了先进复合材料作为主承力结构，使用碳纤维、有机纤维、玻璃纤维增强树脂以及各种混杂纤维的复合材料制造了机翼削缘、压力容器、引擎罩等构件，不仅使飞机结构重量减轻，还提高了飞机的各种飞行性能。

从 20 世纪 90 年代开始，玻璃钢开始大量应用在民用建筑领域。

20 世纪 90 年代初，玻璃钢门窗迅速扩展到美国、俄罗斯、德国、日本等国家。同期，我国也开始自行研制玻璃钢门窗，1994 年，我国从美国引进玻璃钢门窗生产设备。

进入 21 世纪以后，以玻璃钢门窗为代表的玻璃钢产品在建筑领域得到了更为广泛的应用。尤其是玻璃钢门窗，它在许多国家都被当作未来主要的门窗种类而得到了大量应用。

玻璃钢从问世到现在也不过几十年的时间。但就是在这短短的几十年时间内，玻璃钢在性能、应用领域等方面都有了较大幅度的进步。可以预见，作为一种在军事领域得到了广泛应用的复合材料，玻璃钢在建筑领域的前景也一定非常广阔。

5.2.5 叶片的加工工艺

传统复合材料风力发电机叶片多采用手糊工艺（Hand Lay-up）制造。手糊工艺的主要特点在于手工操作、工艺简单、不需要昂贵设备、开模成型（成型工艺中树脂和增强纤维需完全暴露于操作者和环境中）、生产效率低以及树脂固化程度（树脂的化学反应程度）往往偏低，适合产品批量较小、质量均匀性要求较低的复合材料制品的生产。因此手糊工艺生产风力机叶片的主要缺点是产品质量对工人的操作熟练程度及环境条件依赖性较大，生产效率低和产品的质量均匀性波动较大，产品的动静平衡保证性差，废品率较高。特别是对高性能的复杂气动外型和夹芯结构叶片，还往往需要粘接等二次加工，粘接工艺需要粘接平台或成型架以确保粘接面的贴合，生产工艺更加复杂和困难。手糊工艺制造的风力发电机叶片在使用过程中出现的问题往往是由于工艺过程中的含胶量不均匀、纤维/树脂浸润不良及固化不完全等引起的裂纹、断裂和叶片变形等。此外，手糊工艺往往还会伴有大量有害物质和溶剂的释放，有一定的环境污染问题。因此，目前国外的高质量复合材料风力机叶片往往采用 RIM（聚氨酯反应注射成型）、RTM（环氧树脂反应成型）、缠绕及预浸料/热压工艺制造。其中 RIM 工艺投资较大，适宜中小尺寸风力机叶片的大批量生产（产量大于50000 片/年）；RTM 工艺适宜中小尺寸风力机叶片的中等批量生产（产量为 5000～30000片/年）；缠绕及预浸料/热压工艺适宜大型风力机叶片的小批量生产。

RTM 工艺的主要原理为首先在模腔中铺放好按性能和结构要求设计好的增强材料预成型体（Preform），采用注射设备将专用低黏度注射树脂体系注入闭合模腔，模具具有周边密封和紧固以及注射及排气系统以保证树脂流动顺畅并排出模腔中的全部气体和彻底浸润纤维，并且模具有加热系统可进行加热固化而成型复合材料构件，其主要特点有以下几个。

（1）闭模成型，产品尺寸和外型精度高，适合成型高质量的复合材料整体构件（整个叶片一次成型）。

（2）初期投资小（与 SMC 及 RIM 相比）。

（3）制品表面光洁度高。

（4）成型效率高（与手糊工艺相比），适合成型年产 20000 件左右的复合材料制品。

（5）环境污染小（有机挥发份小于 50ppm，是唯一符合国际环保要求的复合材料成型工艺)。

由此可以看出，RTM工艺属于半机械化的复合材料成型工艺，工人只需将设计好的干纤维预成型体放到模具中并合模，随后的工艺则完全靠模具和注射系统来完成和保证，没有任何树脂的暴露，并因而对工人的技术和环境的要求远远低于手糊工艺并可有效地控制产品质量。RTM工艺采用闭模成型工艺，特别适宜一次成型整体的风力发电机叶片(纤维、夹芯和接头等可一次模腔中共成型)，而无需二次粘接。与手糊工艺相比，不但节约了粘接工艺的各种工装设备，而且节约了工作时间，提高了生产效率，降低了生产成本。同时由于采用了低黏度树脂浸润纤维以及采用加温固化工艺，大大提高了复合材料的质量和生产效率。RTM工艺生产较少地依赖工人的技术水平，工艺质量仅仅依赖确定好的工艺参数，产品质量易于保证，产品的废品率低于手糊工艺。

RTM工艺与手糊工艺的区别还在于，RTM工艺的技术含量高于手糊工艺。无论是模具设计和制造、增强材料的设计和铺放、树脂类型的选择与改性、工艺参数(如注射压力、温度、树脂黏度等)的确定与实施，都需要在产品生产前通过计算机模拟分析和实验验证来确定，从而有效保证质量的一致性。这对生产风力发电机叶片这样的动部件十分重要。

因此，由以上的分析和比较可看出，采用复合材料RTM树脂传递模塑工艺技术替代风力发电机叶片手工制造工艺，具有生产效率高、产品质量好、力学性能强等特点。同时可极大减少树脂的有害成分挥发对人体和环境造成的危害，是当前风力发电机叶片制造技术的主要发展方向。该技术的应用可基本解决目前手工糊制叶片制造工艺中存在的技术和质量问题，是产品更新换代和占领市场的关键技术。

5.3 风力发电机叶片设计举例

这里简单介绍一种以年发电量为优化目标，以展弦比、实度等外形约束条件和损失系数、轴向和切向诱导因子等气动约束条件下的优化设计方法。

5.3.1 综合优化目标

风力发电机组的任务就是要把风场风能按照设计要求转化为电能。国标"GB/T 20319—2006风力发电机组验收规范"中规定了风力发电机安装调试后验收的统一规范，其中电能就是一项重要技术指标。

参考国标"GB/T 18451.2—2003/IEC 61400—12：1998"和"JB/T 10300—2001"的相关规定，确立如下综合优化目标函数

$$maxAEP = N_h \sum_{i=1}^{n} [F(v_i) - F(v_{i-1})] \cdot \left(\frac{P(v_i) + P(v_{i-1})}{2} \right) \tag{5-93}$$

式中，AEP 为年平均发电量(kWh)；N_h 为年内的小时数(h)；$F(v)$ 为Weibull分布函数；$P(v)$ 为风力发电机组输出功率(W)；v_i 为第 i 个风速值，$i=1, 2, \cdots, n$。

可以看出，风力发电机组的发电量由风场特点和机组输出功率特性决定。

综合优化目标是整个机组所要实现的目标。对于叶片设计而言，主要是从叶片的气动性能来评价其优劣。由动量叶素理论和片条理论，当每个叶素的功率系数最高时，就使得整个风轮的 C_p 值最高。由此叶片气动参数所要达到的目标函数为

$$\max dC_p = \frac{8}{\lambda_0^2} b(1-a) F \lambda^n \, d\lambda \qquad (5-94)$$

从而得到叶片优化设计时要达到的目标函数有式(5-93)和式(5-94)两个函数。

5.3.2 约束条件

1. 综合约束条件

风场风况是由自然环境决定的，准确地描述风场风速分布是计算和评价风电机组发电量的基础和前提条件。

对于目标函数式(5-93)中的风速分布函数，常用的有 RayLeigh 分布和 Weibull 分布，而实际中主要采用 Weibull 分布。

$$F(v) = 1 - \exp\left[-\left(\frac{v}{c}\right)^k\right], \quad v > 0 \qquad (5-95)$$

式中，v 为风速(m/s)；$F(v)$ 为风速 v 的 Weibull 分布函数；c 为尺度参数(m/s)；k 为形状参数。

明确了风速分布以后，针对这种分布规律设计满足额定功率要求的风力发电机组。对于变桨距风力机而言，当风速达到额定风速后，由于控制系统的作用，使机组以额定功率输出，当风速小于额定风速时，利用片条理论，得到每个叶素处的功率

$$dP = 4\pi\rho v \Omega^2 (1-a) b F r^3 \, dr \qquad (5-96)$$

式中，ρ 为风场空气密度(kg/m³)；v 为实际风速(m/s)；Ω 为风轮旋转角速度(rad/s)；a 为轴向诱导因子；b 为切向诱导因子；F 为损失系数；r 为叶素所在截面的半径。

由于桨叶两面的气压差异，在桨叶尖端和根部气流会沿叶片产生二次流动，从而引起力矩的减小。由于叶尖处的叶素受力对整个风力机性能的影响很大，所以叶尖损失不容忽视。Prandtl 对叶尖区的流动和轮毂对气流的影响作了分析研究，定义了叶尖损失系数和轮毂损失系数

$$F_t = \frac{2\cos^{-1}\left[e^{-\frac{B(R-r)}{2R\sin\phi}}\right]}{\pi} \qquad (5-97)$$

$$F_h = \frac{2\cos^{-1}\left[e^{-\frac{B(r-r_{hub})}{2r_{hub}\sin\phi}}\right]}{\pi} \qquad (5-98)$$

式中，F_t 为叶尖损失系数；F_h 为轮毂损失系数；r 为叶素所在处半径(m)；ϕ 为叶素处风向角(°)；B 为叶片数；r_{hub} 为轮毂半径(m)；R 为风轮半径(m)。

这样便得到总的损失系数 F

$$F = F_t \times F_h \qquad (5-99)$$

对式(5-96)沿叶片展向求积分就得到风速 v 小于额定风速时的功率，从而得到整个生存风速范围内功率的计算表达式

$$P(v) = \begin{cases} 0, & 0 \leqslant v < v_{in} \\ \displaystyle\int_{r_{hub}}^{R} dP, & v_{in} \leqslant v \leqslant v_r \\ P_r, & v_r \leqslant v \leqslant v_{out} \\ 0, & v > v_{out} \end{cases} \qquad (5-100)$$

式中，v 为风速（m/s）；v_{in}、v_{out}、v_r 为切入、切出、额定风速（m/s）。

与此对应的功率系数为

$$C_p = \begin{cases} \displaystyle\iint \mathrm{d}C_p, & v_{in} \leqslant v \leqslant v_r \\[2mm] \dfrac{P}{2\rho_0 A v^3}, & v_r \leqslant v \leqslant v_{out} \end{cases} \tag{5-101}$$

式中，$\mathrm{d}C_p$ 为叶素处功率系数；ρ_0 为标准状态下空气密度，$1.225\mathrm{kg/m^3}$；A 为风轮扫掠面积（$\mathrm{m^2}$）。

上述式（5-95）到式（5-101）就构成了综合优化的约束条件。

2. 气动约束条件

在求解上述气动优化目标时，要求满足如下能量方程

$$b(1+b)\lambda^2 = a(1-a) \tag{5-102}$$

此外，气动优化目标函数中的各项参数还应满足如下关系式

$$\tan\phi = \frac{v(1-a)}{\Omega r(1+b)} = \frac{1}{\lambda} \times \frac{1-a}{1+b} \tag{5-103}$$

$$\frac{BcC_L}{r} = \frac{8\pi a F(1-aF)}{(1-a)^2} \times \frac{\sin^2\phi}{\cos\phi} \tag{5-104}$$

$$\beta = \phi - \alpha \tag{5-105}$$

$$\begin{cases} a = \dfrac{g_1}{1+g_1} \\[3mm] g_1 = \dfrac{Bc}{2\pi r} \cdot \dfrac{(C_L\cos\phi + C_D\sin\phi)}{4F\sin^2\phi} \times H \\[3mm] H = \begin{cases} 1.0, & a \leqslant 0.3539 \\[2mm] \dfrac{4a(1-a)}{0.6+0.61a+0.79a^2}, & a > 0.3539 \end{cases} \end{cases} \tag{5-106}$$

$$\begin{cases} b = \dfrac{g_2}{1+g_2} \\[3mm] g_2 = \dfrac{Bc}{2\pi r} \times \dfrac{+C_L\sin\phi - C_D\cos\phi}{4F\sin\phi\cos\phi} \end{cases} \tag{5-107}$$

由于叶片具有一定的厚度和宽度，使得轴向和周向速度都会发生改变，尤其在展弦比小、实度大的风力机中影响更大。叶栅理论给出了这种影响导致攻角的改变量

$$\Delta\alpha_1 = \frac{1}{4}\left(\tan^{-1}\frac{1-a}{\lambda(1+2b)} - \tan^{-1}\frac{1-a}{\lambda}\right) \tag{5-108}$$

$$\Delta\alpha_2 = \frac{4}{15} \times \frac{\dfrac{1}{\lambda} \cdot \dfrac{Bcr}{\pi R^2}}{\left(\dfrac{1}{\lambda}\right)^2 + \left(\dfrac{r}{R}\right)^2} \times \frac{t_{max}}{c} \tag{5-109}$$

式中，$\Delta\alpha_1$、$\Delta\alpha_2$ 分别是由于叶片宽度和厚度引起的攻角改变量；t_{max} 为叶素处翼型的最大厚度。

总的攻角改变量为

$$\Delta\alpha = \Delta\alpha_1 + \Delta\alpha_2 \tag{5-110}$$

从式（5-102）到式（5-110）就构成了叶片气动优化设计中的约束条件。

3. 修形约束条件

以展弦比为关键约束变量，以气动优化约束条件下得到的外形参数为初值，以一定展弦比要求修正弦长及其他参数。具体约束如下

$$Spr\text{min} \leqslant Spr \leqslant Spr\text{max} \quad (5-111)$$

$$\beta_{tip} = \beta_n \leqslant \beta_{n-1} \leqslant \cdots \leqslant \beta_1 = \beta_{root} \quad (5-112)$$

$$\begin{cases} h_{tbtip} = h_{tbn} \leqslant h_{tbn-1} \leqslant \cdots \leqslant h_{tb1} = h_{tbroot} = D_{yb} \\ h_{tbi} \geqslant h_{ti} \quad i=1,2,\cdots,n \end{cases} \quad (5-113)$$

式中，$Spr\text{min}$、$Spr\text{max}$ 为指定的最小和最大展弦比；β_{root}、β_{tip}、β_i 分别为叶根、叶尖和截面 i 处的扭角；h_{tbroot}、h_{tbtip}、h_{tbi} 分别为叶根、叶尖和截面 i 处的厚度；D_{yb} 为叶根处叶柄的直径；h_{ti} 为第 i 个截面处满足许用应力要求的最小厚度。

5.3.3 算法的实现

上述给出的数学模型，作为约束优化问题，可以用 DSFD 复合形算法、罚函数、ECGA 遗传算法等优化方法实现。为了便于理解设计思路及各个截面参数的变化情况，这里采用枚举法结合程序设计中的循环结构，用计算机程序设计语言高级如 Visual Basic 编程求解。具体的流程图如图 5.55 所示。

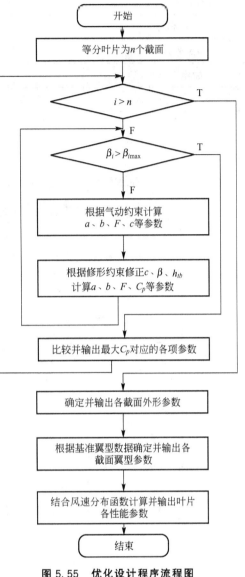

图 5.55 优化设计程序流程图

5.3.4 叶片优化设计实例

参考国外某公司 1.5MW 风力机的基本参数，应用文中给出的优化设计方法，结合内蒙古新巴尔虎旗的风况，给出表 5-16 的设计参数。

表 5-16 基本设计参数

名称	取值	名称	取值
weibull 尺度参数 c/(m/s)	3.33	空气密度/(kg·m³)	1.225
weibull 形状参数 k	1.2	切入风速/(m/s)	4
参考高度/m	80～100	切出风速/(m/s)	25

（续）

名称	取值	名称	取值
额定风速/(m/s)	12	展弦比	19～21
额定功率/MW	1.5	实度/%	4～5
风轮直径/m	77	轮毂直径/m	3.4
风轮转速/(r/min)	12.9	翼型系列	NACA63
叶片数/枚	3		

应用 Visual Basic 编制程序，可以得到叶片外形修正后的结果，如图 5.56 和图 5.57 所示。

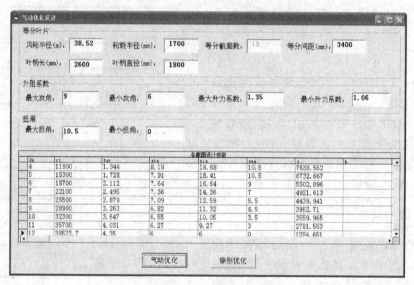

图 5.56　叶片气动优化设计窗口

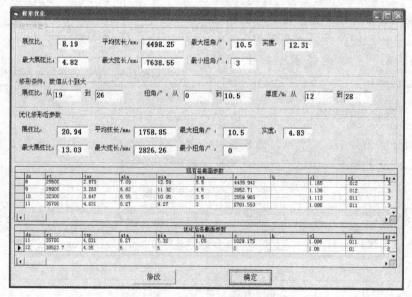

图 5.57　叶片修形优化设计窗口

应用这一软件设计出的 1.5MW 风力机的弦长、扭角、相对厚度等外形参数结果如图 5.58～图 5.60 所示。

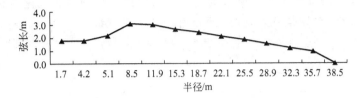

图 5.58 1.5MW 风力机的叶片弦长

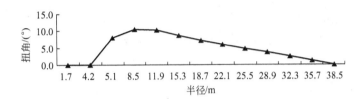

图 5.59 1.5MW 风力机的叶片扭角

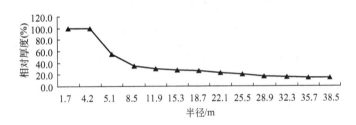

图 5.60 1.5MW 风力机的叶片相对厚度

5.3.5 外形坐标设计

叶片外形主要是弦长、安装角和翼型这 3 种参数。在加工制作时还需要给出这 3 种参数的坐标值。在风力发电系统中有 3 种坐标系统。

叶片坐标系。叶片坐标系的原点在叶片根部且随风轮旋转，XB 轴的正向顺着风向，ZB 轴沿叶片伸向，指向叶尖，YB 轴方向按右手坐标系法则确定。

轮毂坐标系。轮毂坐标系的原点在转动中心且不随风轮转动，XH 轴的正向顺着风向，ZH 轴垂直向上，YH 轴方向按右手坐标系法则确定。

塔架坐标系。塔架坐标系的原点在风轮旋转轴线和塔架的中心线的交点，且不随风轮转动，XT 轴顺着风向，ZT 轴垂直向上，YT 轴方向按右手坐标系法则确定。

这里给出叶片设计加工时的坐标参数，不考虑风速方向。

1. 外形弦长坐标

弦长所在坐标系是通过轮毂中心，与风轮旋转轴垂直的平面上，以轮毂中心为原点；以叶片各截面翼型气动中心连线为 x 轴、沿叶片根部向叶片尖部伸展方向为 x 轴正方向；以通过原点垂直于 x 轴向上的直线为 y 轴。

一般而言，翼型的气动中心位于 $1/4\sim1/3$ 弦长处。这样就得到在这个平面上各个截面的弦长。这个截面也就是风轮旋转平面在通过轮毂中心垂直旋转轴的平面上的投影。

以 Wilson 设计法得到的外形结果为例，适当修正后得到弦长的坐标值如图 5.61 所示。其中 ybu 和 ybd 分别是叶片弦长位于 x 轴上下方的坐标。

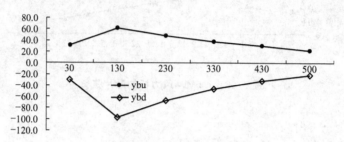

图 5.61　叶片弦长坐标

2. 外形翼型坐标

前面确定的弦长坐标是在投影平面内的坐标。实际上叶片各个截面都有一定的扭角，是立体结构，实际的弦长即翼弦长度是这个弦长与该截面扭角的余弦的比值。仍然以 Wilson 设计法得到的外形结果为例，得到翼弦长度见表 5-17。

表 5-17　安装角及弦长

截面	半径/mm	安装角 β(°)	弦长 c/mm	翼弦长/mm
$A-A$	30	40.0	94.9	123.9
$B-B$	130	31.5	199.4	233.8
$C-C$	230	22.0	200.7	216.5
$D-D$	330	16.0	146.3	152.2
$E-E$	430	10.5	93.7	95.3
$F-F$	500	0.0	16.6	16.6

如果选用的是标准翼型，那么按照翼型坐标和翼弦长就可以得到该截面翼型的坐标。给出的标准翼型坐标是以弦长为标准得到的各个点与弦长的百分比值，计算实际坐标值时就是用这个标准坐标值乘以弦长再除以 100。以 NACA63$_2$-615 为例，在表 5-17 中给出的截面 $C-C$ 的翼弦长为 216.5mm，那么该截面的翼型坐标见表 5-18。

表 5-18　截面 $C-C$ 的翼型坐标

xu	yu	xd	yd
0.000	0.000	0.000	0.000
0.444	2.851	1.721	-2.202
0.905	3.538	2.343	-2.628
1.875	4.674	3.538	-3.284
4.438	6.774	6.387	-4.358
9.725	9.872	11.925	-5.768

（续）

xu	yu	xd	yd
15.097	12.269	17.378	−6.761
20.509	14.241	22.791	−7.526
31.401	17.342	33.549	−8.599
42.343	19.628	44.257	−9.288
53.313	21.282	54.937	−9.656
64.301	22.367	65.600	−9.740
75.316	22.921	76.256	−9.541
86.290	22.945	86.910	−9.032
97.278	22.481	97.572	−8.257
108.250	21.594	108.250	−7.266
119.201	20.336	118.949	−6.112
130.127	18.760	129.673	−4.956
141.026	16.906	140.424	−3.527
151.894	14.824	151.206	−2.197
162.728	12.557	162.022	−0.931
173.531	10.160	172.869	0.180
184.300	7.697	183.750	1.046
195.043	5.192	194.657	1.524
205.766	2.695	205.584	1.409
216.500	0.000	216.500	0.000

在实际设计中通常要对标准翼型进行修改，如本章5.2节介绍的对翼型的厚度和弯度进行修改的方法。这里仅以修改厚度为例介绍修改后翼型坐标的确定方法。

根据本章5.2节介绍的公式(5-20)，为便于计算修改后坐标，可以变型为

$$y'_u(x) = y_u(x) \times \frac{1+k_t}{2} + y_d(x) \times \frac{1-k_t}{2}$$

$$y'_d(x) = y_d(x) \times \frac{1+k_t}{2} + y_u(x) \times \frac{1-k_t}{2} \tag{5-114}$$

仍然以截面 C-C 为例，如果取修厚因子为 $k_t = 1.2$，则修正后翼型坐标见表5-19。

表5-19 截面 C-C 修厚后的翼型坐标

xu′	yu′	xd′	yd′
0.000	0.000	0.000	0.000
0.444	3.357	1.721	−2.707
0.905	4.154	2.343	−3.245
1.875	5.470	3.538	−4.080
4.438	7.888	6.387	−5.471
9.725	11.436	11.925	−7.332

（续）

xu′	yu′	xd′	yd′
15.097	14.172	17.378	−8.664
20.509	16.418	22.791	−9.702
31.401	19.936	33.549	−11.193
42.343	22.519	44.257	−12.179
53.313	24.376	54.937	−12.750
64.301	25.577	65.600	−12.951
75.316	26.167	76.256	−12.787
86.290	26.142	86.910	−12.230
97.278	25.555	97.572	−11.331
108.250	24.480	108.250	−10.152
119.201	22.981	118.949	−8.757
130.127	21.131	129.673	−7.327
141.026	18.950	140.424	−5.570
151.894	16.526	151.206	−3.900
162.728	13.906	162.022	−2.280
173.531	11.158	172.869	−0.818
184.300	8.362	183.750	0.381
195.043	5.558	194.657	1.157
205.766	2.824	205.584	1.281
216.500	0.000	216.500	0.000

如果厚度和弯度都需要修正，可以利用类似方法得到修正后的翼型坐标。

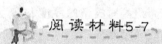
阅读材料5-7

风力机叶片制造巨头——丹麦LM公司

全球风电叶片三大制造商是丹麦的 LM 公司、Vestas 风力系统公司和德国的 Enercon 公司，占据全球风轮叶片市场60％以上的份额，其中丹麦的 LM 公司就占据了30％的份额，成为独立大型叶片制造企业中领头的风力机叶片制造商，并且是唯一以全球基础运营的供应商。这意味着全球运行的风力发电机，每3台就有一台配装该公司的叶片。

LM 公司通过产品技术的创新、提高生产能力和强化市场销售，进一步提高其全球风力机叶片的领导地位，截至 2008 年，LM 叶片公司在全球的生产基地已经达到了 12 个，分别位于丹麦德国、荷兰、西班牙、中国、印度、加拿大和美国。

其中在我国建立的生产基地分别位于乌鲁木齐、天津和秦皇岛，丹麦的 LM 公司 2001 年在天津投资成立了专门生产风力发电机叶片的独资企业——艾尔姆玻璃纤维制造品(天津)有限公司，作为中国第一家跨国叶片制造工厂。伴随着中国风能市场的急剧发展和实际需要，首期投资 700 万美元后，LM 公司对天津工厂不断追加投资。生产的叶片规格由原来的最长31米发展到37米，主要用于中国未来主流机型1.5MW风力发电机组的装配。

2007年，艾尔姆玻璃纤维制品(新疆)有限公司在乌鲁木齐市经济技术开发区成立。公司占地面积120000平方米，为艾尔姆公司的全资子公司，由艾尔姆公司独立管理。

艾尔姆风能叶片制品(秦皇岛)有限公司是由艾尔姆风能叶片制品有限公司(LM Wind Power A/S)在秦皇岛开发区设立的全资子公司，是艾尔姆公司在中国的第3家工厂，目前约有员工560人，投资总额为人民币三亿四百万元，注册资本人民币一亿五百万元。厂区面积为20万平方米。秦皇岛工厂从事开发、生产和销售树脂基复合材料叶片及零部件和相关技术服务，拟定经营期限为50年。秦皇岛工厂于2010年底完成所有的项目建设，项目完成后可以实现3个车间9套模具同时进行生产，可以为中国的风电行业市场提供有力的支持。

LM公司的叶片包括多种系列，长度变化从12米到61.5米。因此适用于各种型号的风力机，从250kW到5MW，包括先进的海上风力机叶片。产品包括定桨距叶片，变桨距叶片，主动失速型以及供连续或变动转速的风力机使用的叶片。值得一提的是，标准产品范围内的叶片可以为客户量身定做，LM公司还可以为客户特别开发新产品。

5.4 风力机其他组件的设计方法

对于小型风力发电机而言，除叶片和发电机之外主要是轮毂、逆变器、蓄电池和塔架的设计；对于大型风电机组而言，还需要考虑用于大型机组的发电机、轮毂、桨距机械系统、机舱结构、偏航机械系统、控制系统等部件的设计。

5.4.1 发电机

1. 发电机的选型

在风力发电机组的设计中，对于水平轴风力发电机来讲，由于发电机要安装在距地面十几米到几十米高的塔架上方，和机舱一起随风转动，因此，在发电机的设计选型中需要满足很多条件，其中，需要遵循的总的原则如下。

第一，发电机应尽量是多极发电机，额定转速较低，以有效地降低增速比，使增速传动少、齿轮少、重量轻、体积小。比如设计32极对64极发电机，在交流电频率为50Hz时同步额定转速是93.75r/min，如果风力发电机风轮额定转速是60r/min，那么增速比是1.5625；而美国MOD-1型2000kW风力发电机的发电机是1800r/min的额定转速，增速器的增速比达51，增速器体积大、重量大。再比如，设计64极对128极发电机，交流频率50Hz时同步转速是46.875r/min，这样转速的发电机有可能和风力机直接连接，从而省掉了增速器。在设计发电机或设计者对发电机选型时，要尽量设计或选用多级低转速的发电机，使增速比小或能达到直连省去增速器的条件，这样既能降低制造成本，又能降低或省去对增速器的维护费用，使用户降低使用成本。

第二，由于发电机安装在很高的随风向转动的机舱里，要求发电机结构简单、质量轻、可靠性高、寿命长。

第三，应充分重视发电机的生产制造成本，应采用最先进的技术、材料、工艺而以最低的生产成本生产。

第四，统筹兼顾。现代计算机技术的发展已经使风力发电机达到完全自动控制现场无人值守的程度，虽然风的随机性很大，但风轮调速在计算机的控制下已可以稳定可靠运转。风力发电机单机使用的前景广阔，比如单机为北方冬季大棚温室地热线提高地温时提供电力，对于电压、频率要求不那么严格，对于发电机要求也就不用很严格了。对于海岛渔民、风能资源丰富地区的牧民及贫困地区的农民等用户的生产、生活用电，是采用经逆变达到供电要求的直流发电机，还是采用计算机控制或经调速装置调速使交流稳定在一定范围的交流发电机，要根据使用者的实际条件，综合分析后决定采用什么类型的发电机。

设计者要根据风力发电机的用途、要求及发电机制造厂的条件综合设计，或者提出发电机的各项参数、技术任务书等技术文件为发电机制造、生产、检查、试验、验收等提供依据。

2. 发电机的基本结构及工作原理

发电机通常由定子、转子、端盖、机座及轴承等部件构成。定子由机座、定子铁心、线包绕组以及固定这些部分的其他结构件组成；转子由转子铁心（有磁扼、磁极绕组）、滑环（又称铜环或集电环）、风扇及转轴等部件组成。由轴承及端盖将发电机的定子、转子连接组装起来，使转子能在定子中旋转，做切割磁力线的运动，从而产生感应电势，通过接线端子引出，接在回路中，便产生了电流。

各种发电机的工作原理都是基于电磁感应定律和电磁力定律。也就是用适当的导磁和导电材料构成互相进行电磁感应的磁路和电路，以产生电磁功率，从而达到能量转换的目的。

3. 发电机的类型

发电机的类型很多，按照输出电流的形式可以分为直流发电机和交流发电机两大类。前者还可以分为永磁直流发电机和励磁直流发电机两种；后者又可分为同步发电机和异步发电机两种。

直流发电机从机理上也可分为两种。一种是永磁直流发电机，它的定子磁极是永磁体，转子绕组在磁场中转动产生的电流经换向器、碳刷输出直流电，电压分别为12V、24V、36V等，这种直流发电机常用在微、小型风力发电机上。另一种是励磁直流发电机，主要用于大、中型风力发电机。其定子磁极是由几组镶嵌在定子槽内的绕组通入直流电形成的，直流电输出与前者相向。图5.62所示是励磁直流发电机。

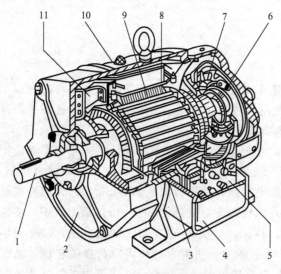

图5.62 励磁直流发电机

1—轴；2—端盖；3—换向极；4—出线盆；5—接线板；
6—换向器；7—刷架；8—主磁极；
9—电枢；10—机座；11—风扇

交流发电机是从定子绕组输出交流电。交流发电机的转子是旋转磁极，转子绕组通以直流电形成磁极，形成磁极的过程称为励磁。交流发电机的励磁方式有多种。图 5.63 是励磁交流发电机(也称为无刷交流发电机)的结构示意图。

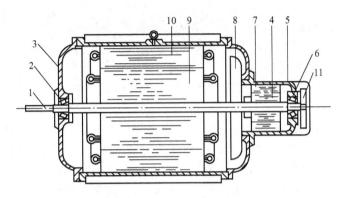

图 5.63　励磁交流发电机

1—轴；2—高速端轴承；3—端盖；4—励磁机转子；5—励磁机端盖；
6　低速端轴承；7—励磁机定子；8—发电机风扇；9—转子；10—定子；11—风扇

交流发电机有同步、异步、自动调频和永磁交流发电机等。交流发电机还可以分为单相、两相和三相交流发电机，其中，三相交流发电机用得比较广泛。

1) 同步发电机

当发电机转子被外动力(如风力机、水轮机、汽轮机等)拖动转动并对转子绕组通以励磁电流时，转动的转子与定子之间的气隙中就产生旋转磁场，它按正弦规律变化，称为主磁场。当主磁场切割定子绕组时，在定子的绕组中便产生正弦交流电动势。当发电机带上负载时，在定子绕组中通过的电流也在气隙中产生旋转磁场，称为定子磁场或电枢磁场。所谓同步发电机就是电枢磁场的旋转速度与主磁场的旋转速度始终保持相同，即始终同步的发电机。电枢磁场的旋转速度称为同步转速。假设同步发电机的转速为 n_d，发电机电动势的频率为 f，发电机的极对数为 P，则同步转速 n_d 为

$$n_d = \frac{60f}{P} \tag{5-115}$$

2) 异步发电机

交流发电机的电枢磁场的旋转速度落后于主磁场的旋转速度，这种交流发电机称异步交流发电机。异步发电机又称"感应发电机"。异步发电机的定子、转子结构与同步发电机相同，一般采用三相形式，只在某些小型同步发电机中的电枢绕组采用单相。

风力机为低速运转的动力机械，在风力机和异步发电机转子之间，经增速齿轮传动来提高转速以达到适合异步发电机运转的转速。与电网并联运行的发电机多采用 4 极或 6 极电机，使异步发电机的转速超过 1500r/min 或 1000r/min，风力发电机才能运行在发电状态。发电机极对数的选择与增速齿轮箱有密切关系，如果发电机的极对数少，则增速齿轮传动的速比增大，齿轮箱尺寸加大；相反，如果发电机的极对数多，则齿轮箱尺寸减小。国内外普遍采用异步发电机，但异步发电机在并网瞬间会出现较大的冲击电流，并使电网电压瞬时下降，对发电机自身部件产生影响。在并网技术中，尽量使异步交流发电机的频

率接近电网频率就可以实现稳定并网。但是，当发电机的频率低于电网频率时，异步发电机成了电动机，要用电网的电力驱动发电机转动，此种现象称为逆功率，出现逆功率现象不仅消耗电网电量，而且还会损坏发电机系统，因此异步发电机并网时需要安装逆功率切换装置。

3）永磁交流发电机

这是一种用永磁体做发电机的磁极的交流发电机。在世界上，一些工业发达国家早已开始研究采用永磁体做发电机的磁极，这样可以省去转子绕组、励磁机、整流装置或转子绕组、碳刷、换向器、励磁用电源及节省电能。但目前都限于微、小型发电机，电压大部分在220V以内。

稀土永磁电机的研究和开发大致分为3个阶段。第一阶段，20世纪60年代后期和70年代，由于稀土钴永磁价格昂贵，研究开发重点是航空航天用发电机和要求高性能而价格不是主要因素的高科技领域。第二阶段，20世纪80年代，特别是出现价格相对较低的钕铁硼永磁后，国内外的研究开发重点转到工业和民用发电机上。第三阶段，20世纪90年代以来，随着永磁材料性能的不断提高和完善，特别是钕铁硼永磁的热稳定性和耐腐蚀性的改善和价格的逐步降低以及电力电子器件的进一步发展，加上永磁电机研究开发经验的逐步成熟，永磁发电机在国防、工农业生产和日常生活等方面获得越来越广泛的应用。

目前，稀土永磁电机的开发和应用进入一个新阶段，一方面，原有研发成果在国防、工农业和日常生活等领域获得大量应用；另一方面，正向高转速、高转矩的大功率化、高功能化和微型化方向发展，扩展新的发电机品种和应用领域。

永磁同步发电机的定子结构与电磁式同步发电机的定子结构相同，而转子的结构形式则有所不同，永磁同步发电机以永久磁铁取代了电磁式同步发电机的电励磁绕组，简化了发电机的结构。其转子有多种结构形式，通常按永磁体磁化方向和转子旋转方向的相互关系，分为切向式、径向式、混合式和轴向式4种。在实际应用中，常以切向磁化结构和径向磁化结构居多。图5.64所示为径向瓦片式转子磁路结构，这种结构的永磁体磁化方向与气隙磁通轴线方向一致，且离气隙较近，漏磁系数小。可以在尽可能小的转子直径内放置尽可能大的永磁体。调节瓦片形永磁体的宽度，也就是调节极弧系数，可以改善气隙磁场波形。

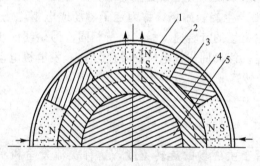

图5.64 径向瓦片式转子磁路结构
1—套环；2—永磁体；3—非磁性材料；
4—磁性材料衬套；5—转轴

4）有刷交流发电机

有刷交流发电机就是利用碳刷、滑环将转子绕组所需励磁的直流电供给转子绕组的交流发电机。常见的就是有刷励磁交流发电机，包括以下几种励磁方式。

（1）晶闸管直接可控励磁。晶闸管直接可控励磁就是将交流发电机本身所发出的交流电直接由晶闸管整流并控制电流大小经碳刷、滑环送给主机的转子励磁。当发电机开始运转时，转子没有建立起磁场，交流发电机不能发电，需要另外的直流电源励磁。一旦发电机发电，便可使用晶闸管直接可控励磁而切断起励用直流电源。励磁电流大小的调整是利用晶闸管导通角的调整来控制的。晶闸管直接可控励磁的主线路电路原理图如图 5.65 所示。

这种励磁方式体积小、重量轻、调压精度高、励磁损失小，但在短路时没有短路维持电流，尚需加电流复励或短路电流维持装置。

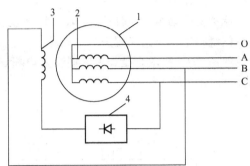

图 5.65　晶闸管直接可控励磁电路原理图
1—发电机定子；2—发电机定子绕组；
3—发电机转子；4—自动电压调节器

（2）三次谐波励磁。三次谐波励磁是在发电机定子槽中附加一组谐波绕组，将谐波功率利用起来供给发电机励磁，当负载电流流经电枢绕组时所产生的三次谐波与主磁极所产生的三次谐波是同相位的，两者叠加后互相增强，从而使谐波绕组中感应的三次谐波电动势增大，使励磁电流增大，从而使发电机电压升高，这就能在一定程度上补偿发电机在感应负载下由于电枢反应造成的端电压下降，起到电压自动调节的作用。

三次谐波励磁的优点是结构简单，造价便宜，静、动态性能都较好。缺点是并网的稳定性较差，易产生振荡及三次谐波引起的波形畸变而增大中线电流。

（3）电抗移相相复励磁。这种励磁方式可靠、稳定，过载能力强，静、动态性能较好，能调节无功功率。其缺点是太笨重，起励性和温度补偿性能差。

此外，还有双绕组电抗分流励磁、自激晶闸管可控励磁等。

5）无刷交流发电机

就是转子所需要的励磁直流电是由励磁机转子发出的交流电经过硅二极管整流后供给的。由于主发电机转子与励磁机转子同轴，所以将整流部件也同时固定在轴上形成统一的转动体，省去了碳刷、滑环，故称无刷励磁，也称无刷励磁发电机，也就是人们常说的双馈发电机。

无刷励磁的电压调整是靠励磁机定子绕组的励磁电流大小来调整的。可以在主发电机输出端取样、放大送至触发器中，使触发器按主发电机的电压要求去触发晶闸管，用控制晶闸管的导通角来变化交流励磁机的定子绕组的励磁电流。励磁机定子绕组的励磁电流又控制励磁机转子所发交流电的电压和电流，而励磁机转子所发的交流电经两极管整流后直接为主发电机转子励磁，这样就控制了主发电机转子励磁的电压和电流，实现了主发电机电压的自动调整。

无刷励磁还有很多种形式，如直接可控励磁、相复励励磁、三次谐波励磁、二次谐波复励等。

6）自动调频交流发电机

自动调频发电机就是在转子上安装一套电子装置来变化转子的电磁极，使在任何转速下，发出的电都能得到恒定的频率。这套电子装置虽然价格较高，但使调速装置大大简化，所以这种调频发电机在风力发电机的应用中得到了重视。

4. 发电机的设计方法

不同类型的发电机其设计方法各不相同。下面以风力发电机组中常用的盘式永磁同步发电机为例，简单介绍这类发电机的设计方法。

1）主磁路分析

盘式永磁同步发电机的绕组是径向分布的，有效导体位于永磁体前方的面上，当永磁体由原动机拖动至同步转速 n_N 时，将会在气隙中产生与电枢绕组交链的旋转磁场，从而在电枢绕组中感应出三相交流电动势。

如图 5.66 所示，盘式永磁同步发电机的基本磁通路径是：N 极→气隙→定子铁心→气隙→S 极→转子铁心→N 极。

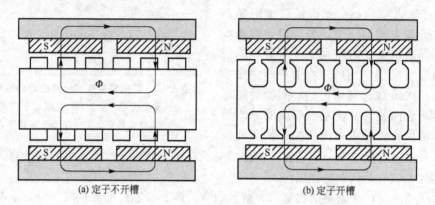

(a) 定子不开槽	(b) 定子开槽

图 5.66　盘式永磁同步发电机-对极的主磁路通路径

2）发电机设计的一般流程

盘式发电机有单定子单转子、中间定子、中间转子及多盘式等形式；定子也有开槽和不开槽之分。设计时还需要对磁性材料的材质、漏磁、感应强度等性能进行分析，对等效磁路进行分析计算，本书对此暂不进行讨论，读者可以参考相关的书籍进行详细设计。这里主要介绍发电机主要参数的设计方法。在初步确定发电机主要尺寸和绕组数据的时候，首先假定空载有效磁通、磁铁内部磁感应和其他一些数据得出发电机的主要尺寸和永磁体的主要尺寸，然后根据图 5.67 所示的流程进行电枢绕组或参数的计算。如果电枢绕组的

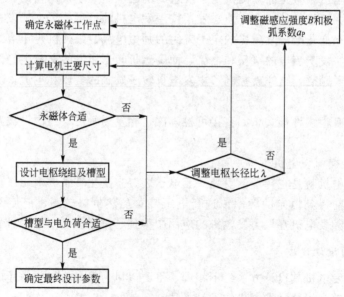

图 5.67　盘式永磁同步发电机设计流程

计算结果与假设的数据不一致，说明假设的数据不合理，磁铁利用不佳，就必须调整或修改磁路尺寸或绕组数据，重新进行计算，直到二者吻合为止。

3）发电机主要尺寸的设计

常用的轴向磁通电机的尺寸计算方程式为

$$P_R = \frac{1}{1+K_\phi} \frac{m}{m_1} \frac{\pi}{2} K_e K_i K_p K_L \eta B_g J \frac{f}{p} (1-\lambda^2) \frac{1+\lambda}{2} D_0^2 L_e \qquad (5-116)$$

式中，P_R 为发电机的额定输出功率；$K_\phi = J_r / J_s$ 为转子和定子电负荷的比率（当转子没有绕组时，$K_\phi = 0$）；m 为发电机的相数；m_1 为每个定子的相数；K_e、K_i、K_p 分别为电动势系数、电流波形系数、电功率波形系数；η 为发电机效率；B_g 为气隙磁通密度；J 为总的电负荷；f 为变频器的频率；p 为发电机的极对数；L_e 为电机铁心的有效长度；D_0、D_g、D_i 分别为发电机外表面直径、气隙直径、发电机内表面直径；$K_L = D_0 / L_e$ 为轴向磁通发电机表面比率系数；$\lambda = D_0 / D_i$ 为盘式永磁发电机磁极的外径与内径比，近似为电枢外径与内径之比，称为电枢直径比，它是盘式永磁发电机初始设计时的重要的几何参数。

从式（5-116）可以得到外表面直径 D_0 为

$$D_0 = \left(\frac{P_R}{\frac{1}{1+K_\phi} \frac{m}{m_1} \frac{\pi}{2} K_e K_i K_p \eta B_g J \frac{f}{p} (1-\lambda^2) \frac{1+\lambda}{2}} \right)^{\frac{1}{3}} \qquad (5-117)$$

则盘式发电机的总的外径为 D_i 为

$$D_i = D_0 + 2W_{cu} \qquad (5-118)$$

W_{cu} 表示在径向方向从铁心伸出的电枢绕组端部突出部分的长度。由于绕组采用的是背对背绕法，所以绕组在发电机的轴向和径向都占有一定的空间，因此，W_{cu} 可由下面的式子得到

$$W_{cu} = \frac{D_i - \sqrt{(D_i^2 - 2A_s D_g)/\alpha_s K_{cu} J_s}}{2} \qquad (5-119)$$

上面的式子中 α_s 表示发电机定子齿和定子极距的比率，无槽结构的发电机的 $\alpha_s = 1$。

发电机轴向长度 L_e 为

$$L_e = L_s + 2L_r + 2g \qquad (5-120)$$

式中，L_s 为发电机定子的轴向长度；L_r 为发电机转子的轴向长度；g 为气隙向长度。

发电机定子长度 L_s 可表示为

$$L_s = L_{CS} + 2W_{cu} \qquad (5-121)$$

由开槽发电机的拓扑结构可知，定子槽的深度 $L_{SS} = W_{cu}$。定子铁心轴向长度 L_{CS} 可表示为

$$L_{CS} = \frac{B_g \alpha_p \pi D_0 (1+\lambda)}{B_{CS} 4p} \qquad (5-122)$$

式中，B_{CS} 为定子铁心的磁通密度；α_p 为平均气隙磁通密度 $B_{\delta av}$ 和最大气隙磁通密度 $B_{\delta max}$ 的比值 $\alpha_p = B_{\delta av} / B_{\delta max}$。

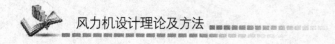

转子轴向长度 L_r 可表示为

$$L_r = L_{cr} + L_{PM} \qquad (5-123)$$

转子铁心轴向长度 L_{cr} 可表示为

$$L_{cr} = \frac{B_u \pi D_o (1+\lambda)}{B_{cr} 8p} \qquad (5-124)$$

式中，B_u 为永磁体表面可达到的磁通密度；B_{cr} 为转子铁心的磁通密度。

设计盘式永磁发电机时，其外形尺寸需满足安装要求。当外径给定时，可以通过确定最佳直径比获得最大的输出功率。由于盘式永磁发电机的绕组在内径处导线密集，电负荷最大，如果此处电负荷过高，会引起电枢绕组局部过热。所以，应根据内径处电负荷不超过允许值进行初始设计。如果要产生一定的电动势，λ 值越大所需的匝数就越小，从而减少端部用铜量。然而，内径过小时又会增加导线安放的难度，同时 λ 增大还会引起漏磁增加。

对电磁功率求极值，可以得到电枢直径比 $\lambda = D_o / D_i = \sqrt{3}$，即如果外径 D_o 和最大电负荷 J_{max} 一定时，盘式永磁发电机的电枢直径比为 $\sqrt{3}$ 时可获得最大的输出功率。在实际设计时，直径比的选择还应综合考虑用铜量、效率、漏磁和成本等因素。

4）设计时要考虑的几个因素

（1）发电机的极数。中型及大型风力发电机的转速约为 $10 \sim 40 r/min$，比水轮机的转速还要低。因为 $n = 60f/p$，因此由这么低转速的风轮直接驱动发电机，就需要使发电机转子的磁极数足够多，因此低速盘式永磁同步发电机的电机极数要比较多。

（2）空气隙的选择。在设计电磁式同步发电机时，选择气隙 δ 时应考虑到发电机的过载能力、静态和动态稳定性以及发电机的经济性，增大 δ 能提高发电机的过载能力和稳定性；但励磁功率增加，发电机经济性较差。在选择永磁同步发电机的气隙时，除了上述因素外，还应考虑到磁铁的利用程度。以最佳利用磁铁为目标出发，应尽量提高有效磁导，尽可能减少空气隙。另一方面，气隙的最小极限值将受到机械条件的限制。

（3）定子铁心磁密的选取。由于两个转子盘的磁通在定子铁心中相加，可能会造成定子铁心出现磁通饱和现象，引起发电机过热，出现故障。一般定子铁心的磁密为 $1.1 \sim 1.3T$。

（4）高相数。在风力发电中，发电机的转速是可变的，因而不能取最优值。从单根通入相电流的导体的剖面图中可以看出，除非导体分为很多股，否则大电流和大的导线直径会导致大的涡流损耗。然而，减小导线的截面积则会增加电阻损耗。增加相数可以减少导体的电流密度到一个合适的值。定子支撑点要有足够的机械强度。但它的厚度不能超过绕组的厚度。由于上述原因应该选择截面积小的导线，所以应用于风力发电中的盘式永磁同步发电机应该是高相数的。

5.4.2 轮毂

1. 轮毂的特点

轮毂是连接叶片与主轴的重要部件，它承受了风力作用在叶片上推力、扭矩、弯矩及陀螺力矩，通常轮毂的形状为三通形(球形)、三角形或盘式轮毂。

风轮轮毂的作用是传递风轮的力和力矩到后面的机械结构中去，由此叶片上的载荷可以传到机舱或塔架上。

轮毂可以是铸造结构的，也可以是采用焊接结构的，其材料可以是铸钢也可以是采用高强度球墨铸铁。由于高强度球墨铸铁具有不可替代的优越性，如铸铁性能好、容易铸成、减振性能好，应力集中敏感性能低、成本低等，在风力发电机组中大量采用高强度球墨铸铁作为轮毂的材料。

2. 轮毂的分类

轮毂常用的有以下几种形式。

(1) 刚性轮毂。刚性轮毂的制造成本低、维修少、没有磨损，三叶片风轮大部分采用刚性轮毂，也是目前使用最为广泛的一种形式。但它要承受所有来自风轮的力和力矩，相对来讲承受风轮载荷高，后面的机械承载大，结构上有三角形和球形等形式。如丹麦 Vestas、Micon、Bonus，德国 Nodex 等机组均采用这种形式的轮毂。

(2) 铰链式轮毂。铰链式轮毂常用在单叶片和两叶片风轮上，铰链轴和叶片轴及风轮旋转轴相互垂直，叶片在挥舞方向、摆振方向和扭矩方向上都可以自由地活动，也可以称为柔性轮毂。由于铰链式轮毂具有活动部件，相对刚性轮毂来说，制造成本高，可靠性相对下降，维修费用高；它与刚性轮毂相比所承受的力矩较小。对于两叶片风轮，两个叶片之间是刚性连接的，可绕联轴节活动。当来流在上下有变化或阵风时，叶片上的载荷可以使叶片离开风轮旋转平面。

图 5.68　三通形轮毂结构示意图

大型风力发电机通常采用刚性轮毂，常见的风轮轮毂结构示意图如图 5.68 所示。

小型风力发电机常用的轮毂是由轮毂臂和轮毂盘以一定的安装角焊接在一起构成的，如图 5.69 所示。也有的是用上下两个圆盘把叶片根部夹在一起形成的盘式轮毂，如图 5.70 所示。

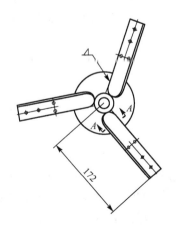

图 5.69　三角形臂式轮毂结构图

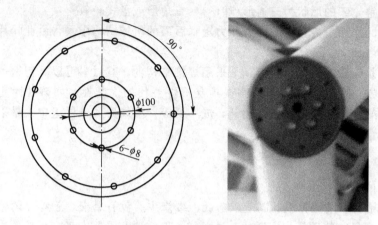

图 5.70　盘式轮毂结构图

3.轮毂的设计方法

风力发电机的风轮一般由 3 片叶片对称安装在轮毂上构成，两个叶片之间的夹角为120°。叶片与轮毂依靠轴承连接，并用螺栓分别紧固在轴承的内外圈上，通过液压驱动同步盘实现变桨距功能。叶片产生的气动载荷以及由于风轮旋转和机舱对风转动引起的离心力、惯性力和重力通过 3 片叶片传递给轴承并最终通过螺栓传递到轮毂上，这些载荷和轮毂自身的重力构成了轮毂载荷。由于轮毂结构形状复杂，当轮毂承受叶片传来的各种静载荷和交变载荷时，在轮毂法兰盘处很容易引起应力集中。因此轮毂设计的好坏将直接影响到整个风力发电机的正常运行和使用寿命，必须对轮毂进行受力分析以确定轮毂各个部位的应力分布，为轮毂的优化设计提供依据。

在对风力发电机轮毂进行结构优化设计时，描述其结构特点的参数主要有外形尺寸、壁厚以及所选材料等。人们知道，不同机型的风力发电机组由于其各方面的差异，对轮毂的要求是不一样的。进行轮毂的设计，首先要针对某一机型机组的要求，在机组其他部件的设计方案拟定后，轮毂的一些基本设计参数也就随之被确定了。比如，轮毂外形尺寸要根据机组功率等参数来确定；轮毂壁厚的设计与机组其他因素相比较为独立。因此，针对轮毂特点可以把壁厚作为设计变量；以轮毂结构必须满足极限强度、疲劳强度等要求为约束条件；以轮毂重量最小，即以轮毂的质量为目标函数建立优化问题。具体求解设计过程比较复杂，这里不再进行讨论，可以参考书后的文献进行具体设计。

5.4.3　逆变器

1.逆变器的功能

逆变器的主要功能是将电源的可变直流电压输入转变为无干扰的交流正弦波输出，既可供设备使用，也可反馈给电网。除了实现交直流的转换之外，逆变器还能执行其他功能，如将电路断开，避免电路因电流突变而损坏，此外还能为电池充电、对数据的使用和性能进行存储，以及跟踪最大功率点（MPPT）等，以尽可能提高发电的效率。图 5.71 是典型的 300W 逆变器配电盘。

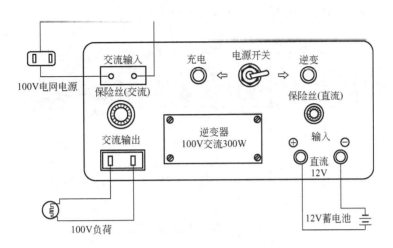

图 5.71　典型的 300W 逆变器配电盘

如果使用的是交流用电设备，则必须备置能够满足其功率要求的逆变器将蓄电池的直流电转变成电压为 220V，频率为 50Hz 的交流电才能使用。

（1）整流，就是将交流电变成直流电的过程。现代风力发电机基本上都是交流发电机，当需要把交流式风电转变成直流电向蓄电池充电或向电镀设备等供电时，就要将三相交流电经变压器降压至可以充电或电镀的交流电压再经整流变成直流。

（2）逆变，就是把直流电变成交流电的过程。单机使用的风力发电机往往将多余电能储存在蓄电池内，当无风不能发电时，需要将蓄电池的直流电变成 50Hz 的交流电为用电器供电。逆变技术很成熟，逆变形式也很多。

风力发电机运行时很难保持在发电机的额定转速下，电压频率往往会发生波动。现代风力发电机普遍采用计算机控制，达到自控、可靠的运行。计算机内外接晶体振荡器使交流输出频率十分准确。计算机控制的电压、频率、并网、解列、故障自我诊断、切换开关、过电压、过电流保护等都由计算机发出指令，由控制和执行机构去自动完成。但单机使用的中、小型风力发电机通常还未采用计算机控制，如果需要交流电的频率较为严格，风电机组自身难以保证，往往采取交—交逆变器来满足用电器的要求。

2．逆变器的分类

逆变器所采用的 DC（Direct Current）/AC（Alternating Current）变换电路称为逆变电路。迄今为止发展的多种逆变电路可大致分类如下。

（1）按输出电能去向分为有源逆变电路和无源逆变电路。

（2）按功率器件分为半控器件组成的电路和全控器件组成的电路。

（3）按直流电源类型分为电压型电路和电流型电路。

（4）按电路结构分为桥式电路和非桥式电路，其中桥式电路又分为半桥型和全桥型。

（5）按输出相数分为有单相电路和三相电路。

（6）按开关方式分为有硬开关方式和软开关方式。

3．逆变器的设计

逆变器的设计主要是对逆变电路的设计，大型并网机组中常用的有电压型并网逆变电路和电流型并网逆变电路,如图 5.72 和图 5.73 所示。

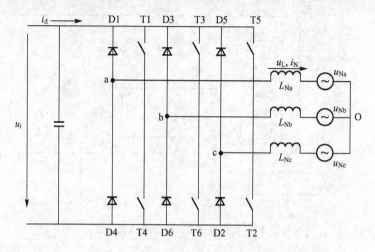

图 5.72　电压型三相桥式逆变电路

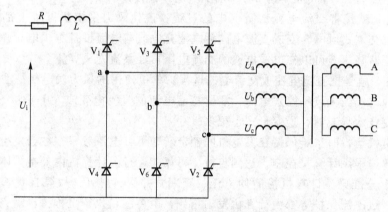

图 5.73　电流型三相桥式逆变电路

小型风力发电系统逆变器主要组成包括主电路、输入电路、输出电路、控制电路、辅助电源和保护电路。逆变主电路输入为直流电由蓄电池提供。输出电路一般包括输出滤波电路,对于开环控制的逆变系统,输出量不用反馈到控制电路,对于闭环控制的逆变系统,输出量还要反馈到控制电路。控制电路的功能是按要求产生和调节一系列的控制脉冲来控制逆变开关管的导通和关断,从而配合逆变主电路完成逆变功能。在逆变系统中,控制电路和逆变电路具有同样的重要性。辅助电源的功能是将逆变器的输入电压变换成适合控制电路工作的直流电压。保护电路主要实现过压欠压保护、过载保护、过流和短路保护。

主电路是逆变电路的核心,它采用单向电压源高频环节逆变电路,该电路结构主要采用高频设计思想,省掉了体积庞大且笨重的工频变压器,降低了整个逆变电路的噪声,而且该电路具有变换效率较高、输出电压纹波较小等特点。它包括直流升压部分和直交变化两部分。其中直流升压部分为推挽电路结构,直交变化采用全桥逆变结构。主电路如图 5.74 所示。其他输入、输出及控制等电路可以参照文献进行具体设计。

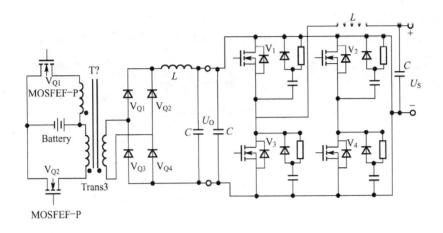

图 5.74　逆变器主电路

5.4.4　蓄电池

1. 蓄电池的功能

由于风能不稳定，风大时超出用电量，剩余电量通过负载卸掉而浪费电能；而当风小或无风时，又发不出电，用电器不能正常工作。如果能把风能有效地储存起来以备电量不足时使用，那将极大地提高风能的利用率。

为了储存风电能，人们想了很多方法并进行了多种尝试。如蓄电池储能、水库储能、并网储能、电解水储能、压缩空气储能、飞轮储能、超导储能等。目前世界各国对风电能的储存，认为蓄电池是最具实用价值的储存风电能的方法之一。对于小型独立供电的系统主要采用蓄电池蓄电；而对于大型并网机组而言，主要通过电网储存和分配电能。因此蓄电池的设计主要是针对小型独立供电机组中蓄电池的选型。

2. 蓄电池的分类

商品蓄电池有很多种类，主要有铅酸蓄电池和碱性蓄电池。而互补供电形式和并网形式也起到了蓄电的作用。目前在风力发电系统中普遍使用的是铅酸蓄电池。铅酸蓄电池极板为铅板，电解液为浓硫酸（比重为 $1.840 \sim 1.853$）与蒸馏水配制而成。图 5.75 所示是经典的铅酸蓄电池结构。这类蓄电池对电解液的比重，充电的电流、时间，放电电流、时间以及使用温度等具有严格的要求，以免过充电、过放电导致蓄电池报废。并且铅酸蓄电池价格便宜，被广泛应用。

用于风力发电系统的铅酸蓄电池主流品牌有

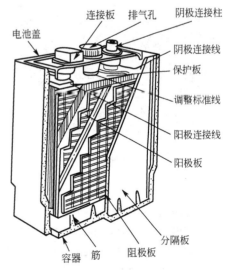

图 5.75　经典的铅酸蓄电池结构

骆驼、风帆、松下、阳光、理士、汤浅、科士达、松树、太极、金晖等，见表 5 - 20。主要电池型号有 7AH - 12V、12AH - 12V、24AH - 12V、38AH - 12V、65AH - 12V、100AH - 12V、150AH - 12V 等。其中，图 5.76 是风帆 6 - QW - 100 的外形，是小型风力发电系统中常用的一款蓄电池。

表 5 - 20　铅酸蓄电池主流产品

名称	额定容量 /Ah	额定电压 /V	尺寸/mm³	重量 /kg	参考价格 /元
骆驼 GFM - 200	200	12	173×111×330	13.5	815
骆驼 6 - FMJ - 50	40	12	256×170×203	18.5	450
骆驼 G31P	120	12	402×172×210	28.2	750
风帆 46B24L	45	12	238×129×200	13.1	430
风帆 6 - QW - 68	68	12	260×172×199	20.0	536
风帆 6 - QW - 100	100	12	410×176×213	25.5	735
风帆 6 - QW - 120	120	12	410×176×213	33	810
松下 DZM 系列 6 - DZM - 10(LC - CA1215)	10	12	151×98×94	4.15	380
松下 LC - XA12100CH	100	12	407×173×210	29.0	1050
松下 LC - X 系列 LC - XM12120	120	12	407×173×210	35.5	890
德国阳光 A400 系列 A412/65G6	65	12	353×175×190	24.6	2316
德国阳光 A412/100A	100	12	513×189×195	39.5	3413
德国阳光 A400 系列 A412/120A	120	12	513×223×195	48.5	4283

注：参考价格是指 2011 年市场单价

图 5.76　风帆 6 - QW - 100

近年来在商品蓄电池中，碱性蓄电池逐步得到广泛应用。碱性蓄电池的电解液是以 KOH（氢氧化钾）等碱性溶液为电解液的蓄电池，它具有体积小、机械强度高、工作电压平稳、能大电流放电、使用寿命长和宜于携带等特点，但是价格比较贵，在风力发电中广泛应用受到限制。碱性蓄电池由于其极板活性物质材料不同，可分为铁镍蓄电池、镉镍蓄电池、锌银蓄电池等系列。铁镍蓄电池（Nickel - iron Battery）由爱迪生发明，也叫爱迪生电池。它的电解液是碱性的氢氧化钾溶液，其正极为氧化镍，负极为铁。电动势约为 1.3～1.4V。其优点是轻便、寿命长、易保养，缺点是效率不高。镉镍电池（Nickel - Cadmium Battery）是采用金属镉作负极活性物质，氢氧化镍作正极活性物质的碱性蓄电池。镉镍电池标称电压为 1.2V，有圆柱密封式（KR）、扣式（KB）、方形密封式（KC）等多种类型。具有使用温度范围宽、循环和储存寿命长、能以较大电流放电等特点。锌银电池（Silver - Zinc Secondary Battery）是正极活性物质主要由银制成，负极活性物质主要由锌制成的一种碱性蓄电池。氧化银（AgO 或/和 Ag_2O）为正极，锌（Zn）为负极，KOH 的水溶液为电解液。它的比能量、比功率等性能均优于铅酸、镉镍等系列电池。

这类碱性蓄电池与铅酸蓄电池相比，优越性显著，但是用于风力发电系统中的大容量蓄电成本也明显增大。因此在风力发电系统中主要使用铅酸蓄电池，这类碱性蓄电池主要用于铁路机车、矿山、装甲车辆、飞机发动机等作起动或应急电源。圆柱密封式镉镍电池主要用于电动工具、剃须器等便携式电器。小型扣式镉镍电池主要用于小电流、低倍率放电的无绳电话、电动玩具等。由于废弃镉镍电池对环境的污染，该系列的电池将逐渐被性能更好的金属氢化物镍电池所取代。而锌银电池主要用于导弹、运载火箭、鱼雷、返回式卫星等特殊要求的军事设备上。在民用方面，新闻摄影、电视摄像、便携式通信机、步话机等也广泛使用锌银电池。

风电与太阳能发电、柴油机发电互补供电，也起到了储能而提高风能利用率的作用。互补供电为常规电网不能到达但风能和太阳能资源非常丰富的地区解决了生活与生产用电问题。中国的西藏、青海及辽宁和山东沿海岛屿无电的农牧民、渔民用风电与太阳能发电互补，或风电、光电、柴电互补为他们生产和生活供电。

大型风力发电机中往往采用并网蓄电的方式。我国地域辽阔，由东北、西北、华北连成一片的陆地型风能资源区可以有计划地多建一些风电场，发电并网，组成强大的风电网。在这广阔的地域内，电流在电网中运输，这个支路无风不能发电，而那个支路的风速正适合风力发电，这样统筹兼顾，达到风电电网储能的理想效果。

3. 蓄电池的性质

不同类型、不同形式的蓄电池在不同的使用条件下，它们的性质也有很大的区别。

(1) 蓄电池的电压。单片铅酸蓄电池的电压是 2V，碱性蓄电池是 1.2V。使用时往往是把若干个电池串联或并联起来使用。例如把 6 个铅酸蓄电池串联起来就可以达到 12V 的电压。

(2) 蓄电池的容量。所谓蓄电池的容量，是指充满电的蓄电池用一定的电流放电至规定放电终止电压的放电量，通常采用如下两种表示方法。

① 安时容量＝放电电流×放电时间。

② 瓦时容量＝安时容量×平均放电电压。

通常采用第一种表示方法，单位用安时（Ah）表示。而用第二种表示方法时，如风帆 6 - QW - 100 电池所具有的电能为：100Ah×12V＝1200Wh＝1.2kWh。

在蓄电池放电过程中不是一直保持额定电压的，它的电压要随着放电时间的增加而逐渐降低，而且在放电后期电压大幅度下降，几乎释放不出电能，所以铅酸蓄电池电压在 1.4～1.8V，碱性蓄电池在 0.8～1.1V 的范围内必须停止放电。

(3) 蓄电池的寿命。蓄电池能够多次反复使用，但进行若干次充放电过程后，蓄电池的容量老化到标准值的 80% 以下时就不能继续使用了。蓄电池根据它所使用的形式和使用方法不同，它的寿命有很大差别。①铅酸蓄电池：1～20 年（100～2000 个充放电过程）；②碱性蓄电池：3～20 年（500～3000 个充放电过程）。

蓄电池因过度充放电、在高温下或－20℃以下使用以及电解液浓度过浓、纯度降低等情况会加快老化速度，所以应避免在这些情况下使用，以延长它的寿命。

(4) 自放电。蓄电池即使不用，其电压也会逐渐降低。平均每个月自身放电 20% 左右，温度越高、蓄电池越旧、铅酸电池电解液比重越大，其自身放电也就越严重。

(5) 废气。蓄电池在充电后期会从极板产生氢气和氧气。氢气和氧气存在的情况下可能会爆炸，因此蓄电池必须放在通风处，避免发生危险。此外，在放电过程中也会产生少量废气。

4. 蓄电池的维护

传统的蓄电池在使用时要进行合理的维护，以延长蓄电池的使用寿命。如风力发电机遇到长期无风不能发电充电，而蓄电池长期放电，尤其是放电量超过额定容量的 25% 的情况时要均匀地向铅酸蓄电池充入 115%~120% 的电量，否则过度放电会明显缩短蓄电池寿命。蓄电池在充放电过程中消耗电解液，需要向蓄电池及时补水。常温时补水间隔是铅酸蓄电池为 3~6 个月；碱性蓄电池为 6~12 个月，夏季或高温时的补水时间间隔要短些。

5. 蓄电池的选配

小型风力发电机发出的电能首先经过蓄电池储存起来，然后再由蓄电池向用电器供电。所以，必须认真科学地考虑，风力发电机功率与蓄电池容量的合理匹配和静风期储能等问题。目前，小型风力发电机与蓄电池的容量一般都是按照输入和输出相等，或输入大于输出的原则进行匹配的。即 100W 风力发电机匹配 120Ah 蓄电池（60Ah2 块）；200W 风力发电机匹配 120~180Ah 蓄电池（60Ah 或 90Ah2 块）；300W 风力发电机匹配 240Ah 蓄电池（120Ah2 块）；750W 风力发电机匹配 240Ah 蓄电池（120Ah2 块）；1000W 风力发电机匹配 360Ah 蓄电池（120Ah3 块）。

实践证明：如果匹配的蓄电池容量不符合风力发电机发出能量的要求，将会产生下列问题。

（1）蓄电池容量过大时，风力发电机发出的能量不能保证及时地给蓄电池充足电，致使蓄电池经常处于亏电状态，缩短蓄电池使用寿命。另外，蓄电池容量大，价格和使用费用随之增大，给经济上也造成不必要的浪费。

（2）蓄电池容量过小时，会使蓄电池经常处于过充电状态。如因充足电而停止风力发电机的工作会严重影响风力机的工作效率。蓄电池长期过充电将会使蓄电池早期损坏，缩短使用寿命。

另外，要实现小型风力发电机的合理匹配，用电器的配套也是一项不可忽视的内容。在选配用电器时也应按照蓄电池与风力发电机的匹配原则进行。即选配的用电器耗用的能量要与风力发电机输出的能量相匹配。但应指出的是，匹配指标所强调是"能量"，不要混淆为功率。在选用用电器时，还必须注意电压制的要求，目前，小型风力发电机配电箱上配有 12V、24V 和电视机专用插座，用户使用时，要针对用电器所要求的电压值选用相应的插座，电视机应专门插在电视机插座上。

目前，小型风力发电机都采用蓄电池储能，家用电器的用电都由蓄电池提供。所以，用电时总的原则是，蓄电池放电后能及时由风力发电机给以补充。也就是说，蓄电池充入的电量和用电器所需消耗的电量要大致相等（一般以日计算）。下面举一例说明这一问题：某地区使用了一台风力发电机，额定风速输出功率为 200W。假设该地区某日相当于额定风速的风力吹刮时数连续为 4h，则该风力机日输出并储存到蓄电池里的能量为 800Wh。考虑到铅蓄电池的转换效率为 70%，则用户用电器实际可利用的能量为 560Wh。如果该用户使用的电器有：①15W 灯泡两只，使用 4h，耗能为 120Wh；②120W 电视机一台，使用 3h，耗能为 360Wh；③200W 洗衣机一台，使用 0.5h，耗能为 100Wh。以上总耗能为 580Wh。

这样，用电器日总耗能比风力发电机所能提供的能量超出了 20Wh，也就是出现了所谓的用电量"入不敷出"。这种入不敷出的用电，将会使蓄电池处在亏电的状态下工作。如果经常长时间地这么用电，将会使蓄电池严重亏电而损坏，缩短其使用寿命。

上例是假定风力发电机在额定风速下的用电情况，而实际上，由于风的多变性、间歇性，风既有大小的不同（风速）又有吹刮时间长短的不同（风频）。所以，在使用用电器时要做到风况好时可适当多用电，风况差时少用电。这就需要用户在使用时认真总结经验。

另外，有条件的地区和用户可备一台千瓦级的柴油发电机组，当风况差的时候给蓄电池补充充电，做到蓄电池不间断地供电。

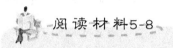

阅读材料5-8

风电储存新思路

2011 年，德国科学家发明了一种可将电能转变为瓦斯的办法，用来储存过多的电能。德国科学家自 2008 年起对这项科技进行研究，2009 年已在实验项目上取得成果。日本福岛核事故之后，德国举国上下停止使用核电的呼声甚高，使用再生能源已成未来趋势。目前有多家电力供应机构以及汽车制造商对电能转变为瓦斯感兴趣。其中一些已经开始建造实验性设备。

一项来自能源部门的调查表明，由于设备饱和，2010 年德国大约有每小时 100 兆瓦的风力电能没能进入电网。如果将这些浪费掉的能源中的 5% 转化为氢继而转化为甲烷输入天然气网络，则会解决 7 万名用户 1 年的瓦斯需求。

目前德国境内的电网不能解决再生能源发电的储存问题，扩大电网建设造价昂贵，并且在许多地区遭到当地民众反对。但德国存在一个完善的天然气输送网络且储存设备相当先进。科学家因此研制了一种名为"电能到瓦斯"的办法，由此产生的气体被称为"再生能源瓦斯"。

从再生电能到瓦斯要经过两个过程。首先利用电能从电解质中产生氢；然后在氢气中添加一定浓度和比例的二氧化碳之后变成再生能源甲烷——瓦斯。它和天然气具有同等作用，可以毫无问题地存储于天然气管道中。

自然界的天然气在取制过程中会释放出有害气体，在燃烧时还会产生二氧化碳，不利于环保。而再生能源甲烷虽然具备与天然气同等的性质，可以用来生产热能、发电、供暖、烹饪以及驱动汽车等，但却不会对大气造成有害影响。

此外，丹麦正在其一座岛屿上试验利用汽车电池储存风电，如果成功的话，汽车有望为间歇风电提供解决方法。据英国《卫报》报道，该项目耗资百万，位于博恩霍尔姆岛（Bornholm），风力强劲时，它将使用停放的电动汽车上的电池来储存多余的电力；当天气平静时，电池可将电力回输到电网中。这种称为"车辆—电网"（Vehicle‑to‑Grid，V2G）的概念被环保主义者作为通向低碳未来的关键措施而广泛引用，但其可行性尚未得到证明。

5.4.5 塔架

支撑风力发电机的架子称为塔架，它具有一定的高度，使风力发电机处在较为理想的水平高度上运转；它还需要具有足够的刚度与强度，在台风或暴风袭击时，要保证它不会使风力发电机被倾倒破坏。在风力发电机系统中，塔架支撑着发电机主体。从成本上看，塔架占机组总设备费的 30%，小型风力机近于 50%，所以，塔架的设计、制造和安装等也是机组设计、安装、运行等整个过程的一个重要环节。

1. 塔架的主要形式

1) 桁架结构式

桁架式塔架是由角钢螺栓或钢管连接而成的、底部大顶端小的桁架，其断面常采用正方形或多边形。该结构一般不带拉线，沿着桁架立柱的脚手架可爬往机舱。该结构的塔架一般在下风向布置的中、大型风力发电机中被应用。

2) 桁架拉线结构式

桁架拉线式结构的塔架通常在小、中型风力发电机中被应用。它是由角钢螺栓或钢管连接而成的桁架，再以 3~4 根辅助拉线组成。桁架的断面形状最常见的有等边三角形与正方形两种。为了便于整机起吊，塔架的底部都成铰接式，拉线可采用镀锌钢绞线或钢丝绳，拉线上应装有拉紧用的花篮螺栓。

3) 圆台（或棱台）结构式

圆台结构塔架是由钢板卷制（或轧制）焊接而成的由下而上逐渐缩小的圆台。机组的控制柜与动力盘一般吊挂在塔架的内壁上或置于塔底内，塔内设置有通往机舱的直梯。这种塔架结构紧凑、外形美观，得到了广泛的应用，主要被应用于大型风力发电机上。塔架常被分为两层或三层，各层之间老式的用法兰相连，新式的利用本身的锥度进行套装。

4) 单管拉线结构式

单管拉线式结构主要由一根钢管和 3~4 条拉线组成，它具有结构稳定、安装运输轻便、使用简单等优点。为进一步降低成本，可将塔架的管子作为泵体，连杆就在管子中间，这样简化了总体结构。几乎所有的小型风力发电机都采用此种形式的塔架。

5) 木质塔架

微型风力机可用木质塔架，为增加稳度，可做成上窄下宽（下部呈曲线形）的形式，并采用拉线。木质塔架质量轻，柔性好，而且塔架废弃后也不会污染环境，是天然环保材料，以前大多用于微型风力机组中。但是与单管拉线式塔架比较，这种形式相对体积较大，不便于运输和安装，现在在微、小型机组中也很少用这种形式了。

2. 塔架高度的确定

通常情况下，随着高度的增加风速不断增大，塔架越高，风力发电机单位面积所捕捉的风能也就越多，地面涡流对风轮的影响也越小，但技术要求、吊装的难度以及造价也相对要增加。所以风力发电机的塔架高度的选取要综合考虑当地环境、技术与经济等因素。一般来讲，塔架的最低高度 H 由下式决定

$$H = R + h + L \tag{5-125}$$

式中，R 为风轮半径；h 为最近障碍物距离风力发电机的高度；L 为障碍物最高点到风轮扫掠面最低点的距离（L 常取 1.5~2m）。

塔架高度也直接影响到机组的输出功率。人们知道，风轮的功率与风速的立方成正比，即

$$P=P_0\left(\frac{V}{V_0}\right)^3 \tag{5-126}$$

而风速与高度的关系为

$$V=V_0\left(\frac{H}{H_0}\right)^{\frac{1}{\alpha}} \tag{5-127}$$

因此，风轮功率与高度的关系为

$$P=P_0\left(\frac{H}{H_0}\right)^{\frac{3}{\alpha}} \tag{5-128}$$

式中，V_0、P_0 为高度为 H_0 处的风速和风轮功率；H_0 为参考高度，一般取海拔高度为 10m；V、P 为高度为 H 处的风速和风轮功率。

塔架的理想高度与安装地点的地形、地貌关系有很大关系。因此，同一型号的风力发电机装在不同的地点，其高度也不同。此外，风力机装置多设置在山顶或平原开阔地，因此容易被雷击，为确保人身和设备的安全，塔架上必须安装避雷针。

3. 塔架的强度校核

无拉线单管结构式塔架通常都是变截面的，即截面结构是上小下大的，各截面中一般最容易发生危险的位置是塔架的根部。其应力 σ 为

$$\sigma=\frac{[F_{as}(h_1+H)+F_{ts}H/2]\times100}{W_1}+\frac{G_1+G_2}{\varphi_1 A_1} \tag{5-129}$$

式中，h_1 为风轮中心到塔架上部的距离；H 为塔架高度；W_1 塔架根部抗弯截面模量；G_1 塔架上方所受的重力；G_2 塔架的自身重力；A_1 塔架根部截面面积；φ_1 为变截面塔架的长度折减系数，这个系数可以根据长细比 λ 的值从图 5.77 查得

$$\lambda=\frac{\mu H}{r_2} \tag{5-130}$$

式中，u 为与塔架截面变化有关的折算长度修正系数，它可以根据 J_1/J_2 查表 5-21 得到；r_2 为塔架根部截面的惯性半径；J_1 为塔架顶部截面惯性矩；J_2 为塔架根部截面惯性矩。F_{as} 为风轮受到暴风的气动推力

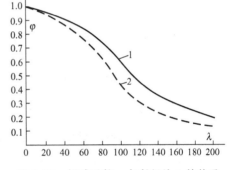

图 5.77 折减系数 φ 与长细比 λ 的关系
1—低碳钢；2—低合金钢

表 5-21 J_1/J_2 与 μ 的关系

J_1/J_2	0.1	0.2	0.3	0.4	0.5	0.6	0.7	0.8	0.9	1
μ	1.65	1.45	1.33	1.24	1.18	1.14	1.1	1.06	1.03	1

$$F_{as}=\frac{1}{2}C_t\rho V_s^2 A_b BS \tag{5-131}$$

式中，C_t 为推力系数，一般取 1.5；ρ 为空气密度，一般取标准状况下的空气密度；V_s 为暴风风速，$H<30m$ 时，取 $V_s=42m/s$；A_b 为风轮的扫掠面积；B 为风轮的叶片数；S 为

安全系数，一般取 1.5。

F_{ts} 为暴风对塔架产生的风压力

$$F_{ts} = \frac{1}{2}\rho V_{ts}^2 A_t \Phi_1 \qquad (5-132)$$

式中，A_t 为塔架的投影面积；V_{ts} 为塔架中部暴风的风速；Φ_1 为空气动力系数，圆柱形密闭塔架 $\Phi_1 = 0.7$。

4. 塔架基础的设计

1) 塔架基础设计的要求

(1) 塔架地基应有足够的结构强度，可以承受设计所要求的动、静载荷。

(2) 塔架地基不能发生显著的尤其是不均匀的下沉。如果基础一旦下沉，整个塔架将会发生倾斜。如在极细的砂土层上安装时，下沉的可能性最大。为了使塔架不发生倾斜，需要保证基础所承受的重量合力与风力发电机重心垂线重合。

(3) 塔架地基需用混凝土砌筑。碎石、砂子和水泥的体积比约取 5：2.5：1。浇灌基础时，最重要的是要保证塔架垂直于地面，因此，基础表面要水平。地锚的预埋、基础的砌筑以及地脚螺栓的连接要同时进行。

(4) 设计风力机群时，塔架之间的距离应为风轮直径的 10～15 倍。

2) 塔架基本尺寸的确定

路灯用垂直轴风力发电机的塔架地基用结构简单的长方体式地基。为了保证塔架在暴风袭击时的安全，至少要求达到 1.2 倍的安全系数，即

$$\frac{(G_1 + G_2 + G_3)A_2}{2} \geqslant 1.2 M_{max} \qquad (5-133)$$

式中，A_2 为塔架地基的宽度；G_3 为塔架地基的自重；M_{max} 为塔架的倾倒力矩

$$M_{max} = F_{as} H_1 + F_{ts} H_2 \qquad (5-134)$$

式中，H_1 为 F_{as} 施力点到基础底的距离；H_2 为 F_{ts} 施力点到基础底的距离。

5.4.6 传动装置

风力机的风轮是专门给风力机的做功装置提供动力的，如不考虑其他因素，可以把风轮与做功装置二者直接连接就行了。如许多微、小型风力发电机就是把风轮和发电机直接连接的。但是，在大型风力发电机系统中，若使风力机风轮与发电机同轴而进行直接传动，其效果却不能令人满意。这是由风轮提供动力时的一些特性指标与做功装置的技术性能要求不相适应而造成的。具体来说，不能将风轮与发电机直接装配在一起，是由于二者在转速与扭矩方面的差异。比如说，每分钟只有几十或几百转的风轮怎么能与转速为几百乃至几千转的发电机直接连接呢？

其实，在其他动力机上也有类似的情形。因此，在风力机的整体设计上必须有一个系统，它可以变换转速，可以改变动力传递方向以及适应装配位置的要求。这样的系统就称为传动装置，即传递能量和协调运动的装置。

1. 传动装置的功能

传动系统是将风轮吸收的风能以机械的方式传送到发电机的中间装置，包括传动轴

系、联轴器、齿轮箱、离合器和制动器等，为了便于捕获风能和适应机组性能控制的需要，机组还必须配置偏航传动、变桨距传动以及阻尼、制动等辅助装置。图 5.78 所示是一个典型的大型风电机组主体结构简图，左侧的风轮通过主轴将动力经齿轮箱传递给右侧的发电机，机舱内的设备安装在底座上，通过偏航轴承支撑在塔架上。

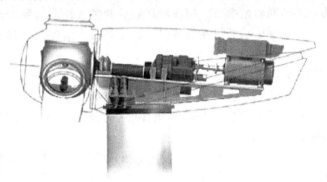

图 5.78　大型风力发电机组传动系统简图

2. 传动装置的分类

风力机的传动装置与一般机械所采用的传动装置类似。其传动方式可分为机械传动、气体传动、电气传动与液压传动等。目前，在大型风力发电机系统中普遍采用液压传动的传动方式。液压传动具有结构简单、重量轻、耗用钢材少、装配适应性强以及易于实现自动控制等优点。

3. 传动装置的设计要求

大型风电机组的特殊环境和使用工况条件对传动装置提出了不同寻常的要求，图 5.79 所示的外部动载荷及随时发生变化的风轮、电网异常载荷的作用、机舱刚性不足引起的强烈振动、只能通过估算和模拟的载荷谱和极限载荷分布等大量不确定因素，都是传动装置必须考虑的重大问题。其中在设计传动装置时必须要考虑的要求如下。

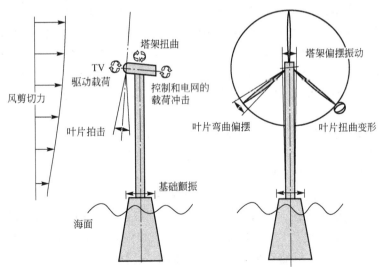

图 5.79　风力发电机组的外部动载荷

（1）齿轮传动装置应能承受所规定的极限限制状态载荷，包括静载荷和动载荷。计算齿轮及连接件的静强度和疲劳强度要符合相关标准的规定。在传动装置工作转速范围内，传动轮系、轴系应不发生共振。

（2）传动装置中应装有润滑和冷却装置，且必须提供油位测量设备以便检查润滑油油位。在传动装置具有循环润滑情况下，应在散热器后和进入传动装置前设置滑油温度和压力监测设备。必须提供一套清洁润滑油的装置。为了能检查齿圈，推荐使用活动口盖。传动装置的机械零部件应进行防腐蚀设计。

（3）传动装置中的紧固件应尽量采用标准件，其零部件的种类要限制在最小范围内。传动装置的设计应该结构简单、容易加工并保证使用中维修方便。

（4）轮毂应采用单键或双键把风轮的转矩传递给主轴，主轴必须装配牢固、拆卸方便，并避免装配中应力集中。

（5）为了使风力机在旋转中保证锁定风轮用的轴端螺母越转越紧而不松脱，主轴螺母的螺纹应符合特殊规定。如果顺风向看风轮是顺时针旋转，则螺母要用左旋螺纹，反之要用右旋螺纹。

（6）主轴材料应具有强度、塑性、韧性三个方面较好的综合力学性能。

（7）主轴上的推力轴承应按风轮在运行中所承受的最大气动推力来选取。

4. 齿轮箱的设计与选型

大型风力发电机组主传动齿轮箱位于风轮和发电机之间，是一种在无规律变向载荷和瞬间强冲击载荷作用下工作的重载齿轮增速传动装置。齿轮箱是风电机组传动轴系中一个最重要而又是最脆弱的部件。

齿轮箱在机舱内不可能像在地面那样具有牢固的机座基础，整个传动系的动力匹配和扭转振动的因素总是集中反映在某个薄弱环节上，这个环节常常是机组中的齿轮箱。当然，最理想的情况是让齿轮箱完成传递扭矩和增速的任务而不承受其他附加载荷。实际上这不仅不能实现，而且还会由于风况的多变和机组的复杂变形避免不了许多附加负荷的作用，给齿轮箱的设计增添了不少不确定的因素。

很显然，在狭小的机舱空间内减小部件的外形尺寸和减轻重量十分重要，因此齿轮箱的设计必须保证在满足可靠性和预期寿命的前提下，使结构简化并且重量最轻，同时也要考虑便于维护的要求。根据机组提供的参数，采用 CAD 优化设计，按照排定的最佳传动方案，选择稳定可靠的结构和具有良好力学特性以及在环境极端温差下仍然保持稳定的材料，配备完善的润滑、冷却和监控系统，是设计齿轮箱的必要前提条件。

不同功率等级的齿轮箱采用不同的传动形式。在 20 世纪 80 年代，平行轴圆柱齿轮传动装置应用到 $100\sim500\text{kW}$ 的标准风电机组上。20 世纪 90 年代风力发电机组平均功率增大到 $600\sim800\text{kW}$，为了节省空间，获得更大速比，引用了外形为筒状的行星齿轮传动或行星与平行轴齿轮组合传动的结构，取得了较好的效果。应用较广的有 1 级行星级平行轴齿轮箱的传动结构，如图 5.80 和图 5.81 所示，常用于 2MW 以下的机组；2 级行星和 1 级平行轴齿轮传动结构常用于 $3\sim3.5\text{MW}$ 的机组。对于更大功率的机组，为了减小外形尺寸，节省机舱空间，齿轮箱倾向于应用行星、差动和平行轴齿轮组合传动的方式，行星轮常常多于 3 个，以缩小体积，获取更大的功率密度。行星差动和固定轴齿轮组介传动结构已在我国生产的大型风电机组中得到应用。如图5.82所示，该结构采用3级齿轮传动；第一级是行星差动齿轮传动；第二级是固定轴齿轮分流传动；第三级是平行轴齿轮传动。这种传动方式的总速比可以达到200:1(行星/差动级为35:1；平行轴为6:1)。功率分流的比例：内齿圈差动至末级主动轮为72.1%；行星轮、太阳轮至末级主动轮为27.9%。由于采用多行星轮和柔性行星销轴结构，其体积和重量比传统结构减小25%以上。

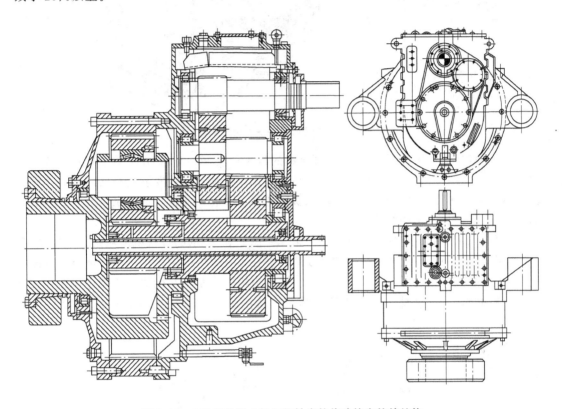

图5.80　1级行星和2级平行轴齿轮传动的齿轮箱结构

随着风力发电机组功率的增大，主轴的直径和重量也与之递增，3MW以上的机组布置传动轴系时，又大又重的主轴成为机舱减重的目标，设计时倾向于采用直连方式。尽管直驱式风电机组具有简化传动结构的特点，在风力发电机组容量越来越向大型化发展的今天，过于庞大的低速发电机造成的运输、吊装难题，加上较高制造成本的条件限制，不得不回过头来思考如何减小机构的体积和重量以及降低成本的途径。适当运用齿轮增速或利用功率分流的方法是解决问题的思路之一。

图5.81　1级行星和2级平行轴齿轮传动的齿轮箱——圆柱滚子轴承和满滚子轴承

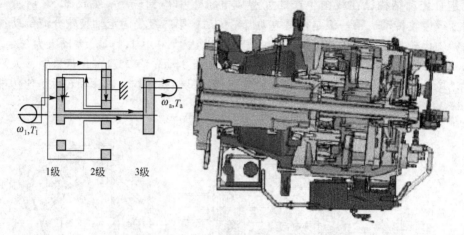

ω_1, T_1 1级   2级   3级 ω_a, T_a

图 5.82　行星差动和固定轴齿轮组合传动结构

在风轮和低速电机之间利用较小增速比的齿轮传动减小电机结构尺寸的所谓"半直驱"或"混合传动"类型的机组已有不少应用实例。例如,在风轮和电机之间增设两级齿轮传动(一级行星和一级定轴齿轮传动)来提高电机的转速,使机组能够采用尺寸更小的永磁电机,取得更为紧凑的结构。

也可以采用功率分流的方法减小机舱体积。图 5.83 所示的分流机型在国外已有应用。这个机组的风轮通过主轴上的大齿轮将功率等分传给 4 根中间轴,再通过 4 组齿轮增速传递至 4 个电机,这样就可以以小代大,既获得大电机的容量,又能够将机舱体积缩小。这种齿轮传动结构的难点是 4 个分流轴的均载问题,如能合理解决,不失为以小制胜的好方案。

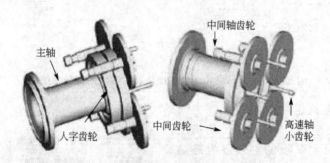

主轴　　　中间轴齿轮　　　人字齿轮　　　中间齿轮　　　高速轴小齿轮

图 5.83　多电机功率分流型传动装置

齿轮箱的主要零部件应具有足够的强度,能承受风力发电机组各种工况下的动、静载荷。齿轮箱上的动载荷取决于输入端(风轮)、输出端(发电机)的特性和主、从动部件(轴和联轴器)的质量、刚度和阻尼值、风力发电机组机舱的布置形式、控制和制动方式以及外部工作条件。

实际上设计时不再把齿轮箱作为孤立的个体,而是作为整个传动系统的一个组成部分;传动系统的运行可靠性也不再只是通过单独校核各部件的承载能力来表示,设计时越来越多地倾向于以整个传动系统的动态模拟结果为基础来考虑其运行可靠性。为此要建立整个机组的动态仿真模型,对起动、运行、空转、停机、正常起动、制动和紧急制动等各种工况进行模拟，针对不同的机型得出相应的动态功率曲线，利用专用的设计软件进行分析计算，求出零部件的设计载荷并以此为依据，对齿轮箱的主要零部件作强度计算。

5.4.7 机舱

1. 机舱的结构

机舱是风力发电机主要的传动、控制、发电部分，由增速器、联轴器、制动器、调速装置和发电机等构成。机舱内部设有消声设施，并具有良好的通风条件。机舱设有登机入口，维护人员可以从此入口进入机舱。机舱和筒式塔架具有防止小动物进入的防护设施。机舱罩的材料主要是树脂、玻纤布、固化剂等。图 5.84 是风力发电机机舱的主要结构。

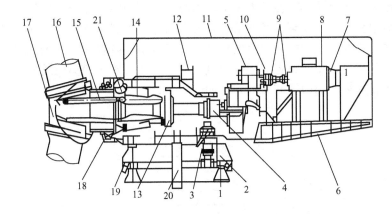

图 5.84　风力发电机机舱的主要结构

1—转盘底座；2—调向制动器；3—调向电机；4—低速端联轴器；5—增速机；6—机舱底座；
7—励磁机；8—交流发电机；9—高速端联轴器；10—高速轴制动器；11—机舱；12—登高
爬梯；13—变桨矩控制轴承；14—变桨矩液压油缸；15—变桨矩控制连杆；
16—风轮叶片；17—风轮轮毂；18—风轮轴承；19—转盘轴承；
20—三相交流电输出装置；21—风轮接合器

机舱内部设备在相应部分作出详细介绍，这里主要介绍机舱罩。机舱罩主体部分设置 PVC 泡沫夹层，以增加强度。内层设置消音海绵，以降低主机噪声。机舱罩的生产采用滚涂、轻质 RTM、真空灌注等多种工艺，具有强度高、耐老化、外形美观、重量轻的特点。

2. 机舱的旋转工作原理

现在使用的风力发电机由于控制方式的不同，如双馈调速控制、失速控制等，在进行风能的扑捉时，其调整机舱的机构有区别，但是其原理是一样的，大家都通过风速仪和风向标把得到的信息从机舱顶部传到风力机底部的 CPU 板上，通过模数量的转化，把数字量输入到中央处理单元，让中央处理单元分析和处理是否进行调整偏航马达的运行，利用动力机构(最常用的为液压机构)调整发电机机舱的姿态，使风轮叶片始终朝着迎风的方向，以保证风力发电机在运行时能够充分利用已有的风力资源；或者当风速超过额定的最大风速时，进行偏航刹车马达的运行、或者直接进行90°偏航，以保证风力发电机能够正常安全地运行；而当风速太小时，为了防止风力发电机发出的电少于其转子励磁从电网上吸收的电能，也要进行脱离电网的处理，以节约电网上的电力资源。这种方法需要把风力资源的信息风向和风速反馈到风力发电机的底部信息处理主板上，增加了发电机中央处理单元的负荷，延缓了机舱的旋转时间，出于上述的考虑，人们设计了基于模糊控制的智能风力发电机机舱，让机舱的风能扑捉的机构直接成为风力发电机系统的智能终端，减小系统中央处理单元的负荷。

3. 机舱硬件系统的设计

如图5.85所示，当风速传感器和风向仪采集到风力资源的信息，放大并进行模数转换该信息后，进入到单片机利用模糊控制算法进行智能处理，把得到的结果通过后向通道，驱动液压电机，使机舱旋转至迎风的方向。如果风速和风向稍有变动，则风速传感器和风向标重新进行信息采集，使风力发电机实时地得到控制，充分利用风能。这种设计比以往的风力发电机把所采集到的风能信息直接交给地面控制更具有主动性。当然如果要进行人为的操作，如检修、维护风力发电机时，可通过中央控制室的人机交互平台发送停机信号至机舱。如果风速小于或者大于额定风速时，单片机发送偏离迎风方向的命令，以防止风力发电机在大风时的破毁和对电网的冲击。

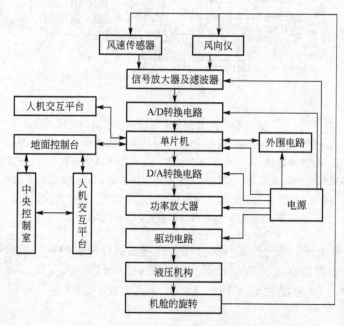

图 5.85　机舱硬件原理图

5.4.8　刹车和锁定装置

风力机的机械刹车装置及锁定装置用来保证风力机在维修或大风期间以及停机后的风轮处于制动状态并锁定，而不致盲目转动。锁定装置是将已经制动到静止的风轮固定住或防止机舱转动的装置。当刹车装置作用时，要能够保证风轮安全达到静止状态。

1. 风力发电机组中刹车制动系统的主要特点

风力发电机组实现风力发电机制动的方法有多种：按供能方式有人力制动系统、动力制动系统和伺服制动系统；按传动方式有气压制动系统、液压制动系统、电磁制动系统、机械制动系统及组合制动系统等。制动系统在机械上主要由气动刹车和盘式高速刹车两部分构成。

无论哪种形式的制动系统都应满足下述要求：制动功能可靠、制动反应灵活、制动过程平稳和制动时限应在风力发电机系统可接受的范围内。

大多数小型风力发电机组采用以上这些制动方式中的某一种，但也有可靠的小型风力发电机组不采用这些刹车制动以减少风力发电机的机械结构，降低风力发电机的故障率。这类小型风力发电机中常采用的保护方式为"自动偏航保护"，遇到大风情况，风力发电机的自动偏航保护功能开始工作，风力发电机的机头偏离主风向，尾翼仍然对准风向（平行于风向），这样当机头偏离主风向后，相当于将风力发电机接受的风速分解，从而保证风力发电系统具有更高的可靠性。定桨距风力机采用叶尖扰流器制动；变桨距风力机利用桨距的变化来实现风力刹车。

机械刹车系统的刹车闸一般装在高速轴或低速轴上，它们各有优缺点。高速轴的优点是刹车力矩小，齿轮箱可带集成风轮支撑；缺点是制动载荷大，对齿轮箱的冲击大，制动安全性较差。低速轴的优点是有较大制动力矩作用在低速轴上，刹车可靠，刹车时的制动力矩不作用在齿轮箱上；缺点是需要的刹车力矩大，对闸体的支撑材料要求高，需要的液压力大，对密封的要求高。

2. 常规风力机刹车过程

风力机刹车过程有3种情况。

1) 正常停机

(1) 通过电磁阀释放叶尖扰流器。

(2) 风轮转速低于设定值时第一步刹车投入。

(3) 如果叶尖扰流器释放后转速继续升高则第二步刹车投入。

(4) 下一次使用刹车系统时第二个投入的刹车先投入。

(5) 停机后叶尖扰流器收回。

2) 安全停机

(1) 叶尖扰流器释放的同时第一步刹车投入。

(2) 当发电机的转速降到同步转速时发电机主接触器跳开第二步刹车投入。

(3) 叶尖扰流器不收回。

3) 紧急停机

(1) 所有继电器接触器失电。

(2) 叶尖扰流器及两步刹车同时投入发电机与电网脱网。

3. 设计要求

(1) 风力机机械刹车装置及锁定装置在设计时，应考虑设计工况和载荷情况与刹车引起的刹车力矩的组合，同时保证机械制动器工作时其刹车力矩和所要求值相等。刹车过程中由于刹车而产生的刹车力矩应不会导致部件（尤其是风轮叶片、风轮轴、风轮叶片连接件、轮毂)产生过大的应力。

(2) 刹车表面应用盖子、防护板或类似物进行保护,以使其免受滑油污垢等不利的影响。

(3) 如果机械刹车装置的刹车衬料过度磨损,则应提供磨损指示器对衬料磨损程度进行监测,以保证风力机能正常关机。若机械刹车装置采用弹簧操作,则应设有能自动调节弹簧最小弹性力的设备。

(4) 就刹车系统作用的压力而言,即使没有动力供给,机械刹车装置也能刹住风轮长达 5 天。刹车衬料应便于维护和更换。

(5) 偏航系统刹车装置应按控制系统要求进行设计。

(6) 锁定装置必须设计成正操纵,并且保证传动装置和偏航系统具有良好的可达性和维护性。

4. 存在的问题

经过对刹车系统的结构和刹车过程的分析可知,由于正常停机首先是风力刹车投入,它可使风力机速度平稳地降至发电机的同步转速,此时速度较低,再投入机械刹车就不会对齿轮箱造成很大的冲击。同时因为是正常停机,在制动时间上就没有严格的要求。然而由于安全停机及突发事件造成的紧急停机,要求风力机在最短时间内停下来,此时风力刹车与机械刹车同时投入。在这种情况下如果机械刹车只是装在低速轴上,则由于低速轴上转矩较大,要求刹车闸的尺寸和刹车力矩大。尺寸大安装上就会有问题,力矩大对液压系统及密封的要求就高;装在高速轴上就会造成对齿轮箱的冲击,加速齿轮箱的损坏。

5. 刹车系统的设计

根据风力发电机刹车系统存在的一般问题,同时结合风车的刹车制动过程,在高速与低速轴上各装了一套刹车系统,通过两套刹车系统在不同情况下的开闭状态来减小对齿轮箱的冲击,延长齿轮箱寿命。汽车应用 ABS 是为了在最短的距离内停车及减小车辆的滑移率。借鉴它也是为了在最短的时间内使风力机停机及减小对齿轮箱的冲击。这一目标是在高速轴及低速轴上各装一套刹车闸,并结合采用一定的控制措施来实现的。

6. 系统硬件的实现

风力机刹车系统原理如图 5.86 所示。在风力发电机原系统的基础上,分别在低速轴与高速轴上加一套刹车闸,同时各加一套转速传感器。霍尔感应式传感器灵敏度高,感应转速范围大,所以采用这种转速传感器。同时对刹车制动液压系统作改进,加装电磁阀及液压控制阀。低速轴上的刹车闸只起辅助刹车作用,尺寸和刹车力矩都不需要很大,这就避开了它的缺点。由于有低速轴上刹车闸的辅助刹车作用,高速轴的刹车闸刹车就不会对齿轮箱

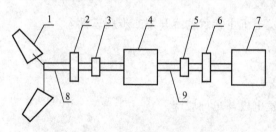

图 5.86 风力刹车系统示意图

1—风叶风力刹车;2—低速轴刹车闸;3—低速轴转速传感器;4—变速箱;5—高速轴转速传感器;6—高速轴刹车闸;7—风力发电机;8—低速轴;9—高速轴

造成太大的惯性冲击，减少了齿轮箱的损坏，延长了齿轮箱的寿命，同时也缩短了刹车时间。

7. 系统功能的实现

刹车控制系统以高低速轴的转速差为反馈值形成一个图 5.87 所示的闭环控制系统。

在风力机刹车系统中利用高速轴与低速轴的速度差值，如果这一速度差值在一定范围内，那么它就不会对齿轮箱造成太大的冲击。刹车控制机构采用单片机来实现采样，信号送入单片机，经过单片机内部程序的判断控制通往高低速轴上的液压电磁阀的通断，从而控制高低速轴上刹车闸的工作。

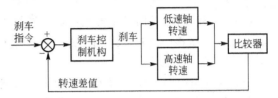

图 5.87 闭环式风力机刹车系统示意图

5.4.9 液压系统

1. 工作特点

液压传动技术是指利用具有压力的流体产生、控制和传递动力的技术，以矿物油、水和乳化液等液体作为工作介质的流体传动称为液压传动技术。在现代工业中液压传动技术几乎应用于所有机械设备的驱动、传动和控制圈。随着原子能技术、空间技术、电子技术等的迅速发展，再次将液压技术向前推进，使其发展成为包括传动、控制、检测在内的一门对现代机械装备的技术进步有重要影响的基础技术，使其在国民经济的各部门得到了更广泛的应用。液压传动及其控制在某些领域内已占有压倒性的优势，例如，国外当今生产当中 95% 的工程机械、90% 的数控加工中心、95% 以上的自动线都采用了液压传动。

液压系统主要用于偏航机构、风轮叶片变距等操纵或执行安全系统的功能，如失效状态风轮叶片变距的调整和风轮的刹车等。

风力发电机组的液压系统实际是制动系统的驱动机构，主要来执行风力发电机的启停任务。通常它由两个压力保持回路组成：一路是通过蓄能器供给风轮刹车系统；一路是通过蓄能器供给偏航刹车系统。这两个回路的工作任务是当风力发电机正常运行时使风力机制动系统始终保持一定的压力。当压力传感器测得的压力值小于系统设定值的时候，PLC（Programmable Logic Controller，可编程逻辑控制器）就会控制液压站电机起动来补偿损耗的压力，使压力值始终在设定值之上。

由于系统内泄漏、油温的变化及电磁阀的动作以及油液的问题，液压系统的工作压力实际是始终处于变化状态之中的。理论上液压元件没有内泄，而实际上元件内泄不可忽略。油温越高油液越稀，内泄越严重，压力越低。液压油的污染是指从外界混入空气、水分和各种固化物等。油液的污染会加剧液压元件中相对运动零件间的磨损，造成节流小孔的堵塞或滑阀运动幅卡死，使液压元件不能正常工作。液压系统中所用的油液压缩性很小，在一般情况下可认为油是不可压缩的。但空气的可压缩性很大，约为油液的一万倍，所以即使系统中含有少量的空气，它的影响也是很大的，溶解在油液中的空气在低压时就会从油液中逸出，产生气泡，形成孔穴现象；到了高压区，在压力油的作用下，这些气泡又很快被击碎，急剧受到压缩，使系统中产生噪音，同时在气体突然受到压缩时会放出大量的热量，从而引起局部过热，加速油温升高，使液压元件和液压油受到损坏。空气的可压缩性大，还会导致工作器官产生爬行等故障，破坏了工作的平稳性。

2. 设计要求

(1) 液压管路应采用无缝或纵向焊接钢管制成，柔性管路连接部分要求采用合适的高压软管制成。螺接管路连接结构组件应通过试验表明能保证所要求的密封和承受工作中出现的动载荷。

(2) 液压系统的设计和结构应符合液压系统有关规定要求。

(3) 液压系统设计时，应考虑以下因素。

① 合适的组件(泵、管路、阀、作动筒)尺寸，以保证其所需的时间响应、速度响应和作用力。

② 工作期间，在液压组件中出现引起疲劳损伤的压力波动。

③ 操纵功能与安全系统功能完全分开。

④ 液压系统应设计成使其在卸压或液压故障情况下处于安全状态。

⑤ 如果液压作动筒(如风轮刹车和风轮叶片变距装置)只有靠液压压力才能完成其功能，则液压系统应设计成在泵或阀电力供给失效情况下，风力机能够保持安全状态5天。

⑥ 安装时工作的天气条件的影响(润滑油和液压油粘度、可能的冷却、加温等)。

⑦ 泄漏对完成功能不会产生不利影响。如果出现泄漏，应引起重视并对风力机进行相应控制。

⑧ 如果作动筒在两个方向产生液压移动，则它们处于"液压加载"状态。

⑨ 在管路设计中，必须考虑组件可能相互移动，由此使管子承受动载荷。

3. 液压系统的设计原理

液压系统的设计原理主要从变桨距系统中的风轮刹车、偏航系统中的偏航刹车及风力机运行时的制动这3个方面介绍。

由于变桨系统是风能转换系统的主要制动系统(第一位和第二位的制动系统)，每个桨叶有独立的电气驱动，并有蓄电池来保证故障时的安全。还有一个机械制动器安装在传动链的高速侧。这个机械制动系统是风能转换系统的第三制动系统，但并不是设计成当第一和第二制动系统失败时保持风能转换系统在任何条件下不超过转速允许的极限。机械制动器的基本功能是当转子由变距系统使转子减速后让其完全停止运转。机械制动器还用于紧急停机时使风能转换系统尽快减速。这个机械制动器的驱动方式是采用液压为驱动源。

液压系统的风轮刹车系统正常运作时，刹车打开和刹车关闭电磁阀得电，转子刹车释放。应急情况下，刹车打开和刹车关闭电磁阀失电，蓄能器压力油经刹车打开阀进入刹车卡钳，转子制动。压力传感器在刹车油腔低于一定压力值时断开发讯。另一个压力传感器监控蓄能器的充压情况，当压力值小于设定值时，PLC控制油泵电机起动充压。变桨距液压控制系统的基本结构如图5.88所示。

在偏航刹车系统中，偏航刹车机构由8~10个液压控制的偏航刹车盘构成，偏航闸液

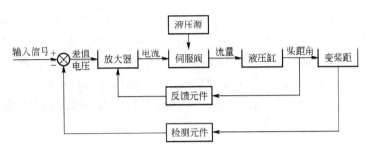

图 5.88　变桨距闭环控制伺服系统方框图

压系统组成如图 5.89 和图 5.90 所示。偏
航系统有两个压力，分别提供偏航时的阻
尼和偏航结束时的制动力。当偏航不工作
时刹车片全部抱闸锁死；当机舱对风时所
有刹车盘处于半松开状态，设置足够的阻
尼，保持机舱平稳偏航，此时偏航制动器
用作阻尼器；自动解缆时，偏航刹车片全
部释放。

　　液压系统的偏航刹车系统的偏航全
泄压电磁阀得电，偏航刹车释放；偏航
半泄压电磁阀得电，溢流阀调整阻尼时
的压力；节流阀控制刹车的起压时间。

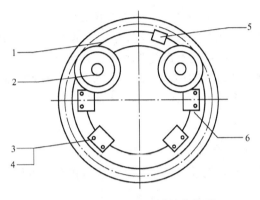

图 5.89　偏航液压系统结构简图

1—偏航齿圈；2—偏航驱动装置；3—偏航液压装置；
4—偏航制动器；5—偏航技术器；6—制动盘

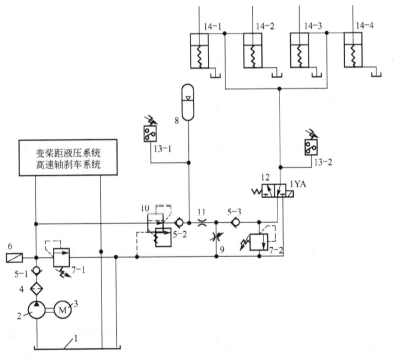

图 5.90　偏航闸液压系统原理图

1—油箱；2—液压泵；3—电动机；4—高压滤油器；5—单向阀；6—压力传感器；7—溢流阀；8—蓄能器；
9—可调节流阀；10—减压阀；11—竹流阀；12—二位三通电磁阀；13—压力开关；14—偏航闸液压缸

当风力机运行时，液压系统在制动器一侧装有球阀，以便螺杆活塞在液压不能加压时用于制动风力发电机。当开机指令发出后，刹车打开电磁阀得电，制动卡钳排油到油箱，刹车因此而释放。暂停期间保持运行时的状态。当停机指令发出后，刹车打开电磁阀失电，来自蓄能器和减压阀的压力油可通过刹车打开电磁阀进入制动液压缸，实现停机时的制动。当紧急停机时，刹车打开电磁阀失电，蓄能器将压力油通过刹车打开电磁阀进入制动卡钳液压缸。制动液压缸的速度由节流阀控制。

5.4.10　偏航机械系统

风力机偏航系统有主动偏航系统和被动偏航系统。主动偏航系统依据风向仪感受的信息由控制系统自动执行偏航，被动偏航系统用人工操作。

偏航系统有齿轮驱动和滑动两种形式。齿轮驱动形式的偏航系统一般由齿圈（带齿的轴承环）、偏航齿轮和驱动电机及摩擦刹车装置（或偏航刹车装置）组成。其作用是保证风轮始终处于迎风状态，使风力机有效地获得风能。偏航系统一般由调向机构和调速机构两部分组成。

1. 调向机构的设计

调向装置就是在风轮正常运转时一直使风轮对准风向的装量。风力发电机的调向装置有很多种。微、小型风力发电机常用尾舵调向。尾舵调向可靠，易于制造，成本低。中、大型风力发电机调向有下风向调向、侧风轮调向、伺服电机调向等调向方式。现在，中、大型风力发电机的调向基本上都采用了计算机控制的调向电机或伺服电机来准确地调向。

1）尾舵调向

尾舵调向结构简单、调向可靠、制造容易、成本低，常为微、小型风力发电机上所采用。设计尾舵时应保证尾舵在风向偏离风轮 30°角之内调向，使风轮对准风向。风向是变化的，尾舵调向应柔和而不应使风轮频繁摆头。

2）下风向调向

下风向风力发电机调向不需要任何调向装置而自行调向，但风向不断变化易使风轮左右摇摆，因而需要加装阻尼器，以减轻风轮的左右摇摆。所谓阻尼器就是在随风转动的机舱下面的转盘上设置两对或 3 对对称的橡胶或尼龙摩擦块，摩擦块由可调弹簧压在转盘的圆板上下外圆面上，摩擦块支座固定在塔架上。

3）侧风轮调向

中、大型风力发电机上风向布置风轮常采用侧风轮调向。侧风轮调向就是在机舱后设计一个或两个低速风轮，侧风轮与主风轮轴线垂直或成一定角度，侧风轮直接带动蜗杆驱动安装在塔架上的涡轮，侧风轮及所带动的蜗杆安装在与机舱一起转动的转盘上，如图 5.91(a)所示。当风向偏离主风轮一个角度之后，侧风轮迎风面增大，开始转动，带动蜗杆驱动涡轮。因为涡轮固定在塔架上，所以蜗杆绕着涡轮转动并带动机舱转动，这样安装在机舱上的风轮对准风向，达到调向目的。

一个侧风轮调向不可靠。当侧风轮安装在机舱左边时，风向向风轮左方偏离时，侧风轮易于转动而调向；当风向偏右时，就不如风向偏左时调向灵活。一个侧风轮调向，必须是风向偏左时正转，风向偏右时反转，或者相反。这样能实现正、反转的风轮叶片效率也不会高，为满足调向功率的需要，侧风轮叶片直径较大，侧风轮调向较好的设计是采用两个侧风轮分别安装在机舱后部，并且不与主风轮轴线垂直，而与主风轮轴成 70°～75° 角，以使风向变化时不论两边哪一个风轮都能获得其调向所需功率而可靠地调向，如图 5.91(b) 所示。

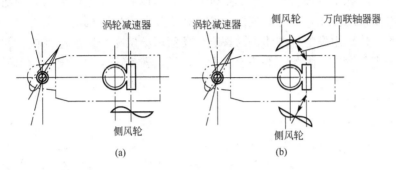

图 5.91　侧风轮调向

4）伺服电机或调向电机调向

伺服电机或调向电机调向往往是以风向标作为调向的信号源，通过电子电路及继电器控制和接通伺服电机或调向电机正转或反转来实现调向。由于电机转速较高而调向速度较低，还需要减速器以满足调向所需要的速度。图 5.92 所示为一种中型风力发电机调向电机调向电路原理图。其调向机理是：在风向标的转动轴上，距转动轴长度为 R 的一个悬臂固定在转动轴上，悬臂端固定一块高物理性能的永磁体，当风向标迎风摆动时，永磁体以风向标转动轴为中心以 R 为半径随转动轴摆动。风向标转动轴与机舱转盘转动中心同轴。在 R 为半径的圆周上与风轮轴线的正方向左右各 15° 角的位置上各固定一个常开触点的干簧管。这两个干簧管各控制一个小型继电器，这两个小型继电器各控制一个使调向电机正、反转的继电器。调向电机正转向左调向，反转向右调向。当风向向左偏 15° 角之外悬臂上的永磁体接近左边的干簧管并接通其触点，使小继电器线圈接通，小继电器又接通调向电机左转的继电器，调向电机左转驱动机舱左转，当机舱左转超过 15° 角且迎风后，悬臂上的永磁体离开左边的干簧管，干簧管触点断开，向左调向结束；反之亦然。与风轮轴线左右各 15° 角共 30° 角是给风向标摆动的角度余量，也是风向偏离风轮轴线开始调向的角度。这套调向装置结构简单，运行可靠。

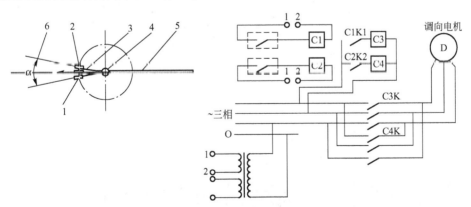

图 5.92　调向电机调向原理图

1—左向干簧管；2—右相干簧管；3—风向标带动的悬臂及悬臂上控制干簧管的永磁体；
4—风向标转动轴；5—风向标；6—风向标自由角度 α

2. 调速机构的设计

风能是一种不稳定能源，风速的随机性很大，所以风力发电机风轮叶片随着风速的变化其转速也在不断地变化，风轮转速的不断变化会使风力发电机的输出功率、电压频率也不断变化。为了使风力发电机的输出功率、电压频率稳定在一定的范围内，就必须使风轮转速稳定在一定范围内，因此需要调速装置。把风轮转速稳定在一定范围内的装置称调速装置。调速装置是在风力发电机设计的额定风速以上开始起调速作用，当风速小于额定风速时不起调速作用。

风力发电机的设计者们在风力发电机近一个世纪的发展中，设计了很多种形式的调速装置。调速装置的作用，其一是当风速大于额定风速时调速，其二是当风速大于停机风速时能顺桨停机。在微、小型风力发电机中常采用扭头或仰头调速；在大、中型风力发电机中常采用离心飞球变桨距调速、定桨距失速控制调速、液压变桨距调速、调速电机的变桨距调速或两台发电机再加变桨距或定桨距失速控制的系统调速。

1）扭头、仰头调速装置

微、小型风力发电机常采用结构简单的扭头、仰头调速装置。当风速大于额定风速时，风轮及机舱开始扭头、仰头以减少叶片的迎风面积，稳定输出功率。当风速达到设计的停机风速时，风轮顺桨、停机，保护风力发电机不在停机风速以上的大风中遭到破坏。如图 5.93 和图 5.94 所示扭头、仰头调速装置都是将机舱与转盘转动中心偏心布置；在扭头装置中，风轮及机舱的重心到转盘中心的垂直距离为 l_1；转盘中心沿尾翼方向到尾翼末端的距离为 l_2。在仰头装置中，l_1 和扭头装置中的 l_1 相同；l_2 表示风轮转轴到转盘中心的垂直距离。风对叶片的推力对于转盘中心形成转矩 M_1 与尾舵弹簧拉力 F_1 对于转盘中心的力矩 M_2 相平衡。当风速超过额定风速时，风轮偏离风向，而尾舵依然顺着风向，这时弹簧被拉长，拉力增大，风对叶片的推力 F_T 对于转盘中心所形成的转矩 M_3 又和弹簧拉力 F_2 对转盘中心的力矩 M_4 相平衡，使风轮转速稳定在额定转速范围。这就是扭头、仰头的调速机理。

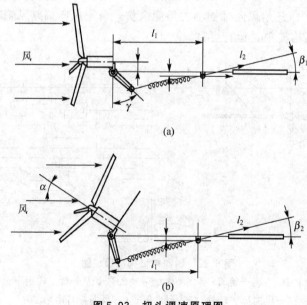

(a)

(b)

图 5.93　扭头调速原理图

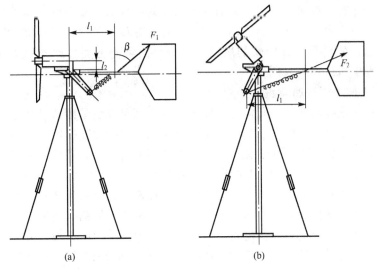

图 5.94　仰头调速原理图

2）离心飞球变桨距调速装置

如图 5.95 所示，l_1 表示连杆轴到弹簧联接点的距离；l_2 表示连杆轴到离心球的垂直距离。当风速在额定风速以内时飞球的离心力与弹簧的初压力相平衡，调速装置不起调速作用，当风速超过额定风速时，风轮的转速也相应地超过额定转速。由于风轮转速加快，飞球离心力增大并克服弹簧的初压力向外张开经连杆传递带动大圆锥齿轮转动，而与大圆锥齿轮相啮合的小圆锥齿轮被大圆锥齿轮带动旋转。小圆锥齿轮的轴就是叶片的俯仰转动轴，亦即叶片变桨距的轴，所以小齿轮转动就改变了叶片安装角。风速超过额定风速越大，飞球离心力越大，大齿轮啮合小齿轮转过齿数越多，使叶片安装角变化得更大，达到调速目的。当风速达到设计的停机风速时，飞球张开到使小齿轮转到叶片顺桨的位置，风力发电机停机。

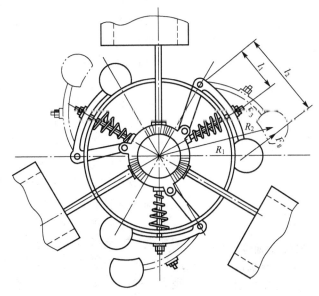

图 5.95　离心飞球变桨距调速装置

离心飞球调速有多种形式，但它们调速的机理是一样的，都是利用飞球在风轮转速增加时离心力增大作为变桨距的动力。离心飞球调速装置使用较早，但可靠性不高。常因弹簧的拉力（或压力）的变化，绞接轨的磨损、生锈等因素使其失去调速的可靠性。现代的大、中型风力发电机已很少采用。

3）定桨距失速控制调速装置

所谓定桨距失速控制调速装置就是风轮叶片的尖部可以变桨距或叶尖设有阻尼板，而叶片的大部分或整个叶片定桨距，靠叶尖的变桨距的一段叶片改变叶片安装角或将阻尼板伸出对空气形成阻力的一种调速装置。定桨距失速型调速装置是现代大型风力发电机主要采用的调速形式之一。图5.96是定桨距失速控制调速装置。可变桨距部分叶片用液压油缸来驱动以改变这段叶片的安装角。风力发电机在额定风速以内运转时，可改变桨距的这段叶片与定桨距叶片保持整体叶片形状并参与整个叶片接受风能。当风速超过额定风速时液压油缸使这段叶片改变安装角，使这段叶片成为风轮转动的阻力板，安装角的变化决定对风的阻力，以保持风轮稳定在一定范围内的转速。这就是定桨距失速控制调速装置的机理。

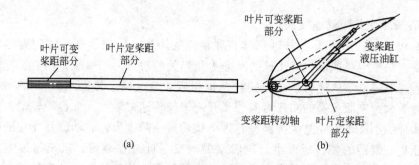

图5.96 定桨距失速控制调速装置

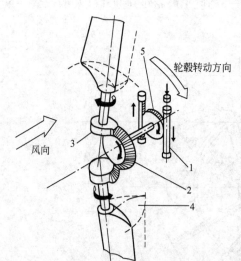

图5.97 液压变桨距调速装置

1—液压小油缸及齿条；2—大圆锥齿轮；
3—小圆锥齿条；4—叶片变桨距
方向；5—齿条驱动的齿轮

4）液压变桨距调速装置

液压变桨距调速也是当代大型风力发电机调速的方式之一。图5.97是美国MOD-O型大型风力发电机变桨距调速装置。它是两个小液压油缸驱动的两个小齿条啮合的一个齿轮，齿轮同轴的圆锥齿轮再啮合使叶片变桨距的小圆锥齿轮来实现叶片变桨距调速的。整个变桨距调速装置都安装在轮毂内。液压油通过旋转接头送至两个小液压油缸。液压油缸及齿轮是计算机控制变桨距调速的执行机构。

5）调速电机的变桨距调速装置

调速电机变桨距调速也是当代大、中型风力发电机常采用的调速力式之一。图5.98是一种调速电机变桨距调速装置。它的结构是：用调速电机驱动一个蜗杆减速器，在输出轴上安装一个直齿齿轮与圆周齿轮10啮合，圆周齿轮固定在空心风轮轴8内和空心风轮轴一起转动的轴7

上，轴 7 的另一端与可拉动叶片变桨距的连杆铰接，同时轴 7 又可在空心风轮轴内纵向移动以拉动变桨距连杆实现变桨距调速。当风速超过额定风速风轮转速加快时，调速电机获得调速信号，起动、旋转驱动圆周齿轮向离开风轮的方向移动，拉动连杆 3 使叶片转动增大安装角以减少叶片接受风能的面积，使风轮运转在额定转速的范围内，此时调速电机接到停止调速的指令而停止。当风速变小时，调速过程相反，由电机反转来实现。这套调向电机变桨距调速装置可以实现设计的停机风速的顺桨停机，也可以用在扭头调速上。

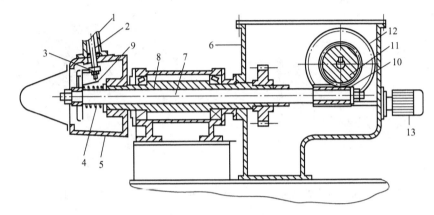

图 5.98　调速电机变桨距调速装置

1—叶片纵梁座；2—变桨距轴；3—变桨距连杆；4—弹簧；5—轮毂；6—增速箱；
7—变桨距轴；8—风轮轴；9—同步器；10—圆周齿轮；11—齿轮；12—涡轮；13—调速电机

6）两台发电机再加变桨距或定桨距失速控制的调速系统

风能是风速的 3 次方函数，单台发电机的风力发电机的输出是在额定风速下的功率输出，额定风速以上的风速的风能得不到利用。很多风力发电机的设计者都在追求扩大风速利用范围以达到充分利用风能的途径。

风力发电机内安装两台发电机，其中一台功率较小，适用于额定风速以下的风速发电；另一台是额定风速的发电机。当风速在额定风速以下时，小发电机发电；当风速达到额定风速时，小发电机停止发电，大发电机开始发电，当风速达到额定风速以上时，两台发电机都切入发电；当达到两台发电机都发电的风速或更快风速时，再用变桨距或定桨距失速控制的调速装置调速。这种调速形式的风力发电机扩大了风速利用范围，充分利用了风能。

另一种扩大风速范围充分利用风能的形式是一台多极发电机，低转速适用于额定风速以下的风速发电；中等转速适用于额定风速发电；高转速适用于额定风速以上的风速发电，再配以变桨距或定桨距失速控制调速装置，从而扩大了风速利用范围，充分利用了风能。

比如丹麦的 NORDEX N27/250kW 大型风力发电机就是 6/8 两级 1000/750r/min 发电机，额定功率为 250/45kW，额定电压为 415V，同时采取定桨距叶尖失速调速方式，使 NORDEX N27/250kW 风力发电机的风速利用范围很宽，风能利用率较高。

5.4.11　控制系统

1. 微、小型风电机组控制系统的特点

微、小型风力发电机系统中的控制器一般采用一个电路板，它一般和发电机或逆变器

安装在一起。图5.99是可以和图5.100所示的发电机安装在一起的控制电路板；图5.101是用于风光互补风力发电系统中和逆变器结合在一起的控制器。这类控制器主要通过ECU(Electronic Control Unit，电子控制单元)控制电路的打开、关闭及电压的大小来控制风力发电机的切入、切出及对蓄电池和发电机的非额定状态进行调节。

图5.99　微型风力发电机用发电机　　　　　图5.100　内置于发电机的控制电路板

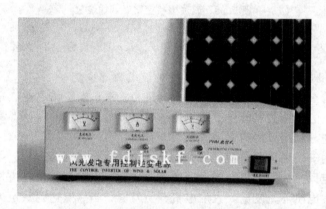

图5.101　风光互补系统的控制逆变器

　　控制器主要是由一些电子元器件如电阻、电容、半导体器件、继电器等组成。简单地说，控制器就是一个"开关"。当风力发电机发出的交流电经整流后，如蓄电池电压低于系统设定的电压时，控制器使充电电路接通，风力发电机向蓄电池充电，当蓄电池电压上升达到保护电压时，充电控制开关电路截止，风力发电机停止向蓄电池充电，以免蓄电池过充。但是，根据蓄电池的充电特性，这时，蓄电池电压会慢慢下降，为防止蓄电池充电不足，当其电压下降到一定值时，充电控制开关导通，对蓄电池进行自动补充充电，该状态一直保持到下一次充电保护为止。由于电视机、洗衣机或其他有电动机的用电设备起动时，起动电流很大，会造成蓄电池电压突然下降，造成错误保护。为保证一次起动成功，控制器设有延时保护功能，延时时间在1秒到30秒内可调，以满足各种负载的起动要求。

　　2. 大型风电机组控制系统的特点

　　大、中型风力发电系统中的控制技术是整个系统的关键技术之一，控制系统的设计也因机组的不同类型、不同构成及功能而有很大区别。具体设计方法可以参考相关资料，也可以通过第 6 章的学习了解控制系统对机组功率的控制调节方法，这里简单介绍主要控制系统的组成及功能。

由于自然风速的大小和方向是随机变化的，风力发电机组从电网的切入和切出、输入功率的限制、风轮的主动对风以及对运行过程中故障的检测和保护必须能够自动控制。同时，风力资源丰富的地区通常都是海岛或边远地区甚至海上，分散布置的风力发电机组通常要求能够无人值守和远程监控，这就对风力发电机组控制系统的可靠性提出了很高的要求。

因此，大型风力发电机组的控制系统设计时必须从综合控制的角度出发，不仅能监视电网、风况和机组运行参数，对机组进行并网与脱网控制，以确保运行过程的安全性与可靠性，而且还要根据风速与风向的变化，对机组进行优化控制，以提高机组的运行效率和发电量。

风力机的控制技术主要是风轮控制技术。风轮控制是风力机功率调节的关键技术之一，目前投入运行的机组主要有两类功率调节方式：一类是定桨距失速调节控制；另一类是变桨距调节控制。

定桨距失速调节控制一般用于恒速运行系统，风力机的功率调节完全依靠叶片的气动特性，如定桨距风力发电机组。这种机组的输出功率随风速的变化而变化，在高于额定风速条件下，利用桨叶翼型本身的失速特性达到输出功率的控制。从风能利用系数 C_p 的关系看，特别是在低风速段，难以保证在额定风速之前使 C_p 最大。这种机组通常设计有两个不同功率、不同极对数的异步发动机。大功率高转速的发动机工作于高风速区，小功率低转速的发动机工作于低风速区，由此来调节尖速比 λ，追求最佳 C_p。当风速超过额定风速时，通过叶片的失速或偏航控制降低 C_p，从而维持功率恒定。定桨距失速控制型风力机整机结构简单，部件少，造价低，并具有较高的安全性。但失速型叶片本身结构复杂，成型工艺难度也较大。随着功率增加，叶片加长，所承受的气动推力增大，叶片的失速动态特性不易控制，使制造更大机组受到限制。

变桨距控制一般用于变速运行系统。风轮叶片的桨距角可随风速变化，主要目的是改善风力机的起动性能和功率输出特性，当发电机起动时，通过调节桨距角，对转速进行控制。当输出功率小于额定功率时，桨距角等于零，不作任何调节；当输出功率大于额定功率时，调节桨距角，以减小攻角，使输出功率保持在额定值。为了尽可能提高风力机风能转换效率和保证风力机输出功率平稳，在定桨距基础上加装桨距调节环节，成为变桨距风力发电机组。变桨距风力发电机组的功率调节不完全依靠叶片的气动特性，它要依靠与叶片相匹配的叶片攻角的改变来进行调节。在额定风速以下时可看作等同于定桨距风力发电机组。在额定风速以上时，变桨距机构发挥作用，调整桨距角，保证发电机的输出功率在允许范围以内。在实际应用中，由于功率与风速的 3 次方成正比，风速的较小变化将造成风能的较大变化。风机的输出功率处于不断变化中，桨距调节机构频繁动作。风力发电机组桨距调节机构对风速的反应有一定的延时，在阵风出现时，桨距调节机构来不及动作而造成风力发电机组瞬时过载，不利于风力发电机组的运行。为此采用主动失速调节控制，即前两种功率调节的组合：低速时，采用变桨距调节，优化机组功率的输出；达到额定功率后，桨叶节距主动向失速方向调节，将功率调整在额定值以下，限制机组最大功率输出。这可以使风力机在额定风速以下的工作区段有较高的发电量,而在额定风速以上高风速区段不超载,当然它的缺点是需要有一套比较复杂的变桨调节机构和对叶片的设计要求较高。在大、中型风力发电机组广泛采用主动失速调节控制技术。

3. 并网型风力发电系统控制技术

为了实现风力发电机组与电网的并网,风力发电系统必须满足 4 个条件。

(1) 风力发电系统频率与电网频率相等。

(2) 风力发电系统电压(幅值)与电网电压(幅值)相等。

(3) 风力发电系统电压相序与电网电压相序相同。

(4) 风力发电系统电压相角与电网电压相角一致。

为此,风力发电系统必须进行控制,并网型风力发电系统控制技术有 3 种:恒速恒频式控制;变速恒频双馈式控制;变速直驱式控制。

恒速恒频系统可采用同步发电机或异步发电机,通过稳定风力机的转速来保持发电机频率恒定,其特点是结构简单、鲁棒性好、控制方便、造价较低、免维护;但存在一些问题:需要进行无功补偿、齿轮箱易产生故障、对叶片要求较高、输出功率波动较大、发生失速时,难以保证恒定的功率输出,鉴于以上原因,这种风力发电系统的容量通常较小。如图 5.102 所示。

变速恒频式控制系统是 20 世纪 70 年代中期发展起来的一种新型风力发电系统,可以控制电流转子,在大范围内控制电机转差、有功功率和无功功率,提高系统的稳定性;其特点是不需要无功补偿装置;可以追踪最大风能,提高风能利用率;降低输出功率的波动;变频逆变器容量仅占风力机额定容量的 25% 左右,与其他全功率变频器相比大大降低变频器的损耗及投资;主要缺点在于控制方式复杂,机组价格昂贵,齿轮箱易产生故障。变速恒频式发电系统有多种,如交—直—交系统、变流励磁发电系统、无刷双馈电机系统、开关磁阻电机系统、磁场调制发电系统、同步异步变速恒频发电系统等。目前的大型风力发电机组一般是这种变桨距控制的双馈式风力机,如图 5.103 所示。

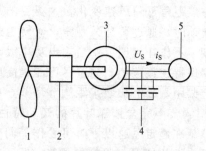

图 5.102 恒速恒频风力发电系统工作原理
1—风轮;2—齿轮传动机构;3—鼠笼式变频
发电机;4—补偿电容器;5—电网

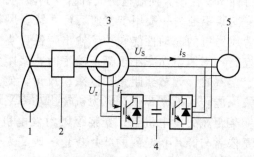

图 5.103 变速恒频风力发电系统工作原理
1—风轮;2—齿轮传动机构;
3—双馈感应电机;4—逆变器;5—电网

变速直驱风力发电系统如图 5.104 所示,采用可低转速运行的发电机直接与风力机匹配,省去齿轮箱和高速传动装置,在提高几个百分点效率的同时,可减轻系统重量,降低噪声高速机械磨损,有成本低和维修少的优点。由于采用频率变换装置进行输出控制,所以并网时没有电流冲击,对系统几乎没有影响,因为采用交—直—交转换方式,同步发电机的工作频率与电网频率是彼此独立的，不会出现并网运行时的失步问题，也不需要并联电容器作无功补偿装置；风力机是变速运行系统，其功率控制方式也是变桨距控制，可以提高风能利用率，主要缺点是全功率变频器的造价很高。目前，该系统在德国、美国、丹麦等国家投入商品化生产，如 Enercon 公司的 E‑40 型 500kW 无齿轮直驱风力发电系统，1.5MW 的无齿轮箱直接驱动型的风力发电机组已试运行，而我国尚未得到应用。

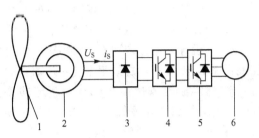

图 5.104　变速直驱风力发电系统工作原理
1—风轮；2—直驱式同步发电机；3—整流器；
4—断路器；5—逆变器；6—电网

并网型风力发电系统存在的技术问题：风电质量问题；空气动力学和结构力学不确定性问题；控制器特性改进及优化问题；系统特性优化匹配问题；系统运行可靠性问题；风能有效利用问题等。

复习思考题

一、填空题

1. 风电场址的选择有＿＿＿＿＿和＿＿＿＿＿两个方面。

2. 进行风电场宏观选址时，尤其是组建电网时主要考虑＿＿＿＿＿、＿＿＿＿＿、＿＿＿＿＿和＿＿＿＿＿四个指标。

3. 风速可以用＿＿＿＿＿测量，它表示单位时间内＿＿＿＿＿，单位是＿＿＿＿＿或＿＿＿＿＿。

4. 进行风力发电机组设计时首先要根据＿＿＿＿＿等外部条件确定机组的等级。风力发电机组的等级有＿＿＿＿＿等级和＿＿＿＿＿等级两种；前者又有＿＿＿＿＿种等级。

5. 风力发电机组的总体设计参数包括＿＿＿＿＿、＿＿＿＿＿、＿＿＿＿＿、＿＿＿＿＿和＿＿＿＿＿。

6. 本章介绍了图解法、＿＿＿＿＿、＿＿＿＿＿、＿＿＿＿＿、＿＿＿＿＿、＿＿＿＿＿和失速设计法 8 种叶片设计方法。

7. 风力发电机风轮叶片使用的翼型主要有两类。一类是＿＿＿＿＿，另一类是风电机＿＿＿＿＿。

8. 雷诺数主要由＿＿＿＿＿和＿＿＿＿＿决定；雷诺数的大小决定了风场中作为流体的风的＿＿＿＿＿。

9. 发电机的类型很多，按照输出电流形式可以分为＿＿＿＿＿和＿＿＿＿＿两大类。前者还可以分为永磁直流发电机和＿＿＿＿＿两种；后者又可分为同步发电机和＿＿＿＿＿两种。

10. 风力发电机组实现风力发电机制动的方法按传动方式有＿＿＿＿＿、＿＿＿＿＿、＿＿＿＿＿和＿＿＿＿＿等。

二、思考题

1. 测得某地风场的实际大气压为 90000Pa，气温为 18℃，湿度为 50%，饱和水蒸气压为 2685.559Pa，试用 3 种方法计算并比较这个风场的空气密度。

2. 搜索资料，给出 300W 和 3MW 风力发电机组的基本参数。

3. 为什么风力发电机一般都采用三叶片？

4. 要设计一台额定功率为 500W，额定风速为 10m/s，空气密度 $\rho=0.225kg/m^3$，风能利用系数取 0.36，总效率取 0.9，则它的风轮直径为多少？

5. 给定额定风速为 10m/s，额定功率为 300W，采用直驱式永磁发电机，转速为 400r/min，试设计水平轴三叶片风力发电机风轮叶片的外形。标准空气密度取 1.225kg/ m^3，采用 63_2-615 层流翼型。要求用书中给出的图解法、简化风车设计法、等升力系数法、等弦长法、Glauert 设计法及 Wilson 设计法分别进行设计，并比较它们的弦长及安装角有何区别。

6. 分析叶片在铅锤位置时根部所受载荷。

7. 叶片内部结构有哪些种类？

8. 比较实际应用中 200W 风轮叶片和 2MW 风轮叶片的内部结构和所用材料有何不同？

9. 结合本章介绍的叶片设计方法，试用综合优化法设计 3MW 风轮的主要参数，与市场中 3MW 风轮参数进行比较。

10. 风力发电系统中用到的蓄电池有哪些种类？目前的市场价如何？

11. 300W 风力发电系统中用到齿轮箱吗？兆瓦级风电机组通常采用何种类型的齿轮传动装置？

12. 兆瓦级风力发电系统的机舱内主要有哪些部件？机舱主要工作原理是什么？

13. 微、小型风力发电机通常通过什么方式刹车？大型风力发电系统的的刹车过程是怎样的？

14. 液压系统有哪些设计要求？

15. 偏航机械系统中小型风力机有哪些调向方式？大型风电机组有哪些调速装置？

16. 大型风电机组的控制系统有哪些特点？

第 **6** 章

风力发电机输出功率特性

教学目标

　　掌握风力发电机组功率特性试验方法；掌握风力发电机组功率测试时影响功率的几个主要参数的测量方法；掌握功率测定的测量和计算方法；掌握风力发电机组气动参数的计算方法；掌握年发电量的计算方法；了解风力发电机组各种功率控制方法；了解风电机组中控制系统对功率控制调节的基本原理及方法；了解风力发电机组输出功率特性试验的相关标准。

教学要点

知识要点	掌握程度	相关知识
风力发电机组功率特性的测定	掌握功率测定的测量和计算方法	风力发电机组功率特性试验的场地、测试仪器、测试方法、数据收集、数据处理及数据分析的方法
风力发电机组功率测试时影响功率的主要参数	掌握风力发电机组功率测试时影响功率的几个主要参数的测量方法	风力发电原理，风力机功率特性及电压、电流测试方法
风力发电机气动性能参数	掌握风力发电机组气动参数的计算方法；掌握年发电量的计算方法	风力发电机组各种功率控制方法及统计方法
输出功率的控制	了解风力发电机组各种功率控制方法；了解风力发电机组输出功率特性试验的相关标准	风电机组中控制系统对功率控制调节的基本原理及方法

导入案例

中国风电企业网发布，2011 年 6 月 14 日华锐科技集团在华锐科技酒泉风电设备制造基地，正式起动了华锐 6 兆瓦风力机的生产。

起动仪式上称华锐科技集团是全球第二、国内第一的风电设备制造企业。华锐科技酒泉风电设备制造基地自 2009 年第一台风力机下线以来，已累计生产 1844 台、323 万千瓦的风电机组。6 兆瓦风力机生产起动、5 兆瓦风力机吊装、第 300 台 3 兆瓦风力机下线，标志着酒泉成为全球规模化生产陆上最大风力发电设备的制造基地。

华锐 6 兆瓦风电机组是华锐集团具有完全知识产权、中国单机容量最大、全球技术领先的风电机组。我国因此成为继德国之后第二个能够自主研发生产单机容量为 6 兆瓦风电机组的国家。

6 兆瓦是指机组的额定功率，实际上不同风速下机组的输出功率是不同的，从理论上能够计算出这些功率值；但是在实际风场中机组的输出功率是多少？机组的输出功率随风速、叶尖速比的变化规律又是怎样的呢？如何测定机组的功率呢？

风力发电机组性能的优劣，关键在于机组输出功率的特性。本章在国标"GB/T 18451.2—2003 风力发电机组 功率特性试验"、"GB/T 19960.2—2005 风力发电机组 第 2 部分 通用试验方法"及"GB/T 19068.2—2003 离网型风力发电机组 第 2 部分 试验方法"的基础上给出了风力发电机组功率测试时应掌握的一般方法。同时介绍了影响风力发电机组功率输出特性的关键因素，如风轮转速和风力发电机组的控制功能。此外给出了风力发电机组主要性能参数的计算方法。本章重点讨论了风力发电机组功率输出的测试方法和控制机组功率输出的各种方式。

6.1 风 轮 转 速

在风力发电机设计与性能计算中都涉及一个重要参数，那就是尖速比 λ。这个参数直接由风轮的转速 n 决定。对于无齿轮（直驱）式风力机，这个转速和发电机转速一致；对于有齿轮式风力机，这个转速与增速比的乘积就是发电机的转速。风以风速 v 驱动风轮以转速 n 旋转，从而直接或间接驱动发电机以 n_{gr} 转速运行，最后机组输出功率 P。这样就可以找到风速 v 和功率 P 之间的关系，以便进行性能的计算和模拟。

一方面，从发电机角度来讲，发电机的转速、效率、输出功率是确定的，这可以从厂家设计参数得到。或者利用发电机性能试验可以得到发电机在当前状态下的实际输出性能。

根据国标 GB/T 10760.2—2003 的规定，测试负载分别选取可调电阻与蓄电池，在标准中规定的测试点，或为了更加准确也可以适当增加测试点，进行发电机功率输出特性试验。常用的测试方法如图 6.1 所示。

对数据进行加工整理，利用数学方法或借助与计算机可以得到输出功率和发电机转速之间的关系

$$P_{gr} = g(n_{gr}) \tag{6-1}$$

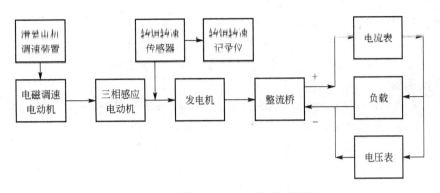

图 6.1 发电机功率输出特性测试路线图

另一方面，风轮在风场中运行，驱动发电机输出功率为

$$P_{tb} = \frac{1}{8} C_p \rho_0 \pi \eta_1 \eta_2 D^2 v^3 \qquad (6-2)$$

式中，P_{tb} 为风力发电机组输出功率（W）；C_p 为风能利用系数；ρ_0 为标准状态下空气密度（kg/m³）；η_1 为发电机效率；η_2 为机械传动系统效率；D 为风轮直径（m）；v 为风速（m/s）。

这两种方法得到的输出功率是相等的，即

$$P_{tb} = P_{gr} \qquad (6-3)$$

从这个等式就可以得到发电机转速与风速之间的关系式

$$n_{gr} = f(v) \qquad (6-4)$$

如果考虑齿轮传动，那么增速比为 k 时就得到风轮转速与风速之间的关系

$$n = \frac{1}{k} n_{gr} = \frac{1}{k} f(v) \qquad (6-5)$$

特别地，当 $k=1$ 时，表示是直驱式风力发电系统。

例 6.1 给定一台发电机，额定功率：100W；电压：28V；额定转速：400r/min；重量：12.5kg，采用直驱式连接，利用试验方法求出风速与风轮转速之间的关系式。

解： 首先根据上述测试方案，参考国标 GB/T 10760.2—2003 规定的测试点，同时又增加了测试点后，对额定转速的 60%、65%、70%、80%、90%、100%、110%、120%、125%、130%、140%、150%转速下，分别用直接负载法（电阻负载）和蓄电池测定发电机的输出功率和效率，取平均值后得到图 6.2 所示的发电机功率和效率曲线。

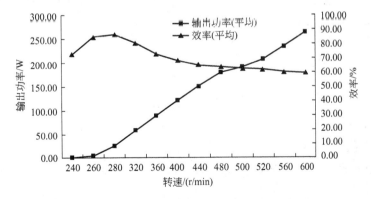

图 6.2 100W 永磁发电机平均输出功率与平均效率曲线

此外，根据试验台测得的发电机转速和输出功率的对应值，利用 Matlab 中的 polyfit 函数进行拟合，通过对参数和结果的比较，选用拟合效果比较好的二次拟合关系式

$$P_{gr} = 0.0007n_{gr}^2 + 0.1073n_{gr} - 50.3194 \qquad (6-6)$$

及其反函数

$$n_{gr} = -0.0009P_{gr}^2 + 1.7083P_{gr} + 211.8615 \qquad (6-7)$$

式中，P_{gr} 为发电机输出功率(W)；n_{gr} 为发电机转速(r/min)。

另一方面，把 $\rho_0 = 1.225\text{kg/m}^3$；$\eta_1 = 70.32\%$；$D = 1.7\text{m}$ 代入式(6-2)和式(6-3)可以得到转速 n_{gr} 和风速 v 的关系表达式

$$n_{gr} = f(v) = 714.2857\sqrt{0.1524 + 0.2736C_p \cdot \eta_2 \cdot v^3} - 76.6428 \qquad (6-8)$$

其中的风能利用系数 C_p 和机械传动系统效率 η_2 可以根据设计值或试验值代入式(6-8)进行计算。

由于是直驱式连接，因此增速比 k 为 1，从而得到风轮转速 n 与风速 v 之间的关系

$$n = n_{gr} = f(v) = 714.2857\sqrt{0.1524 + 0.2736C_p \cdot \eta_2 \cdot v^3} - 76.6428 \qquad (6-9)$$

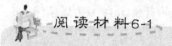 阅读材料6-1

发电机效率与功率的试验

发电机是风力发电系统的一个核心部件，它的性能直接影响到风力发电机组性能的优劣。国内和国外也有相关的标准。国标 GB/T 10760.2—2003 给出了离网型风力发电用发电机的试验方法。标准中规定了这类发电机应该进行效率的测定、负载特性曲线的测定、发电机输出功率和额定转速的测定、绕组对机壳绝缘电阻的测定、绕组在实际冷态下直流电阻的测定、耐电压试验、匝间绝缘试验、不同工作转速下发电机空载电压的测定、短路机械强度试验、过负载试验、超速试验、温升试验、轴承温度测定、起动阻力矩测定、低温试验、40℃变变温热试验、外壳防护等级试验、电磁干扰测定等试验内容。对于在风力发电机组输出功率的试验，尤其是离网型风力发电机组输出功率特性的试验中，用到的发电机一般都是经过检测的，只需要对发电机的效率、负载特性及发电机输出功率与额定转速的对应关系进行测试，得到在整个机组试验中的实际特性就可以了。

1. 效率的测定

效率测定采用直接法。直接法就是指在试验中用电阻做试验系统的负载。发电机在额定电压、额定功率下运行，此时发电机转速应不大于 105% 额定转速，当温度基本上达到稳定以后，测定发电机输入功率、直流输出功率、电流、热稳态以及冷空气温度。将绕组的损耗按式(1)换算到冷空气温度为 25℃ 时的数值。

$$(I_i^2 R_i)_{25} = \frac{235 + \Delta\theta_i + 25}{235 + \Delta\theta_i + t_0} \times (I_i^2 R_i) \qquad (1)$$

式中，$\Delta\theta_i$ 为绕组的温升值(K)；I_i 为发电机输出电流(A)；R_i 为绕组热态电阻(Ω)；t_0 为冷却空气温度(℃)。

换算到冷却温度为 25℃ 时的发电机效率按照式(2)计算

$$\eta = \frac{P_2}{P_1} \times 100\% \qquad (2)$$

$$P_2' = P_2 - (I_i^2 R_i)_{25} + (I_i^2 R_i) \qquad (3)$$

式中，P_1 为发电机输入功率（W）；P_2' 为换算后的发电机输出功率（W）；P_2 为发电机直流输出功率（W）。

发电机效率测定时，应包括整流桥和连接线的损耗。

2. 负载特性曲线的测定

发电机分别在 65%、80%、100%、125%、150% 额定转速下，用直接负载法测定此时发电机的输出功率和发电机的实测效率，额定转速以下时保持输出电压为额定值；额定转速以上时保持额定功率时的负载电阻值不变，以转速为横坐标，效率和输出功率为纵坐标做出关系曲线。2kW 及以上的发电机不做 150% 额定转速试验。

3. 发电机输出功率和额定转速的测定

发电机输出端符合 GB/T 19068.1—2003 规定的连接线连接，经整流后加电阻负载，保持发电机的电压为额定电压，当发电机的输出功率为额定值时，测得的转速即为发电机的额定转速。

6.2 风力发电机组功率特性的测定

风力发电机组输出功率特性的试验在国标中有明确规定。国标"GB/T 18451.2—2003 风力发电机组 功率特性试验"给出了适用于单台风力发电机组、并网发电的所有类型和规格的风力发电机组功率特性的试验方法。对于小型风力发电机可以采用国标"GB/T 19068.2—2003 离网型风力发电机组 第2部分 试验方法"中给出的适用于风轮扫掠面积 $40m^2$ 以下的离网型风力发电机组输出功率的试验方法；或者采用国标"GB/T 19068.3—2003 离网型风力发电机组 第3部分 风洞试验方法"中给出的试验方法，这也是适用于风轮扫掠面积不大于 $40m^2$ 的离网型风力发电机组输出功率的试验方法。具体采用哪种方法一方面要根据实际风力发电机组的风轮扫掠面积，另一方面还要根据实际条件参考国标相应方法进行试验。

6.2.1 试验场地

确定了试验方案后，就要针对风力发电机组的运行情况进行试验。选定试验场所，在试验场地上风力发电机组的附近要安装气象测风杆，以确定吹向试验的风力发电机组的风速值。

试验场地可能会造成对所测风力发电机组输出功率的影响，特别是由于气流畸变可能造成测风杆上的风速与风力发电机组上的风速值不同。

因此，在进行测试之前，需要对试验场地的气流畸变、地形变化、其他风力发电机组、障碍物（建筑物、树林等）等的影响进行评估，以便选择气象测风杆的安装位置、确定合适的风速测量扇区、估算出合理的气流畸变修正系数以及评估由于气流畸变造成的误差。

在安装气象测风杆时，需要特别注意其安装位置，尽量不要太靠近风力发电机组，因为在风力发电机组前方的风速值将会降低。相反也不要离风力发电机组太远，因为这样会造成所测量的风速值与风力发电机组的功率输出相关性减小。测风杆所处位置与风力发电机组的距离应该为风力发电机组风轮直径 D 的 2~4 倍。一般建议采用风轮直径 D 的 2.5

倍为宜。测风杆必须设立在所选择的测量扇区内。对于垂直轴风力发电机组其 D 值应该选择风轮最大的水平直径的 1.5 倍。

图 6.3 给出了气象测风杆与风力发电机组之间的间隔距离要求。

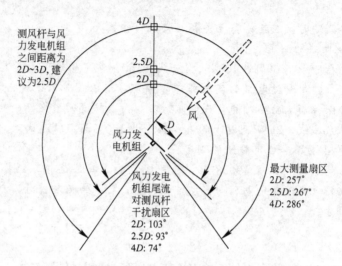

图 6.3　气象测风杆的距离和最大允许测量扇形区域

测量扇区方向上应排除主要障碍、地貌变化或其他风力发电机组，既要离开试验状态风力发电机组，又要离开气象测风杆。

由于在试验风力发电机组尾流内的气象测风杆距离是 2 倍、2.5 倍和 4 倍风轮直径，排除在干扰扇区之外，如图 6.3 所示。试验风力发电机组和气象测风杆之间以及所有相邻风力发电机组和障碍物之间所有距离，用国标"GB/T 18451.2—2003 风力发电机组　功率特性试验"附录 A 的方法决定排除这方面尾流的影响。如果试验场地满足附录 A 规定的要求，那么不需要对场地作进一步分析，也没有必要有气流畸变修正系数。

如果气象测风杆安装位置距离风力发电机组 2～3 倍风轮直径时，应取不小于 2% 测量风速；当其距离为 3～4 倍风轮直径时应取不小于 3% 测量风速，作为由于场地气象畸变引起的标准误差。

如果试验场地不满足附录 A 规定的要求，或要求由试验场地气流畸变引起误差较小时，那么需对试验场地进行标定，或用三维流模型对试验场地进行分析，对这种有关类型的地形应审查批准后方可试验。

如果进行试验场地理论估算的修正系数，采用有效的三维流模型，那么应用的扇区应小于或等于 30°。确定场地修正标准误差，应不小于在整个测量扇区内求得最大修正量的 1/2，并且在试验主风方向的 60°扇区内。

尽管在一个风电场内，为确定单个风力发电机组的性能特性可采用场地标定方法，但必须重视复杂地形与其估算结果的一致性。

6.2.2　测试仪器

测量风力发电机组的净电功率时应采用功率测量装置，如功率变送器。

如果功率测量采用功率变送器，其测量精度应符合 GB/T 13850—1998 的要求，建议其精度选用 0.5 级或更高。如果不采用功率变送器进行功率测量，其测量精度应该等同于功率变送器 0.5 级的精度。测试装置的量程应设置为可以测量风力发电机组输出的最大的正负瞬间的峰值。这里建议选用风力发电机组额定输出功率的 50%～200% 作为功率的满量程测量范围。在测量过程中，必须随时观察所有测量数据，以确保被测数据不超出测量仪器的工作范围。功率测量仪器应安装在与电网或负载连接的地方，确保所测量的功率为风力发电机组输出的净功率值。

如果采用电压电流互感器，则电流互感器精度级别应符合 GB/T 1208—2006 的要求，电压互感器精度级别应符合 GB/T 1207—2006 的要求。建议这两种互感器的精度应为 0.5 级或更高。

风速测量应采用风杯式风速仪，并且要正确地安装在测风杆上与风力发电机组轮毂中心的高度相同的位置，此处风速仪所测的气流应该能够代表自由吹向并驱动风力发电机组的气流速度。

风速测量应该采用具有小于 5m 距离常数的风杯式风速仪，其标定值在整个测量周期内维持不变。在功率测量之前和之后应该进行风速仪的标定以达到可追溯。第二次风速仪标定可以在原位置与另一标定过的参考风速仪比较进行，在测试期间应与轮毂中心高度上安装的风速仪相差 1.5～2m 地方所安装的参考风速仪进行对比。在标定过程中，风速仪的安装情况必须与功率测量过程中所用的风速仪安装环境相同。然后需要标明功率测量中风速仪的误差。

风速仪应该安装在与轮毂高度相差小于 ±2.5% 的位置处，最好安装在测风杆竖直杆的顶部。如果不易安装在顶部时，也可以安装在固定于测风杆上的横杆上，此时风速仪应处在指向主风向的位置上。

在安装测风仪时，应该注意邻近其他测风仪可能产生的扰流的影响。为了减少这种影响，在竖直方向的任何横杆与测风仪的距离至少为横杆直径的 7 倍以上，而在水平方向测风仪与测风杆的距离至少应为同等高度处测风杆最大直径的 7 倍以上。测风杆必须是管状锥形或衍架型结构。附近不应安装任何可以导致干扰或影响流向测风仪气流的仪器。

风向可以采用尾翼式风向测试仪进行测量，应安装在与轮毂中心高度相差 10% 的范围内。安装时必须避免与风速测量仪之间的相互干扰。风向测试仪的绝对精度应高于 5°。

空气密度应该采用测量气温和气压并通过计算获得的方法。在气温非常高的情况下，建议测量空气相对湿度对计算的空气密度进行修正。

气温测量传感器应该安装在离地面 10m 以上的地方。但最好安装在气象测量杆上接近被测轮毂中心高度的地方，以更好地反映轮毂中心处的温度值。

气压传感器应该安装在气象测量杆上接近被测轮毂中心高度的地方，以更好地反映轮毂中心处的气压值。如果无法安装在轮毂中心高度附近，则必须采用 ISO 2533—1997 的有关规定对所测得的数据进行修正。

数据采集系统应具备每个测量通道的采样速率至少为 0.5Hz，以便进行测量数据的采集与预处理。安装的数据库系统应进行每一信号的终端到终端的标定。但原则上数据采集系统本身的误差与传感器所产生的误差相比可以忽略不计。

6.2.3 比恩法

在风频分布理论计算时，常把风速的间隔定为 1m/s。风速在某一时间内的平均按风速间隔的归属划区，落到哪一区间，哪一区间的累加值加 1。区间的风速由中值表示，测試結束時，再把各間隔出現的次數除以總次數就是風頻分布。這一方法也就是 IEA (International Energy Agency，國際能源署)組織推薦的，即所謂比恩法(bins)。

6.2.4 数据采集

数据的采集应该采用 0.5Hz 或更快的采样速率连续进行。对于温度、气压、降水量及风力发电机组状态等参数的测量可以用较低的采样速率，但至少应每分钟采样一次。

数据采集系统应该能够储存采样得到的数据或预处理过的数据组。预处理的数据应包括平均值、标准差、最大值、最小值等。

每组预处理的数据组的总采样时间应该在 0.5～10min 之间，而且是可以被整除的 10min 数据值。

另外，如果数据组的时间值小于 10min，所测相邻数据组不能通过时间延迟加以区分，此时数据将持续采集直到满足要求时才可以停止。

6.2.5 数据筛选

筛选的数据是以 10min 为一个周期由连续测量所得到的数据而产生的。如果要从预处理的数据中产生，则需要根据式(6-10)、式(6-11)计算出每 10min 时间的平均值和标准差。

$$X_{10\mathrm{min}} = \frac{1}{N_k}\sum_{k=1}^{N_k} X_k \tag{6-10}$$

$$\sigma_{10\mathrm{min}} = \sqrt{\frac{1}{N_kN_i - 1}\sum_{k=1}^{N_k}\left[N_i(X_{10\mathrm{min}} - X_k)^2 + \sigma_k^2(N_i - 1)\right]} \tag{6-11}$$

式中，N_k 为 10min 预处理数据组的数据量；X_k 为预处理数据时间内的平均数值；$X_{10\mathrm{min}}$ 为 10min 内的平均数值；N_i 为预处理数据组内取样数据的数量；$\sigma_{10\mathrm{min}}$ 为 10min 平均预处理数据的标准方差。

如果在采样数据时风力发电机组不工作；测试系统发生故障；风向不在测量扇区内，则应该把这种情况下的数据组从数据库中删除。

在一些特殊工作情况(如由于灰尘、盐雾、昆虫、冰雪造成叶片表面非常粗糙)或大气气候条件(如降水、风剪)下采集的数据需要作为特殊数据进行修正。

筛选出的测试数据要根据 bins 方法进行排序，所选取的数据组应该覆盖从低于切入风速 1m/s 到风力发电机组 85%额定功率输出时风速的 1.5 倍的风速范围内。风速范围应连续分成 0.5m/s bins，中心值是 0.5m/s 的整数倍。

如果数据组中每个 bins 至少含有 30min 的采样数据值，而且全部测试周期中包括风力发电机组在风速范围内的正常运行至少有 180 小时，则这个数据组就完整了。

6.2.6 数据回归

从测试结果中筛选出的数据组需要折算回归到两种参考空气密度下的数据。一种是在试验场所测得的空气密度平均值，其变化幅值接近 0.05kg/m³，另一种是海平面的空气密度值，参考 ISO 标准的空气密度(1.225kg/m³)。如果实测空气密度值在 1.225kg/m³ ± 0.05kg/m³ 范围内，则没有必要进行空气密度折算。空气密度可以根据所测得的大气温度

184

和压力通过式(6—12)计算得出

$$\rho_{10min} = \frac{B_{10min}}{R \cdot T_{10min}} \qquad (6-12)$$

式中，ρ_{10min} 为测得的 10min 的平均空气密度；T_{10min} 为测得的 10min 的平均绝对气温；B_{10min} 为测得的 10min 的平均气压；R 为气体常数 287.05J/(kg·K)。

6.2.7 功率测定

对于变桨距控制系统的风力发电机组来说，当风速达到额定风速时，其功率可以控制在额定功率范围之内；对于采用失速控制的，或者具有恒定桨距和转速的风力发电机组而言，其所测得的功率输出数据可以利用式(6-13)计算得到

$$P_n = P_{10min} \cdot \frac{\rho_0}{\rho_{10min}} \qquad (6-13)$$

式中，P_n 为折算后的功率输出；P_{10min} 为测得的 10min 的平均功率值；ρ_0 为标准空气密度；ρ_{10min} 为所得到的 10min 的平均空气密度。

对于功率自动控制的风力发电机组应采用按式(6-14)进行折算后的风速数据

$$V_n = V_{10min} \left(\frac{\rho_{10min}}{\rho_0} \right)^{1/3} \qquad (6-14)$$

式中，V_n 为折算后的风速值；V_{10min} 为测得的 10min 的平均风速值；ρ_0 为标准空气密度；ρ_{10min} 为得到的 10min 的平均空气密度。

测试得到的功率曲线是对折算的数据组采用 bins 方法进行处理后得到的。采用 0.5m/s bins 宽度为一组，利用折算后的每个风速 bins 所对应的功率值根据式(6-15)、式(6-16)计算得到

$$V_i = \frac{1}{N_i} \sum_{j=1}^{N_i} V_{n,i,j} \qquad (6-15)$$

$$P_i = \frac{1}{N_i} \sum_{j=1}^{N_i} P_{n,i,j} \qquad (6-16)$$

式中，V_i 为折算后的第 i 个 bins 的平均风速值；$V_{n,i,j}$ 为折算后的第 i 个 bins 的 j 数据组的风速值；P_i 为折算后的第 i 个 bins 的平均功率值；$P_{n,i,j}$ 为折算后的第 i 个 bins 的 j 数据组的功率值；N_i 为第 i 个 bins 的 10min 数据组的数据数量。

例 6.2 按照本节给出的功率测试方法，得到某风力发电机组的输出功率和风速的试验值如表 6-1 和图 6.4 所示。以 1m/s 为间隔区间，按照 bins 法绘出功率输出曲线。

表 6-1 风速与功率的试验值

风速 v(m/s)	4.3	4.2	4.3	4.5	4.5	4.5	4.6	5.6
功率 p/W	0.21	0.90	0.68	0.48	0.46	0.62	6.40	0.92
风速 v(m/s)	5.2	5.1	5.4	5.6	5.7	5.9	5.7	5.6
功率 p/W	4.42	11.55	5.25	5.29	3.69	3.44	2.55	2.14

(续)

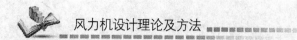

风速 v(m/s)	5.5	5.2	5.3	5.6	5.7	5.9	5.9	5.8
功率 p/W	0.84	6.11	7.01	6.36	4.16	2.89	3.08	2.42
风速 v(m/s)	5.5	6.1	6.6	6.4	6.1	6.1	6.6	7.3
功率 p/W	5.10	10.00	4.90	1.83	2.11	2.70	41.70	2.34
风速 v(m/s)	7.8	8.1	8.1	7.8	7.5	9.5	7.3	7.1
功率 p/W	14.36	17.47	21.42	21.60	13.20	13.10	15.12	9.79
风速 v(m/s)	6.7	6.6	6.2	6.0	6.1	6.3	6.4	6.1
功率 p/W	4.55	3.31	0.99	7.56	6.96	5.20	3.57	1.10
风速 v(m/s)	6.1	8.2	10.7	10.2	10.3	10.3	9.8	9.0
功率 p/W	1.81	3.08	28.56	40.47	27.02	20.58	5.04	0.69
风速 v(m/s)	4.4	4.7	4.8	4.9	4.9	4.9	4.9	4.7
功率 p/W	2.81	3.28	1.35	1.28	1.43	1.43	0.63	0.86
风速 v(m/s)	4.6	7.0	7.2	7.2	7.7	8.1	8.4	8.8
功率 p/W	0.59	17.64	18.05	30.86	43.04	39.86	41.85	64.42
风速 v(m/s)	9.4	9.4	9.2	8.9	8.4	8.2	7.9	7.7
功率 p/W	41.57	33.12	22.03	22.31	20.34	15.79	20.28	37.39
风速 v(m/s)	8.1	8.7	8.8	9.2	9.2	9.2	9.7	10.7
功率 p/W	1.41	55.54	33.86	46.50	63.48	122.98	228.32	188.37
风速 v(m/s)	12.2	11.7	11.6	10.8	8.0	7.2	7.6	7.8
功率 p/W	70.46	35.49	37.33	18.63	3.02	3.89	10.29	9.94
风速 v(m/s)	7.8	8.1	8.5	8.3	8.1	8.2	8.6	9.0
功率 p/W	11.93	10.06	7.35	6.80	6.08	22.90	20.50	14.04
风速 v(m/s)	9.2	9.2	9.0	8.6	8.6	8.8	9.2	9.8
功率 p/W	8.45	11.02	10.00	17.89	13.48	16.13	40.53	58.21
风速 v(m/s)	10.1	10.6	11.2	11.6	11.7	11.9	11.5	11.6
功率 p/W	57.38	64.56	54.04	70.38	72.47	4.85	94.46	2.23
风速 v(m/s)	10.6	9.9	9.7	9.5	9.5	10.0	11.0	11.7
功率 p/W	92.63	26.88	25.99	3.21	20.73	84.30	140.09	198.82
风速 v(m/s)	12.4	12.8	13.0	13.3	13.4	10.4	11.3	11.9
功率 p/W	156.66	127.60	176.69	260.58	127.81	73.82	66.00	86.60
风速 v(m/s)	12.2	12.4	12.3	12.3	12.5	12.6	12.6	12.5
功率 p/W	78.94	69.66	85.85	129.89	103.36	84.66	118.47	110.63
风速 v(m/s)	12.2	12.2	12.0	11.8	11.5	11.2	11.0	12.8
功率 p/W	96.88	10.84	60.71	43.13	53.24	64.13	94.19	389.47
风速 v(m/s)	14.5	14.9	14.6	14.3	14.0	10.3	10.3	10.0
功率 p/W	496.94	295.89	256.53	230.75	158.46	25.03	22.95	17.06
风速 v(m/s)	12.3	12.8	13.2	12.8	12.6	12.6	13.0	13.9
功率 p/W	172.89	240.53	84.90	152.62	106.84	196.08	367.09	43.36

（续）

风速 v(m/s)	15.1	15.5	15.7	15.6	15.7	15.2	14.7	14.1
功率 p/W	398.52	407.34	199.07	451.61	306.83	138.76	92.34	68.91
风速 v(m/s)	12.0	12.5	12.6	13.1	14.3	14.9	15.1	13.3
功率 p/W	87.45	116.64	221.11	241.56	184.51	201.96	144.74	75.29
风速 v(m/s)	12.6	13.0	13.8	13.8	13.7	13.1	13.4	14.2
功率 p/W	76.90	303.40	188.31	121.68	45.73	47.64	301.25	264.13
风速 v(m/s)	15.0	15.2	15.2	14.8	14.5	14.3	14.0	14.2
功率 p/W	410.87	392.90	255.47	173.75	254.45	172.53	193.50	248.00
风速 v(m/s)	14.6	14.7	15.0	14.8	14.4	14.5	14.0	14.4
功率 p/W	362.92	260.60	178.42	171.17	208.73	225.08	268.07	213.22
风速 v(m/s)	14.5	14.4	14.3	14.4	15.8	16.2	15.1	14.0
功率 p/W	206.00	228.91	248.72	259.20	480.87	427.02	176.63	334.91
风速 v(m/s)	13.8	14.5	14.6	14.7				
功率 p/W	323.25	357.78	378.11	286.94				

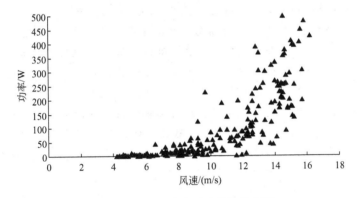

图 6.4　风速与功率测试值的散点图

解：首先根据给出的试验数值进行排序，然后对风速进行四舍五入后取整，对相同风速值对应的功率值取平均值就可以得到图 6.5 所示的功率曲线。

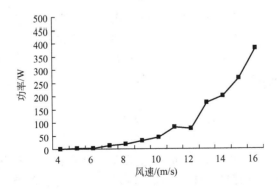

图 6.5　用 bins 法整理后风速与功率的测试值

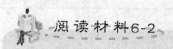

GH 公司及其 GH Bladed 软件

Garrad Hassan & Partners Ltd -加勒德哈森伙伴有限公司(简称 GH 公司),于 1984 年在英国成立,是一家世界领先的独立可再生能源咨询公司,在全球范围内为风能、太阳能及海洋可再生能源的项目提供服务,以此来满足行业内各方对于可再生能源项目全生命周期里的每个阶段的需求。GH 不仅向业界提供专业的技术咨询服务,也提供一系列设计工具软件,为风力机设计、风电场设计、风电场运营管理等专业领域提供全套解决方案。该公司独特的技术地位,各领域技术之间的融合,地理和环境条件的利用,工程解决方案的制定,在政策、经济和管理上的协调,为 GH 成为风电及可再生能源设计与性能测试领域中的翘楚起到了决定性作用。

GH Bladed 软件是一款整合的计算仿真工具,它适用于陆上和海上的多种尺寸和形式的水平轴风力机进行设计和认证所需的性能和载荷计算。软件本身的可靠性已通过 GL 认证。目前 GH Bladed 已被广泛应用于风力机产业,用户包括风力机及零部件制造商、大学和研究机构、认证机构,在全世界 18 个国家设立了办事机构,全球共有 300 多家用户,其中在中国拥有包括多所大学在内的 50 套授权用户。

Bladed 软件中的主模块可以进行稳态计算,保存项目文件,编写报告绘制图形等操作;模拟模块可以进行模态分析,模拟计算,湍流风和波浪状态的计算和分析,标准后处理;批处理模块能够以批处理方式进行计算;线性化模块可以生成线性化模型;高级后处理模块可以自动编写载荷报告和进行图形输出的批处理;地震模块可以对地震时风力机的状况进行模拟;部件载荷模块可以进行零部件设计的后处理;实时测试模块通过与 Bladed 的接口以实时方式测试风力机控制器。对具有不同许可证的用户,这些模块的可用功能也不同。此外,GH Bladed 的海上结构分析模块、风场建设模块也比较成熟,和主模块等其他模块一起推向市场。

6.3 风力发电机气动性能参数

国标"GB/T 13981—2009 小型风力发电机设计通用要求"规定,在设计风力发电机时要计算风能利用系数 C_P、扭矩系数 C_M、风轮轴向推力系数 C_T 以及叶尖速比 λ。

在考虑损失系数(包括叶尖损失系数和轮毂损失系数)时,风轮半径 r 处叶素的功率、扭矩、轴向推力可以表示为

$$dP = \Omega dM \tag{6-17}$$

$$dM = 4\pi\rho r^3 v\Omega(1-a)bFdr \tag{6-18}$$

$$dT = 4\pi\rho r v^2(1-a)aFdr \tag{6-19}$$

式中,v 为风速(m/s);r 为风轮半径(m);a 为轴向诱导因子;b 为切向诱导因子;F 为损失系数;Ω 为风轮旋转角速度,$\Omega = n\pi/30$(rad/s);P 为功率(W);M 为扭矩(N·m);T 为轴向推力(N)。

那么整个叶片的功率、扭矩和推力就可以由如下积分式得到

$$\Gamma = \int_0^R d\Gamma \tag{6-20}$$

$$M = \int_0^R dM \tag{6-21}$$

$$T = \int_0^R dT \tag{6-22}$$

为了便于衡量不同机组、不同叶片的输出性能，通常对这些参数的系数，即风能利用系数 C_P、扭矩系数 C_M 和推力系数 C_T 进行比较。利用如下关系式可以求得

$$C_P = \frac{P}{\frac{1}{2}\rho v^3 \pi R^2} = \frac{B}{\pi R^2} \int_{r_{hub}}^R c v_w^2 c_g \lambda \, dr \tag{6-23}$$

$$C_M = \frac{M}{\frac{1}{2}\rho v^2 \pi R^3} = \frac{B}{\pi R^3} \int_{r_{hub}}^R c v_w^2 c_g r \, dr \tag{6-24}$$

$$C_T = \frac{T}{\frac{1}{2}\rho v^2 \pi R^2} = \frac{B}{\pi R^2} \int_{r_{hub}}^R c v_w^2 c_f \, dr \tag{6-25}$$

其中，

$$c_f = C_L \cos\phi + C_D \sin\phi \tag{6-26}$$

$$c_g = C_L \sin\phi + C_D \cos\phi \tag{6-27}$$

$$v_w^2 = \frac{(1-a)^2}{\sin^2\phi} \tag{6-28}$$

式中，ϕ 为倾角(rad)；B 为风轮叶片数；c_f 和 c_g 为中间系数；v_w 为相对风速。

6.4 年发电量计算

年发电量(AEP)是利用测量所得到的功率曲线对于不同参考风速频率分布所计算出的估算值。而参考风速频率分布可以采用瑞利分布进行，该分布与形状系数为 2 时的威布尔分布等同；在具体计算时通常采用威布尔分布函数。对于年平均风速为 4、5、6、7、8、9、10、11m/s 时的年发电量可以根据式(6-29)、式(6-30)或式(6-31)计算获得

$$AEP = N_h \sum_{i=1}^N [F(V_i) - F(V_{i-1})] \left(\frac{P_{i-1} + P_i}{2}\right) \tag{6-29}$$

式中，AEP 为年发电量；N_h 为一年内的小时数，约为 8760；N 为 bins 数；V_i 为折算后的在第 i 个 bins 的平均风速值；P_i 为折算后的在第 i 个 bins 的平均功率值。

$$F(V) = 1 - \exp\left[-\frac{\pi}{4}\left(\frac{V}{V_{ave}}\right)^2\right] \tag{6-30}$$

$$F_w(V) = 1 - e^{-\left(\frac{V}{c}\right)^k} \tag{6-31}$$

式中，$F(V)$ 为风速的瑞利分布函数；V_{ave} 为在风力机轮毂中心高度处的年平均风速值(m/s)；V 为风速值(m/s)；$F_w(V)$ 为风速的瑞利分布函数；c 为尺度参数(m/s)；k 为形状参数，没有量纲。

计算时设定 $V_{i-1}=V_i-0.5\mathrm{m/s}$ 和 $P_{i-1}=0.0\mathrm{kW}$ 时开始叠加。

年发电量必须计算两个方面,一方面为年发电量测量;另一方面为年发电量外推。如果测量所得到的功率曲线中没有包括到切出风速值时,则只能采用外推法获得从所测得的最大风速值外推到切出风速的功率曲线。

年发电量测量部分由测试所得到的功率曲线获得,而假定在所测功率曲线范围的以上或以下所有风速的功率值为零。

年发电量外推部分是假设所有低于测试的功率曲线最低风速的所有风速的功率值为 0,而假设所有高于所测得功率曲线上最高风速到切出风速之间风速范围内的功率为恒定值。用于外推法的恒定功率值应该是所测得的功率曲线中最高风速 bins 的功率值。所有年发电量计算中,风力发电机组的运行可利用率为 100%。对于在给定年平均风速而进行年发电量估算时,若年发电量测量部分小于年发电量外推部分的 95%,则年发电量测量部分的估算为"不完整"。

对于年发电量的误差,不仅要考虑来自于功率特性试验中的误差,还应考虑其他诸多方面的因素,比如:当地风速分布、当地空气密度由于空气因素产生的高气压紊流、极端风剪切、风力发电场内风力发电机组性能的变化、风力发电机组的可利用性以及由于叶片表面粗糙影响造成的性能变化等因素。

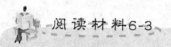
阅读材料6-3

风光互补发电系统

随着能源危机日益临近,以风能为代表的可再生能源已经成为今后世界上的主要能源之一。风能和太阳能对于地球来讲是取之不尽、用之不竭的健康能源,它们必将成为今后替代能源主流。自从风力发电于 19 世纪末开始登上历史舞台后,在一百多年的发展中,由于它造价相对低廉,成了各个国家争相发展的新能源首选。然而风力发电受地区、气候、季节等外部条件的影响,风能的利用受到限制。

太阳能发电具有布置简便以及维护方便等特点,应用面较广,现在全球装机总容量已经开始追赶传统风力发电,在德国甚至接近全国发电总量的 5%~8%,随之而来的问题却令人们意想不到,太阳能发电的时间局限性导致了对电网的冲击。

风光互补发电系统(图 6.6)的应用是解决上述两种矛盾的一种可行措施。风光互补发电系统主要由风力发电机、太阳能电池方阵、智能控制器、蓄电池组、多功能逆变器、电缆及支撑和辅助件等组成,将电力并网送入常规电网中。小型风光互补系统的功率输出一方面直接送给用电器;另一方面送入蓄电池储存电能。风光互补系统在夜间和阴雨天无阳光时由风能发电;晴天由太阳能发电;在既有风又有太阳的情况下两者同时发挥作用,实现了全天候的发电功能,比单用风力机和太阳能更经济、科学、实用。

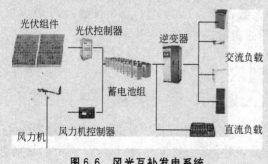

图 6.6　风光互补发电系统

风光互补发电比单独风力发电或光伏发电有以下优点。

(1) 利用风能、太阳能的互补性，可以获得比较稳定的功率输出，系统有较高的稳定性和可靠性。在春季和夏季等风能或太阳能比较充足时可以由风电或太阳能电池单独供电，不起动风光互补系统；当冬季、阴雨、无风时，起动风光互补系统。这样不论怎样的外部条件整个系统的输出功率是稳定的，系统性能是可靠的。

(2) 在保证同样供电的情况下，能够大大减少储能蓄电池的容量，换句话说，互补系统发挥了储电的功能。

(3) 风光互补发电系统具有环保、无污染、免维护、安装使用方便等特点，推动了我国节能环保事业的发展，促进资源节约型和环境友好型社会的建设。

风光互补系统适用于道路照明、农业、牧业、种植、养殖业、旅游业、广告业、服务业、港口、山区、林区、铁路、石油、部队边防哨所、通信中继站、公路和铁路信号站、地质勘探和野外考察工作站及其他用电不便地区，尤其可以用在风能和太阳能都很丰富的地区。

可再生能源主要有太阳能、风能、地热能、生物质能等。生物质能在经过了几十年的探索后，国内外许多专家都表示这种能源方式不能大力发展，它不但会抢夺人类赖以生存的土地资源，更将会导致社会不健康发展；地热能的开发和生物质能的使用具有同样特性，如果大规模开发必将导致区域地面表层土壤环境遭到破坏，必将引起再一次生态环境变化。

6.5 输出功率的控制

对于小型风力发电机组来说，机组结构简单，输出功率主要由机组本身的性能决定。对于大型风力发电机组来讲都需要控制系统对机组的输出功率进行控制，使其达到最佳效果。目前主要在定桨距风力发电机组、变桨距风力发电机组和变速风力发电机组中实现对输出功率的控制。

6.5.1 定桨距风力发电机组的功率控制

1. 定桨距机组的特点

定桨距风力发电机组的主要结构特点是：桨叶与轮毂的连接是固定的，即当风速变化时，桨叶的迎风角度不能随之变化。这一特点给定桨距风力发电机组带来了两个必须解决的问题。一是当风速高于额定风速时，桨叶必须能够自动地将功率限制在额定值附近，因为风力机上所有材料的物理性能是有限度的。桨叶的这一特性被称为自动失速性能。二是运行时的风力发电机组在突然失去电网（突甩负载）的情况下，桨叶自身必须具备制动能力，使风力发电机组能够在大风情况下安全停机。早期的定桨距风力发电机组的风轮并不具备制动能力、脱网时完全依靠安装在低速轴或高速轴上的机械刹车装置进行制动，这对于数十千瓦级的机组来说问题不大，但对于大型风力发电机组，如果只使用机械刹车，就会对整机结构强度产生严重的影响。为了解决上述问题，桨叶制造商首先在20世纪70年

风力机设计理论及方法

代用玻璃钢复合材料研制成功了失速性能良好的风力机桨叶，解决了定桨距风力发电机组在大风时的功率控制问题；20 世纪 80 年代又将叶尖扰流器成功地应用在风力发电机组上，解决了机组在突甩负载情况下的安全停机问题，使定桨距(失速型)风力发电机组在风能开发利用中始终占据主导地位。

定桨距风力发电机组的运行特点主要是 4 个状态：运行状态、暂停状态、停机状态和紧急停机状态。每种工作状态可以看作是风力发电机组的一个活动层次，运行状态处在最高层次、紧急停机状态处在最低层次。控制软件根据机组所处的状态，按设定的控制策略对调向系统、液压系统、变桨距系统、制动系统、晶闸管等进行操作，实现状态之间的转换。

2. 主要控制方法

(1) 桨叶失速调节：当气流流经上下翼面形状不同的叶片时，因凸面的弯曲而使气流加速，压力较低；凹面较平缓面使气流速度缓慢，压力较高，因而产生升力。桨叶的失速性能是指它在最大升力系数 C_{Lmax} 附近的性能。当桨叶的安装角 β 不变，随着风速增加攻角 α 增大，升力系数 C_L 线性增大；在接近 C_{Lmax} 时，增加变缓；达到 C_{Lmax} 后升力开始减小。另一方面，阻力系数 C_D 初期不断增大；在升力开始减小时，C_D 继续增大，这是由于气流在叶片上的分离随攻角的增大而增大．分离区形成大的涡流，流动失去翼型效应，与未分离时相比，上下翼面压力差减小，致使阻力激增，升力减少，造成叶片失速，从而限制了功率的增加。失速调节叶片的攻角沿轴向由根部向叶尖逐渐减少，因而根部叶面先进入失速，随风速增大，失速部分向叶尖扩展，原先已失速的部分，失速程度加深，未失速的部分逐渐进入失速区。失速部分使功率减少，未失速部分仍有功率增加，从而使输入功率保持在额定功率附近。

(2) 叶尖扰流器制动：由于风力机风轮巨大的转动惯量，如果风轮自身不具备有效的制动能力，要在高风速下脱网停机是不可思议的。早年的风力发电机就是不能解决这一问题，使灾难性的飞车事故不断发生。现在所有的定桨距风力发电机组均采用了叶尖扰流器。叶尖扰流器的结构如图 6.7 所示。当风力机正常运行时，在液压系统的作用下，叶尖扰流器与桨叶主体部分精密地合为一体，组成完整的桨叶，当风力机需要脱网停机时，液压系统按控制指令将扰流器释放并使之旋转 80°～90°形成阻尼板。由于叶尖部分处于距离最远点，整个叶片作为一个长的杠杆，使扰流器产生的气动阻力相当高，足以使风力机在几乎没有任何磨损的情况下迅速减速，这一过程即为桨叶空气动力刹车。叶尖扰流器是风力发电机组的主要制动器，每次制动时都是它起主要作用。在风轮旋转时，作用在扰流器上的离心力和弹簧力会使叶尖扰流器力图脱离桨叶主体转动到制动位置；而液压力的释放，不论是由于控制系统是正常指令，还是液压系统的故障引起，都将导致扰流器展开而使风轮停止运行。因此，空气动力刹车是一种失效保护装置，它使整个风力发电机组的制动系统具有很高的可靠性。

(3) 双速发电机提升效率：定桨距风力发电机组在整个运行风速范围内(3～25m/s)，由于气流的速度是在不断变化的，如果风力机的转速不能随风速的变化而

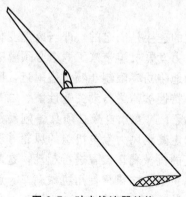

图 6.7　叶尖扰流器结构

192

调整，这就必然导致风轮在低风速时的效率降低(设计低风速时效率过高，会使桨叶过早进入失速状态)。同时发电机本身也存在低负荷时的低效率问题，尽管目前用于风力发电机组的发电机已能设计得非常理想，它们在 $P>30\%$ 额定功率范围内均有高于 90% 的效率，但当功率 $P<25\%$ 额定功率时，效率仍然会急剧下降。为了在变化的风速下保持机组具有最大功率系数，必须保持转速与风速之比不变。也就是说，风力发电机组的转速要能随着风速的变化而改变。为了解决上述问题，定桨距风力发电机组普遍采用双速发电机。额定转速较低的发电机在低风速时具有较高的功率系数；额定转速较高的发电机在高风速时具有较高的功率系数。应当注意的是额定转速并不是按照在额定风速时具有最大功率系数设定的。因为风力发电机组与一般发电机组不一样，它并不是总是运行在额定风速点上，而且功率与风速的 3 次方成正比，只要风速超过额定风速，功率就会显著上升，这对于定桨距风力发电机组来说是根本无法控制的。事实上，定桨距风力发电机组在风速达到额定值之前就已经失速了，到额定点时的功率系数已经相当小了。风力发电机组的双发电机一般设计成 4 极和 6 极。6 极发电机的额定功率设计成 4 极发电机的 1/4 到 1/5。例如 600kW 定桨距风力发电机组一般设计成 6 极 150kW 和 4 极 600kW；750kW 风力发电机组设计成 6 极 200kW 和 4 极 750kW。这样，当风力发电机组在低风速段运行时，不仅桨叶具有较高的气动效率，发电机的效率也能保持在较高水平，从而使得定桨距风力发电机组与变桨距风力发电机组在进入额定功率之前的功率曲线差异不大。采用双速发电机的风力发电机组输出功率曲线如图 6.8 所示。

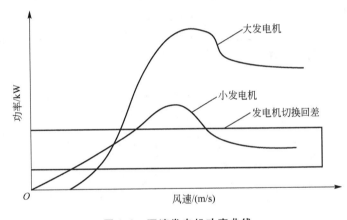

图 6.8 双速发电机功率曲线

（4）节距角平衡输出功率：根据风能转换的原理，风力发电机组的功率输出主要取决于风速。但是，除此之外，气压、气温和气流扰动等因素也显著地影响其功率输出。因为定桨距叶片的功率曲线是在空气的标准状态下测出的。这时空气密度 $\rho=1.225\text{kg/m}^3$。当气压与气温变化时，ρ 会跟着变化，一般当温度变化 $\pm10\text{℃}$ 时，相应的空气密度变化 $\pm4\%$。而桨叶的失速性能只与风速有关，只要达到了叶片气动外形所决定的失速调节风速，不论是否满足输出功率，桨叶的失速性能都要起作用，影响功率输出。因此，当气温升高，空气密度就会降低，相应的功率输出就会减少，反之，功率输出就会增大，如图 6.9 所示。对于一台 750kW 容量的定桨距风力发电机组，最大的功率输出可能会出现 30～50kW 的偏差。因此在冬季与夏季，应对桨叶的节距角各作一次调整，以使风力机的输出功率稳定在额定功率附近。近年来定桨距风力发电机组制造商又研制了主动失速型定桨距风力发电机组。采取主动失速的风力机开机时，将桨叶节距推进到可获得最大功率位置，当风力发电机组超过额定功率后，桨叶节距主动向失速方向调节，将功率调整在额定值。由于功率曲线在失速范围的变化率比失速前要小得多，控制相对容易。输出功率也更加平稳。

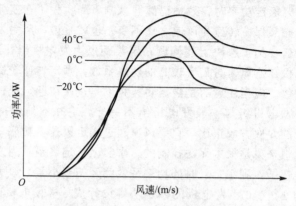

图 6.9 温度对机组输出功率的影响

另一方面，改变桨叶节距角，也对额定功率的输出有显著影响。根据定桨距风力机的特点，应当尽量提高低风速时的功率系数和利用高风速时的失速性能。无论从实际测量还是理论计算所得的功率曲线都表明，定桨距风力发电机组在额定风速以下运行时，在低风速区，不同的节距角所对应的功率曲线几乎是重合的。但在高风速区，节距角的变化对其最大输出功率（额定功率点）的影响是十分明显的，如图 6.10 所示。事实上，调整桨叶的节距角只是改变了桨叶对气流的失速点。根据实验结果，节距角越小，气流对桨叶的失速点越高，其最大输出功率也越高。

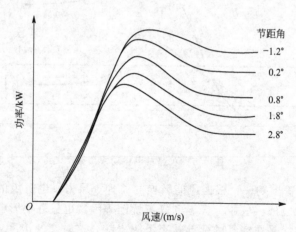

图 6.10 节距角对机组输出功率的影响

(5) 制动系统停止功率输出：定桨距风力发电机组的制动系统由叶尖气动刹车和机械盘式刹车组成。叶尖扰流器形式的气动刹车是目前定桨距风力发电机组设计中普遍采用的一种刹车方式。当风力发电机组处于运行状态时，叶尖扰流器作为桨叶的一部分起吸收风能的作用，保持这种状态的动力是风力发电机组中的液压系统。液压系统提供的压力油通过旋转接头进入安装在桨叶根部的液压缸，压缩叶尖扰流器机构中的弹簧，使叶尖扰流器与桨叶主体平滑地连为一体；当风力发电机需停机时，液压系统释放压力油，叶尖扰流器在离心力作用下，按设计的轨迹转过 $90°$，在空气阻力下起制动作用。

盘式刹车系统在中、大型风力发电机组中主要作为辅助刹车装置，并且在大型风力发电机组上，机械刹车都被安排在高速轴上。因为随着风力发电机组容量的增大，主轴上的转矩成倍增大，如用盘式刹车装置作为主刹车，那么刹车盘的直径就很大。使整个风力发电机组的结构变大。同时当液压系统的压力增大时，整个液压系统的密封性能要求高，漏油的可能性增大。所以，在中、大型风力发电机组中，盘式刹车装置只是当机组在需要维护检修时作刹车制动用。

6.5.2 变桨距风力发电机组的功率控制

1. 变桨距机组的特点

变桨距风力发电机组的结构主要在于桨叶根部与轮毂采用可承受径向和轴向载荷的轴承连接，桨叶的节距角可由变桨距机构调节。变桨距风力发电机组与定桨距风力发电机组相比，具有在额定功率点以上输出功率平稳的特点，如图 6.11 所示。变桨距风力发电机组的功率调节不完全依靠叶片的气动性能。当功率在额定功率以下时，控制器将叶片节距角置于 $0°$ 附近，不作变化。可认为等同于定桨距风力发电机组，发电机的功率根据叶片的气动性能随风速的变化而变化。当功率超过额定功率时，变桨距机构开始工作，调整叶片节距角，将发电机的输出功率限制在额定值附近。但是，随着并网型风力发电机组容量的增大，大型风力发电机组的单个叶片已重达数吨。操纵如此巨大的惯性体，并且相应速度要能跟得上风速的变化是相当困难的。事实上，如果没有其他措施的话，变桨距风力发电机组的功率调节对高频风速变化仍然是无能为力的。因此，近年来设计的变桨距风力发电机组，除了对桨叶进行节距控制外，还通过控制发电机转子电流来控制发电机转差率，使得发电机转速在一定范围内能够快速响应风速的变化，以吸收瞬变的风能，使输出的功率曲线更加平稳。

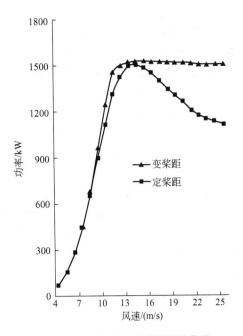

图 6.11 风力发电机组的功率曲线

变桨距风力发电机组在低风速时，桨叶节距可以转动到合适的角度，使风轮具有最大的起动力矩，从而使变桨距风力发电机组比定桨距风力发电机组更容易起动。在变桨距风力发电机组上，一般不再设计电动机起动的程序。

由于变桨距风力发电机组的桨叶节距角是根据发电机输出功率的反馈信号来控制的，它不受气流密度变化的影响。无论是出于温度变化还是海拔引起的空气密度变化，变桨距系统都能通过调整叶片角度，使之获得额定功率。这对于功率输出完全依靠桨叶气功性能的定桨距风力发电机组来说，具有明显的优越性。

变桨距风力发电机组与定桨距风力发电机组相比，在相同的额定功率点，额定风速比定桨距风力发电机组要低。对于定桨距风力发电机组，一般在低风速段的风能利用系数较高。当风速接近额定点时，风能利用系数开始大幅下降。因为这时随着风速的升高，功率上升已趋缓，而过了额定点后，桨叶已开始失速，风速升高，功率反而有所下降。对于变桨距风力发电机组，由于桨叶节距可以控制，当风速超过额定点后，仍然可以使额定功率点具有较高的功率系数。

当风力发电机组需要脱离电网时，变桨距系统可以先转动叶片使之减小功率，在发电机与电网断开之前，功率减小至0。这意味着当发电机与电网脱开时，没有转矩作用于风力发电机组，避免了在定桨距风力发电机组上每次脱网时所要经历的突甩负载的过程。

总体而言，变桨距风力机组与定桨距风力发电机组相比，具有在额定功率点以上输出功率平稳，在额定点具有较高的风能利用系数，确保高风速段的额定功率，具有更强的转轮制动性能等特点。市场中较为成熟的有丹麦 Vestas 的 V39/V42/V44-600kW 机组和美国 Zand 的 Z-40-600kW 机组。

2. 主要控制方式

按照叶片变桨距技术的不同基本上可以分为两类：液压变桨距系统（Hydraulic Pitch Control System）和电动变桨距系统（Electric Pitch Control System）。液压变桨距系统主要由动力源液压泵站、控制模块、蓄能器与执行机构油缸等组成。液压执行机构通过液压系统推动桨叶转动，改变桨叶节距角。该机构以其响应频率快、扭矩大、便于集中布置和集成化高等优点在目前的变桨距机构中占有主要的地位，特别适合于大型风力机的场合。国外著名的风力机厂商丹麦的 Vestas、德国的 Dewind、RePower 等都采用液压变桨距方式。电动变桨距系统主要由动力源电动机、控制模块、蓄电池与执行机构减速器、齿轮等组成。电机变桨距执行机构利用电动机对桨叶进行单独控制，由于其机构紧凑、可靠，没有像液压变桨距机构那样传动结构相对复杂，存在非线性，泄漏、卡涩时有发生，所以也得到许多生产厂家的青睐。但其动态特性相对较差，有较大的惯性，特别是对于大功率风力机。而且电机本身如果连续频繁地调节桨叶，将产生过量的热负荷使电机损坏。国外具有代表性的公司如德国的 Nordex、Repower，美国的 GE Wind Enegry，西班牙的 Suzlon 和中国的华锐、金风等都采用电动变桨距方式。这两种系统从技术上的比较见表6-2。从供应链的角度来看，在软件方面，国内包括液压变桨距和电动变桨距在内的变桨距控制基本被国外厂商垄断，一些国内院校科研机构已开始着手自行研发软件系统并已有部分在风力机中试运行，但由于与国外厂商相比较缺少经验，所以差距还是很明显的。在软件方面，我国电动变桨距系统与液压变桨距系统的设计、生产技术有明显不足，系统中各部分组件和材料主要依靠进口，完全实现本土化还需要一定的努力。

表6-2 液压变桨距系统与电动变桨距系统

项目	液压变桨距系统	电动变桨距系统
桨距调节	基本无差别。油缸的执行（动作）速度比齿轮略快，响应频率快扭矩大	基本无差别。电路的响应速度比油路略快
紧急情况下的保护	功能基本无差别	功能基本无差别
	在低温下，蓄能器储存的能量降较小	在低温下，蓄电池储存的能量降较大
	蓄能器储存的能量通过压力容易实现监控	蓄电池储存的能量不容易实现监控

（续）

项目	液压变桨距系统	电动变桨距系统
使用寿命	主要损耗件蓄能器的使用使命大约6年	主要损耗件蓄电池的使用使命大约3年
外部配套需求	占用空间小，轮毂及轴承可相对较小	占用空间相对较大
	无需对齿轮进行润滑，减少集中润滑的润滑点	需对齿轮进行集中润滑
环境清洁	容易存在漏油，造成机舱及轮毂内部油污	机舱及轮毂内部清洁
维护	定期对液压油、滤清器进行更换	蓄电池的更换

按照变桨距风力发电系统的控制方式来分，主要有桨距控制和发电机转差率控制两种方式。常用的控制系统如图6.12所示。在发电机并入电网之前，发电机转速由速度控制器A根据发电机转速反馈信号与给定信号直接控制；发电机并入电网后，速度控制器B与功率控制器共同调节转速。桨距控制器根据速度控制器给出的参考值进行节距的控制。功率控制器通过控制发电机转子电流迅速改变发电机转差率，使得发电机转速在一定范围内能够快速响应风速的变化，吸收由于瞬变风速引起的功率波动。其任务主要是根据发电机转速给出相应的功率曲线，调整发电机转差率，并确定速度控制器B的速度给定。

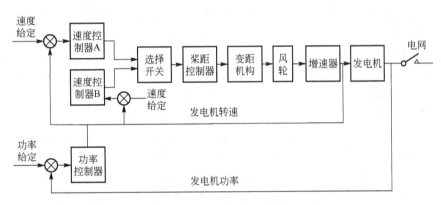

图6.12 变桨距控制系统框图

变桨距风力发电机组中控制系统在其3种运行状态下的控制方式是不同的。在起动状态，变距风轮的桨叶静止，节距角为90°，这时气流对桨叶不产生转矩，整个桨叶实际上是一块阻尼板。当风速达到起动风速时，桨叶向0°方向转动，直到气流对桨叶产生一定的攻角，风轮开始起动。在发电机并入电网以前，变桨距系统的节距给定值由发电机转速信号控制。转速控制器按一定的速度上升斜率给出速度参考值，变桨距系统根据给定的速度参考值，调整节距角，进行所谓的速度控制。为了确保并网平稳，对电网产生尽可能小的冲击，变桨距系统可以在一定时间内，保持发电机的转速在同步转速附近，寻找最佳时机并网。虽然在主电路中也采用了软并网技术，但由于并网过程的时间短，冲击小，可以选用容量较小的晶闸管。为了使控制过程比较简单，早期的变桨距风力发电机组在转速达到发电机同步转速前对桨叶节距角并不加以控制。在这种情况下，桨叶节距角只是按所设定的变距速度将节距角向0°方向打开。直到发电机转速上升到同步转速附近，变桨距系统才开始投入工作。转速控制的给定值是恒定的,即同步转速。转速反馈信号与给定值进行比较,当转速超过同步转速时,桨叶节距就向迎风面积减少的方向转动一个角度;反之则向迎风面积增大的方向转动一个角度。当转速在同步转速附近保持一定时间后发电机即并入电网。

在欠功率状态,即发电机并入电网后,由于风速低于额定风速,发电机在额定功率以下的低功率状态运行。为了改善低风速时桨叶的气动性能,可以采用 Optitip 技术,根据风速的大小,调整发电机转差率,使其尽量运行在最佳叶尖速比上,以优化功率输出。当然,能够作为控制信号的只是风速变化稳定的低频分量,对于高频分量并不相应。这种优化也只是弥补了变桨距风力发电机组在低风速时的不足之处,与定桨距风力发电机组相比,并没有明显的优势。

在额定功率状态,当风速达到或超过额定风速后,风力发电机组进入额定功率状态,在传统的变桨距控制方式中,这时将转速控制切换到功率控制,变桨距系统开始根据发电机的功率信号进行控制。控制信号的给定值是恒定的,即额定功率。功率反馈信号与给定值进行比较,当功率超过额定功率时,桨叶节距就向迎风面积减小的方向转动一个角度;反之则向迎风面积增大的方向转动一个角度。由于变桨距系统的响应速度受到限制,对快速变化的风速,通过改变节距来控制输出功率的效果并不理想。因此,为了优化功率曲线,变桨距风力发电机组在进行功率控制的过程中,其功率反馈信号不再作为直接控制桨叶节距的变量。受桨距系统由风速低频分量和发电机转速控制,风速的高频分量产生机械能波动,通过迅速改变发电机的转速来进行平衡,即通过转子电流控制器对发电机转差率进行控制。当风速高于额定风速时,允许发电机转速升高,将瞬变的风能以风轮动能的形式储存起来;当转速降低时,再将动能释放出来,使功率曲线达到理想的状态。对于安装了发电机转子电流控制器 RCC(Rotor Current Control)的机组,发电机转差率可以在一定范围内调整,发电机转速可变。因此,当风速低于额定风速时,速度控制器 B 根据转速给定值(高出同步转速 3%~4%)和风速,给出一个节距角,此时发电机输出功率小于最大功率给定值,功率控制环节根据功率反馈值,给出转子电流最大值,转子电流控制环节将发电机转差率调至最小,发电机转速高出同步转速 1%,与转速给定值存在一定的差值,反馈回速度控制器 B,速度控制器 B 根据该差值,调整桨叶节距参考值,变桨距机构将桨叶节距角保持在零度附近,优化叶尖速比;当风速高于额定风速,发电机输出功率上升到额定功率。当风轮吸收的风能高于发电机输出功率时,发电机转速上升,速度控制器 B 的输出值变化,反馈信号与参考值比较后又给出新的参考值,使得叶片攻角发生改变,减少风轮能量吸入。将发电机输出功率保持在额定值上;功率控制环节根据功率反馈值和速度反馈值,改变转子电流给定值,转子电流控制器根据该值、调节发电机转差率,使发电机转速发生变化,以保证发电机输出功率的稳定。

如果风速仅为瞬时上升,由于变桨距机构的动作滞后,发电机转速上升后,叶片攻角还没来得及变化,风速已下降,发电机输出功率下降,功率控制单元将使 RCC 控制单元减小发电机转差率,使得发电机转速下降,在发电机转速上升或下降的过程中,转子的电流保持不变,发电机输出的功率也保持不变;如果风速持续增加,发电机转速持续上升,速度控制器 B 将使变桨距机构动作,改变叶片攻角,使得发电机在额定功率状态下运行。风速下降时,原理与风速上升时相同,但动作方向相反。由于转子电流控制器的动作时间在毫秒级以下,变桨距机构的动作时间以秒计,因此在短暂的风速变化时,仅仅依靠转子电流控制器的控制作用就可保持发电机功率的稳定输出,减少对电网的不良影响;同时也可降低变桨距机构的动作频率,延长变桨距机构的使用寿命。

6.5.3 变速风力发电机组的功率控制

1. 变速机组的特点

随着风能开发利用速度的加快,风力发电机组向大功率、直驱式、变转速、变桨距、永磁电机和最优控制方向发展。风力发电机组及其运行方式见表6-3。

表6-3 风力发电机组运行方式

机组形式	电机类型	鼠笼异步发电机(变极)	绕线异步发电机(双馈)	同步发电机(电励磁)	永磁异步发电机
定转速	定桨距	√			
(有齿轮箱)	变桨距	√	变转速		
变转速	定桨距		√	√	√
(有齿轮箱)	变桨距		√		
变转速、直驱式			无刷双馈	√	
变转速、半直驱		√	√	√	√

与恒速风力发电机组相比,变速风力发电机组的优越性在于:低风速时它能够根据风速变化,在运行中保持最佳叶尖速比以获得最大风能;高风速时利用风轮转速的变化,储存或释放部分能量,提高传动系统的柔性,使功率输出更加平稳。

随着风力机的单机容量的不断增大,变桨距(Blade/Autocoarse Pitch, Variable Pitch Blades)调速方式和变速恒频(Variable Speed Constant Frequency, VSCF)技术,因其在额定风速下能提高捕获风能效率,获得最佳能量输出,因而变速恒频变桨距型风力机逐渐占据了风力发电机的主导地位。

美国GE的兆瓦级风力机基本都采用变速变桨距调速控制来确保空气动力效率,减小驱动负载,降低成本,延长寿命。目前的兆瓦级电机都采用了GE特有的核心技术: WindVAR电子控制系统,将风力机的变速运行转换至所需要的恒频动力,可以实时调整电压的波动,控制网内电力输送的质量,提高传动效率。并以无刷式双馈电机替代笼型异步电机,应用于调速驱动,可降低30%的成本。德国的VENSYS62/1200型1.2MW变速恒频直接驱动型风力发电机组采用变速变桨矩发电机1200kW同步永磁电机。

变速风力发电机组的基本构成如图6.13所示。为了达到变速控制的要求,变速风力发电机组通常包含变速发电机、整流器、逆变器和变桨距机构,变速发电机目前主要采用双馈异步发电机。

双馈异步发电机(图6.14)由绕线转子感应发电机和在转子电路上带有整流器和直流侧连接的逆变器组成。发电机向电网输出的功率由两部分组成,即直接从定子输出的功率和通过逆变器从转子输出的功率。风力机的机械速度是允许随着风速而变化的。通过对发电机的控制使风力机运行在最佳叶尖速比,从而使整个运行速度的范围内均有最佳功率系数。当发电机由定桨距风力机驱动时,如果发电机与频率和电压都稳定的电网连接,发电

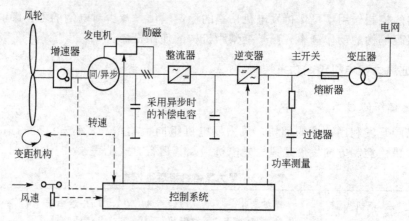

图 6.13　变速风力发电机组

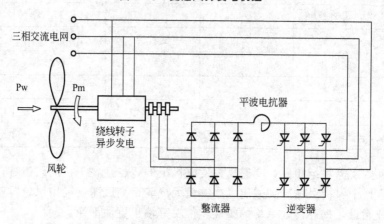

图 6.14　双馈异步发电机

机在风速 v_i 时切入电网。当风速增加时，通过控制发电机电磁转矩使其运行到最佳的旋转速度（即发电机在该风速下能取得最大功率时的转速），这一过程是通过改变逆变器的导通角来实现的。改变逆变器导通角的作用相当于在发电机转子回路中引入可控的附加电动势，从而控制发电机电磁转矩以改变转速。从功率流程上看，是控制异步发电机转子中的转差功率来实现对转速的调节。多年来一些学者提出了几种不同的关于变速恒频双馈异步风力发电机的功率控制方法，诸如开环解耦控制方法、有功—无功解耦控制方法等，它们都是在矢量控制方法基础上提出的。虽然各种控制方法都有其自身的优点，但是在一些方面还是存在着不足，因此又有人提出了功率控制扰动法，它综合了间接磁场控制方法和矢量解耦控制方法，同时采用定子磁链定向矢量变换技术实现双馈异步电机的有功—无功功率的解耦控制。但是这种方法没有加入对由风速变化引起的转矩波动的控制，为此也有人提出动态功率控制扰动方法。

　　如果使用同步发电机的话，在发电机和电网之间常常使用频率转换器。由于同步发电机的转速和电网频率之间是刚性耦合的，变化的风速将给发电机输入变化的能量，这不仅给风力机带来高负荷和冲击力，而且不能以优化方式运行。变频器的使用可以使风力发电机组在不同的速度下运行，并且使发电机内部的转矩得以控制，从而减轻传动系统应力。通过对变频器电流的控制，就可以控制发电机转矩，而控制电磁转矩就可以控制风力机的转速，使之达到最佳运行状态。带变频系统的同步发电机结构如图 6.15 所示，其所用发电机为凸极转子和笼型阻尼绕组同步发电机。变频器由一个三相二极管整流器、一个平波电抗器和一个三相晶闸管逆变器组成。

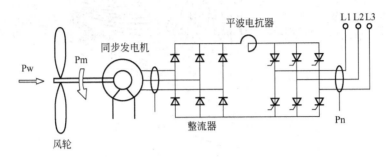

图 6.15　带变频器的同步发电机结构

同步发电机和变频系统在风力发电机组中已经得到应用，实验表明，通过控制电磁转矩和实现同步发电机的变速运行，同时减缓在传动系统上的冲击是可以实现的。如果考虑变频器连接在定子上，同步发电机比感应发电机更适用些，因为感应发电机会产生滞后的功率因数，而且需要进行补偿；而同步发电机可以控制励磁来调节它的功率因数，使功率因数达到 1。所以在相同的条件下，同步发电机的调速范围比异步发电机更宽。异步发电机要靠加大转差率才能提高转矩，而同步发电机只要加大攻角就能增大转矩。因此，同步发电机比异步发电机对转矩扰动具有更强的承受能力，能作出更快的响应。

2. **主要运行特点**

变速风力发电机组的运行根据不同的风况可分 3 个不同阶段。

第一阶段是起动阶段，发电机转速从静止上升到切入速度。对于目前大多数风力发电机组来说，只要当作用在风轮上的风速达到起动风速便可实现风力发电机组的起动。在切入速度以下，发电机并没有工作，机组在风力作用下作机械转动，因而并不涉及发电机变速的控制。

第二阶段是风力发电机组切入电网后运行在额定风速以下的阶段，风力发电机组开始获得能量并转换成电能。这一阶段决定了变速风力发电机组的运行方式。从理论上来说，根据风速的变化，风轮可在限定的任何转速下运行，以便最大限度地获取能量。但由于受到运行转速的限制，不得不将该阶段分成两个运行区域，即变速运行区域（C_p 恒定区）和恒速运行区域。为了使风轮能在 C_p 恒定区运行，必须设计一种变速发电机，其转速能够被控制以跟踪风速的变化。

在更高的风速下，风力发电机组的机械和电气极限要求转子速度和输出功率维持在限定值以下，这个限制就确定了变速风力发电机组的第三个运行阶段，该阶段称为功率恒定区。对于定速风力发电机组来讲，风速增大，能量转换效率反而降低，而从风力中可获得的能量与风速的 3 次方成正比，这样对变速风力发电机组来说，有很大的余地可以提高能量的获取。例如，利用第三阶段的大风速波动特点，将风力机转速充分地控制在高速状态，并适时地将动能转换成电能。

图 6.16 是输出功率为转速和风速的函数的风力发电机组的等值线图。如图 6.16 所示，在低风速段，按恒定 C_p（或恒定叶尖速比）途径控制风力发电机组，直到转速达到极

限，然后按恒定转速控制机组，直到功率达到最大，最后按恒定功率控制机组。

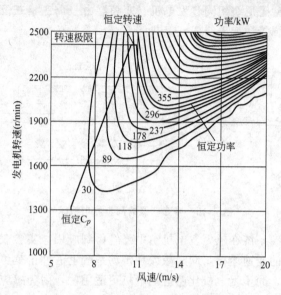

图 6.16　典型风力发电机组等值线

3. 总体控制策略

变速风力发电机组的控制主要通过两个阶段来实现。在额定风速以下时，主是调节发电机反力矩使转速跟随风速变化，以获得最佳叶尖速比，因此可作为跟踪问题来处理。在高于额定风速时，主要通过变桨距系统改变桨叶节距来限制风力机获取能量，使风力发电机组保持在额定值下发电，并使系统失速负荷最小化。可以将风力发电机组作为一个连续的随机的非线性多变量系统来考虑。采用带输出反馈的线性二次最佳控制技术，根据已知系统的有效模型，设计出满足变速风力发电机组运行要求的控制器。一台变速风力发电机组通常需要两个控制器：一个通过电力电子装置控制发电机的反力矩，另一个通过伺服系统控制桨叶节距。

由于风力机可获取的能量随风速的 3 次方增加，因此在输入量大幅度地、快速地变化时，要求控制增益也随之改变。通常用工业标准 PID 型控制系统作为风力发电机组的控制器。在变速风力发电机组的研究中，也有采用适应性控制技术的方案，比较成功的是带非线性卡尔曼滤波器的状态空间模型参考适应性控制器的应用。由于适应性控制算法需要在每一步比简单 PI 控制器多得多的计算工作量，因此用户需要增加额外的设备及开发费用，其实用性仍在进一步探讨中。近年来，由于模糊逻辑控制技术在工业控制领域的巨大成功，基于模糊逻辑控制的智能控制技术也引入变速风力发电机组控制系统的研究并取得了成效。

为了便于理解，先假定变速风力发电机组的桨叶节距角是恒定的，当风速达到起动风速后，风轮转速由零增大到发电机可以切入的转速，C_p 值不断上升，风力发电机组开始发电。通过对发电机转速进行控制，风力发电机组逐渐进入 C_p 恒定区（$C_p = C_{pmax}$），这时机组在最佳状态下运行。随着风速增大，转速亦增大，最终达到一个允许的最大值，这时，只要功率低于允许的最大功率，转速便保持恒定。在转速恒定区，随着风速增大，C_p 值减少，但功率仍然增大。达到功率极限后，机组进入功率恒定区，这时随风速的增大，转速必须降低，使叶尖速比减少的速度比在转速恒定区更快，从而使风力发电机组在更小的 C_p 值下作恒功率运行。下面对 3 个区的控制进行分析。

（1）C_p 恒定区。在 C_p 恒定区，风力发电机组受到给定的功率-转速曲线控制。P_{max} 的给定参考值随转速变化，由转速反馈算出。P_{max} 以计算值为依据，连续控制发电机输出功率，使其跟踪 P_{max} 曲线变化。用目标功率与发电机实测功率的偏差驱动系统达到平衡。功率-转速特性曲线的形状由 C_{pmax} 和 λ_{max} 决定。

如图 6.17 所示，假定风速是 $v2$，点 $A2$ 是转速为 1200r/min 时发电机的工作点，它们都不是最佳点。由于风力机的机械功率（$A1$ 点）大于电功率（$A2$ 点），过剩的功率使转速增大（产生加速功率），后者等于 $A1$ 和 $A2$ 两点功率之差。随着转速增大，目标功率遵循 P_{max} 曲线持续增大。同样风力机工作点也沿 $v2$ 曲线变化。工作点 $A1$ 和 $A2$ 最终在 $A2$ 点交汇，风力机和发电机在 $A3$ 点达到平衡。

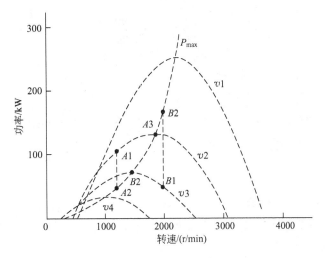

图 6.17 风力机 C_p 曲线

当风速是 $v2$，发电机转速大约是 2000r/min 时，发电机的工作点是 $B2$，风力机的工作点是 $B1$。由于发电机负荷大于风力机产生的机械功率，故风轮转速减小。随着风轮转速的减小，发电机功率不断修正，沿 P_{max} 曲线变化。风力机输出功率亦沿 $v3$ 曲线变化。随着风轮转速降低，风轮功率与发电机功率之差减小，最终二者将在 $B3$ 点交汇。

（2）转速恒定区。如果保持 C_{pmax}（或 λ_{max}）恒定，即使没有达到额定功率，发电机最终将达到其转速极限，此后风力机进入转速恒定区。在这个区域，随着风速增大，发电机转速保持恒定，功率在达到极限之前一直增大。控制系统按转速控制方式工作，风力机在较小的 λ 区（C_{pmax} 的左面）工作。

（3）功率恒定区。随着功率增大，发电机和变流器将最终达到其功率极限。在功率恒定区，必须靠降低发电机的转速使功率低于其极限。随着风速增大，发电机转速降低，使 C_p 值迅速降低，从而保持功率不变。增大发电机负荷可以降低转速。只是风力机惯性较大，要降低发电机转速，将有动能转换为电能。如果以恒定的速度降低转速，从而限制动能变成电能的能量转换。这样为降低转速，发电机不仅有功率抵消风的气动能量，而且要抵消惯性释放的能量。因此，要考虑发电机和变流器两者的功率极限，避免在转速降低过程中释放过多功率。例如，把风轮转速降低率限制到 1r/min，按风力机的惯性，这大约相当于额定功率的10%。

由于系统惯性较大，必须增大发电机的功率极限，使之大于风力机的功率极限，以便有足够空间承接风轮转速降低所释放的能量。这样，一旦发电机的输出功率高于设定点，那就直接控制风轮，以降低其转速。因此，当转速慢慢降低，功率重新低于功率极限以前，功率会有一个变化范围。

4. 主要控制方式

当风速低于额定风速时，风力发电机组控制系统的主要任务是通过对转速的控制来跟踪最佳 C_p 曲线以获得最大能量。功率系数 C_p 是风力机叶尖速比 λ 的函数，通常用一簇 C_p 曲线来描述风力机功率特性，如图 6.18 所示。

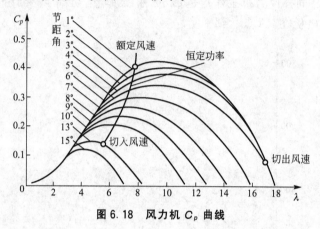

图 6.18　风力机 C_p 曲线

从图中可以看到，$C_p(\lambda)$ 是节距角的函数，当桨叶节距角逐渐增大时 $C_p(\lambda)$ 曲线将显著地缩小。如果保持节距角不变，即定桨距形式下，可以用一条 $C_p(\lambda)$ 曲线描述其功率特性，如图 6.19 所示。

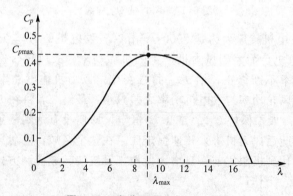

图 6.19　定桨距风力机 C_p 曲线

$C_p(\lambda)$ 曲线中的叶尖速比为

$$\lambda = \frac{R\omega_r}{v} = \frac{v_t}{v} \tag{6-32}$$

式中，ω_r 为风力机风轮角速度(rad/s)；R 为风轮半径(m)；v 为风速(m/s)；v_t 为叶尖线速度(m/s)。

对于恒速风力发电机组，风力机转速的变化只比同步转速高百分之几，但风速的变化范围可以很宽。按式(6-32)，叶尖速比可以在很宽的范围内变化，因此它只有很小的机会运行在 C_{pmax} 点。而风力机从风中捕获的机械功率为

$$P_w = \frac{1}{2}\rho S C_p v^3 \tag{6-33}$$

式中，P_w 为风力机从风中捕获的机械功率，单位为 W；ρ 为风场空气密度，单位为 kg/m^3；S 为风轮扫掠面积，单位为 m^2；C_p 为功率系数；V 为实际风速，单位为 m/s。

可见，在风速给定时，风轮获得的功率将取决于功率系数。如果在任何风速下，风力机都能在 C_{pmax} 点运行，就可以增加机组的输出功率。如图 6.19 所示，只要使得风轮的叶尖速比 λ 保持在 λ_{max} 值，就可以维持风力机在 C_{pmax} 点运行。因此，当风速变化时，只要调节风轮转速，使其叶尖速度与风速之比保持不变，就能获得最佳的功率系数，这也就是变速风力发电机组进行转速控制的基本目标。

但是出于风速测量的不可靠性，很难建立转速与风速之间直接的对应关系。为了不用风速控制风力发电机，修改功率表达式，消除功率对风速的依赖关系，按已知的 C_{pmax} 和 λ_{max} 计算 P_{max}，可以推导出功率和转速的函数表达式

$$P_{max} = \frac{1}{2}\rho S C_{pmax}\left[(R/\lambda_{max})\omega_r\right]^3 \tag{6-34}$$

上式表明，最佳输出功率 P_{max} 和转速的 3 次方成正比，这样就可以通过控制转速来控制机组的功率输出。通常对转速的控制主要是通过对发电机转矩的控制来实现的。

图 6.20 给出了最佳转矩-转速特性曲线。对最佳转矩-转速特性曲线的跟踪有两种方法，第一种方法是根据转矩与转速的平方关系式来控制发电机转矩

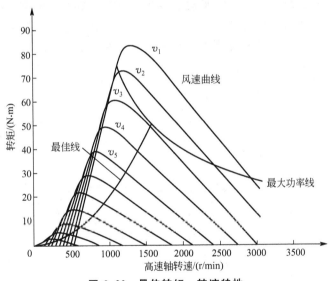

图 6.20　最佳转矩—转速特性

$$T_p^* = K_{max}\omega^2 \tag{6-35}$$

式中，T_p^* 为转矩期望值；K_{max} 为具有最佳 C_p 值的比例系数。

这一关系式比较容易实现，但风力机的转速不是被直接控制的，而是通过间接的方法"间接速度控制(ISC)"实现的。第二种方法是将任一给定时刻所需要的最佳发电机转速设置为风速的函数，这称为"直接速度控制(DSC)"。直接速度控制可以通过测量风速，然后从风力发电机组的功率特性推算出发电机所需的最佳速度。这种方法要求测量的风速与

作用在桨叶上的风速有良好的关联性。但是，风速必须在到达桨叶之前就测出，而且风速在整个桨叶扫掠面积上是不一致的，所以要做到这一点非常困难。

为了实现直接速度控制策略，有一种可行的技术是运用转矩观测器来预测风力发电机组的机械传动转矩。发电机转速可根据下式进行设置

$$\omega^* = \sqrt{\frac{T_m}{K_{\max}}} \tag{6-36}$$

式中，$K_{\max}$为具有最佳C_p值的比例系数；T_m为转矩观测值。

转矩观测器把分离发电机组当作风速仪，解决了对风速的测量问题。

当风速高于额定风速时，能量的获取将受到机组物理性能的限制。从理论上讲，输出功率是无限的，它是风速立方的函数。但实际上，由于机械强度和其他物理性能的限制，输出功率是有限度的。变速风力发电机组受到两个基本限制：功率限制——所有电路及电力电子器件受功率限制；转速限制——所有旋转部件的机械强度受转速限制。因此，风力机的风轮转速和能量转换必须低于某个极限值，否则机组各部件的机械和疲劳强度就受到挑战。因此在高风速下，当风速作大幅变化时，保持发电机恒定的功率输出，并使风力发电机组的传动系统具有良好的柔性，是高于额定风速时控制系统的基本目标。

在额定风速之上时，变速风力发电机组的控制系统主要是通过调节风力机的功率系数，将功率输出限制在允许的范围之内；同时使发电机转速能随功率的输入作快速变化，这样发电机就可以在允许的转速范围内持续工作并保持传动系统良好的柔性。

通常采用两种方法控制风轮的功率系数，一是控制变速发电机的反力矩，通过改变发电机转速来改变风轮的叶尖速比；二是改变桨叶节距角以改变空气动力转矩。目前主要利用比例积分(PI)和干扰调节控制(DAC)技术，改变桨叶节距角来控制风轮的功率系数，以满足风力发电机组运行时对各种物理量进行限制的要求。图6.21和图6.22所示为PI控制器和DAC控制器框图。

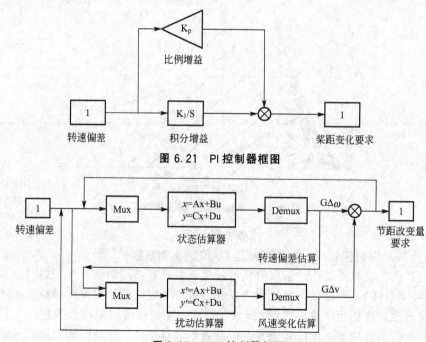

图 6.21　PI 控制器框图

图 6.22　DAC 控制器框图

5. 智能控制方式

随着对风力发电机组研究的不断深入，风电系统的影响因素增多，其非线性特性显著，而且很多不确定因素也受到重视。比如，雷诺数的变化引起在功率上 5% 的误差，而由于叶片上的沉积物和下雨可造成 20% 的功率变化，其他诸如老化和大气条件等因素，也将在机组的能量转换过程中引起不同程度的变化。因此所有基于某些有效系统模型的控制也仅适合于某个特定的系统和一定的工作周期。基于精确的数学模型的控制方法在控制器设计和参数调节难以满足实际需求，而智能控制可以充分利用其非线性、变结构、自寻优等各种功能来克服变参数与非线性因素。

在智能控制中常见的有包含异步发电机、不可控整流器和脉宽调制（Pulse Width Modulation）PWM 逆变器的变速风力发电机组，其模糊逻辑控制器根据功率偏差及其变化率调整 PWM 逆变器的调制点，从而取得在额定风速以下运行时的最大功率。还有采用异步发电机和双边 PWM 逆变器的变速风力发电机组模糊逻辑控制器，使用了 3 个模糊控制器：一个用于跟踪不同风速下的发电机转速从而优化风力机的气动性能；一个在低负载时调节发电机的磁通从而优化发电机整流器系统的效率；另一个控制器用以保证转速控制系统的鲁棒性能。由于模糊控制不需要精确的数学模型，可以高效地综合专家经验，具有较好的动态性能和鲁棒性。因此在风力发电机组控制技术中出现了基于模糊控制和神经网络的智能控制方案，用模糊控制调节电压和功率，用神经网络控制桨距角并预测风轮气动特性。这种方案可以较好地满足最大能量获取，保证可靠运行和提供良好的发电质量的控制目标。

人工神经网络具有可任意逼近任何非线性模型的非线性映射能力，利用其自学习和自收敛性可作为自适应控制器。对一个变桨距风力发电系统采用双模控制结构，内环用模糊控制器控制发电机的励磁电压；外环用神经网络控制器通过在线学习，实现了风能的最大捕获并减小了机械负载力矩。

 复习思考题

一、填空题

1. 国标 GB/T 10760.2—2003 规定在测试发电机输出功率和效率时，需要在_____、_____、_____、_____、_____额定转速下进行测试。

2. 测风杆所处位置与风力发电机组的距离应该为风力发电机组风轮直径 D 的_____倍；建议采用风轮直径的_____倍。

3. 风速测量应该采用具有_____距离常数的_____，风速仪应该安装在与轮毂高度相差_____的位置，最好安装在测风杆竖直杆的_____。

4. 在风频分布理论计算时，常把风速的间隔定为_____。

5. 数据的采集应该采用_____或更快的采样速率连续进行。

6. 筛选的数据是以_____为一个周期由连续测量所得到的数据而产生的。

7. 从测试结果中筛选出的数据组需要折算回归到_____参考空气密度下的数据。一种是_____，另一种是_____。

8. 设计风力发电机时要计算的机组性能参数主要有_____、_____、

_____以及_____。

9. 年发电量必须计算两个方面，一方面为_____；另一方面为_____。

10. 智能控制中常见的有包含_____、_____和_____的变速风力发电机组，其模糊逻辑控制器根据_____及其变化率调整 PWM 逆变器的调制点，从而取得在_____运行时的最大功率。

二、思考题

1. 根据例 6.2 给出的试验数据，以 0.5m/s 为间隔，按照 bins 法给出风速功率对应值并绘制出曲线图。

2. 根据例 6.2 给出的数据求出该试验系统风能利用系数 C_P。发电机效率按照例 6.1 计算，系统为发电机直驱式，额定风速设为 10m/s，风轮直径为 1m。

3. 在上题的基础上试计算扭矩系数 C_M 及风轮轴向推力系数 C_T。

4. 根据第 6.4 节给出的公式，试计算上例中试验系统的年发电量。

5. 如果给例 6.2 中风力发电机组的试验系统中加入控制器，那么该机组哪个风速段的输出功率将受到控制？控制结果将是怎样的功率曲线？试给出此曲线。

第7章
风力发电机组的
参数选择与匹配

教学目标

　　理解风力发电机按功率大小的分类；风力发电机组的各项参数及类型，如主流机型的功率、风轮直径、额定风速等；掌握风力发电机组选型的原则；掌握风力发电机组选型及性能匹配的影响因素。

教学要点

知识要点	掌握程度	相关知识
风力发电机的参数	熟悉小型、中型、大型风力发电机功率的划分；熟悉主流机型的功率、风轮直径、额定风速等	额定功率；额定风速；叶片长度、材料、重量；转速范围；塔架高度、重量；发电机类型；设计使用寿命；风速范围
风力发电机组的选型与性能匹配	熟悉机组设备选型不当可能造成的问题；掌握风力发电机组选型的原则；理解风力发电机组选型的影响因素	度电成本；机组的安全性；机组性能；风能资源与风力发电机组性能的关系；机组经济性

随着我国风电产业的发展，风电装机容量高速增长，风电场建设快速发展。如果风力发电机组的参数选取不当，与当地风能资源及其他条件不匹配，就会出现机组性能实现不了充分的发挥，甚至出现种种故障，最终导致风电场效益不佳，影响到长远发展。在风电场建设过程中，风力发电机组的选择受到风能资源、自然环境、交通运输、吊装等条件的制约。在机组技术先进、运行可靠的前提下，选择经济、实用的风力发电机组，要根据风场的风能资源状况和所选的风力发电机组性能，计算风场的年发电量和度电成本，以及运行、维护成本，并且考虑资金投入和效益回报等因素，选择综合指标最佳的风力发电机组。

7.1 风力发电机组的参数与选择

风力发电机可按功率可分为小型、中型、大型风力机。风力机功率与风速、风轮直径和风能利用系数有关。一般来说，风轮直径越大其额定功率越大，但是并不是功率相同、风速相同，就一定有相同的风轮直径。按照功率的大小，风力机组的风轮直径与额定功率的大致对应关系见表7-1。

表7-1 风力发电机风轮直径与额定功率的对应关系

风力机类型	风轮直径/m	扫掠面积/m^2	额定功率/kW
小型	0～8	0～50	0～10
小型	8～11	50～100	10～25
小型	11～16	100～200	30～60
中型	16～22	200～400	70～130
中型	22～32	400～800	150～330
中型	32～45	800～1600	300～750
大型	45～64	1600～3200	600～1500
大型	64～90	3200～6400	1500～3100
大型	90～128	6400～12800	3100～6400

7.1.1 小型风力发电机组的技术参数

上海万德2kW风力发电机的技术参数如下。

风轮直径：4m

叶片数量：3只

叶片材料：木芯玻璃纤维环氧涂覆

调速方式：风轮侧偏

额定风速：9m/s

切入风速：3m/s

工作风速范围：3～25m/s

抗大风能力：50m/s

额定功率：2kW

最大功率：3kW

输出电压：220V

塔架高度：9m

塔架重量：400kg

发电机型式：永磁低速三相交流发电机

风能利用系数：0.42

上海万德2kW风力发电机如图7.1所示。上海万德，5kW和50kW风力发电机的技术参数见表7-2和表7-3。

图7.1 上海万德2kW风力发电机

表7-2 上海万德5kW风力发电机的技术参数

风轮直径	5m	风能利用系数	0.42
叶片数量	3只	额定功率	5kW
叶片材料	木芯玻璃纤维环氧涂覆	抗大风能力	50m/s
调速方式	风轮侧偏	输出电压	220V
额定风速	11m/s	塔架高度	10m
切入风速	3m/s	塔架重量	500kg
工作风速范围	3～25m/s		
发电机型式	永磁低速三相交流发电机		

表7-3 上海万德50kW风力发电机的技术参数

风轮直径	13m	扫掠面积	133m²
叶片数量	3只	风能利用系数	0.42
叶片材料	木芯玻璃纤维环氧涂覆	额定功率	50kW
调速方式	失速	抗大风能力	50m/s
额定风速	13m/s	输出电压	220/380V
切入风速	4m/s	塔架高度	圆筒形20m
工作风速范围	3～25m/s	塔架重量	7t
发电机型式	永磁低速三相交流发电机		

7.1.2 中型风力发电机组的技术参数

沈阳工业大学自控技术研究所的中型风力发电机组SUT系列属于变桨变速恒频交流异步风力发电机组，采用了一体化设计，结构简单紧凑，效率高，运行稳定。机组可以选用并网型、离网型、独立组网型，控制系统中配有智能电网监测系统、电网波动及异常决策系统，有效解决小电网、柴油网及独立电网的平衡问题。该机组尤其适用于海岛、沿海、山区等条件恶劣、电网负荷小、电力缺乏地区，以及其他不适合安装大型风力发电机组的地区。

SUT 系列风力发电机的参数见表 7-4。SUT200 风力发电机如图 7.2 所示。

表 7-4　SUT 系列风力发电机的技术参数

型号	SUT100	SUT200	SUT300
额定功率	100kW	200kW	300kW
风轮直径	21m	24m	21m
切入风速	3m/s	3m/s	3.5m/s
额定风速	15m/s	15m/s	14m/s
切出风速	25m/s	25m/s	25m/s
生存风速	60m/s	60m/s	60m/s
设计寿命	20 年	20 年	20 年
输出电压	400V	400V	400V
输出频率	50Hz	50Hz	50/60Hz
风力机重量	6500kg	8000kg	10000kg
安全等级	GL2	GL2	GL2
齿箱速比	16:1	20:1	25:1
齿箱效率	≥97%	≥97%	≥97%
叶片材料	GlassFiber	GlassFiber	GlassFiber
叶片数量	3	3	3
叶轮速度	60r/min	50r/min	28～44r/min
扫略面积	346m²	452m²	615m²
功率调节	变桨距	变桨距	变桨距
旋转方向	顺时针	顺时针	顺时针
叶片重量	400kg	500kg	1000kg
发电机类型	异步	异步	异步
输出电压	400V	400V	400V
发电机最大转速	1100r/min	1100r/min	1100r/min
发电机额定转速	960r/min	960r/min	990r/min
功率因数	0.99	0.99	0.99
塔高	31m	31m	30m

图 7.2　SUT200 风力发电机

7.1.3　大型风力发电机组的技术参数

1. 金风 S43/600 风力发电机(图 7.3)

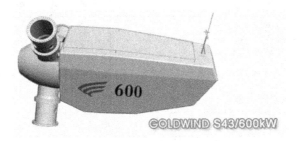

图 7.3　金风 S43/600 风力发电机

机组采用水平轴、三叶片、上风向、定桨距失速调节、异步发电机并网的总体设计方案，机组技术参数见表 7 - 5。

表 7 - 5　金风 S43/600 风力发电机的技术参数

序号	描述	单位	规格
I	机组		
1.1	制造商		新疆金风科技股份有限公司
1.2	型号		金风 600kW
1.3	额定功率	kW	600/125
1.4	叶轮直径	m	43.2
1.5	切入风速	m/s	3
1.6	额定风速	m/s	14
1.7	切出风速(10 分钟均值)	m/s	25

（续）

序号	描述	单位	规格
1.8	切出极限风速（5秒均值）	m/s	30
1.9	抗最大风速（3秒均值）	m/s	70（IEC Ⅰ）
1.10	设计使用寿命	y	20
2	叶片		
2.1	型号		HT19.1
2.2	叶片材料		玻璃纤维增强树脂
2.3	叶片数量	个	3
2.4	叶轮转速	r/min	26.8/17.9
2.5	扫风面积	m²	1466
2.6	旋转方向（从上风向看）		顺时针
3	齿轮箱		
3.1	型 号		FL600
3.2	传动级数		3级，一级行星，两级平行轴
3.3	齿轮箱传动比		1∶56.56
3.4	额定功率	kW	645
3.5	润滑形式		压力强制润滑
3.6	润滑油型号		Mobil SHC XMP 320
4	发电机		
4.1	型号		YJ50
4.2	类型		双绕组异步发电机
4.2	额定功率	kW	600/125
4.3	额定电压	V	690
4.4	额定电流	A	546/118
4.5	额定频率	Hz	50
4.6	额定转速	r/min	1519/1013
4.7	绝缘等级		H
4.8	润滑脂型号		FAG Arcanol L135v
4.9	防护等级		IP54
5	刹车系统		
5.1	主刹车系统		3个叶尖气动刹车
5.2	第二刹车系统		高速轴2个机械刹车闸
5.3	刹车保护形式		失效—安全保护

(续)

序号	描述	单位	规格
6	偏航系统		
6.1	类型		主动对风
6.2	偏航轴承形式		内齿圈四点接触球轴承(零游隙)
6.3	偏航速度	度/秒	0.34
7	控制系统		
7.1	类型		PLC
7.2	界面		中文
7.3	软并网装置/类型		晶闸管 TT430N/22
7.4	补偿电容容量/组数	kVA	175/4
7.5	额定出力的功率因数		0.98
8	防雷保护		
8.1	防雷设计标准		IEC 61024/61312/61400，GB 50057—1994
8.2	防雷措施		叶尖防雷等
8.3	风机接地电阻	Ω	≤4
9	塔架		
9.1	类型		钢制锥筒(内设爬梯及防跌落保护)
9.2	高度	m	40/50(轮毂中心高度)
9.3	表面防腐		表面喷漆(外表面≥240μm，内表面≥170μm)
10	重量		
10.1	机舱	t	22
10.2	叶轮	t	13
10.3	塔架	t	33.7
11	基础		基础环式

2. S系列风力发电机

S系列风力发电机的技术参数见表7-6。

表7-6 S系列风力机的技术参数

型号	S43-600	S48-750	S62-1200
额定功率/kW	600	750	1200
叶轮直径/m	43.2	48.4	62
扫风面积 A/m^2	1466	1840	3019
额定风速 Vw/(m/s)	14	15	12

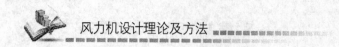

（续）

型号	S43－600	S48－750	S62－1200
风能利用系数 Cp	0.247	0.200	0.380
叶片数	3	3	3
转速范围/(r/min)	17.8～26.8	17.8～26.8	11～20
额定转速/(r/min)	22.3	22.3	15.4
尖速比 λ	3.60	3.77	4.17
叶片材料	玻璃纤维增强树脂		
传动方式	一级行星 二级固定	一级行星 一级固定	
传动比 i	56.6	68.2	67.9
电机	双绕组异步	交流永磁同步	交流永磁同步
电机转速/(r/min)	1013～1519	1520	747～1358
叶片重/t	1.96	3.1	4.6
叶轮重/t	13	13.8	30.5
电机重/t	4.5	4.4	42
机舱重/t	22	22	10.5
塔架重/t	47	52.4	97.3
设计寿命/y	20	20	20

3. 华仪（HeWind）HW50/780 风力发电机

机组采用丹麦设计概念：上风向、三叶片、失速控制、叶尖气动刹车，是风力机技术最简单、成熟、可靠、安全的技术。整机总重 90 吨：风轮 15 吨、机舱 22 吨、塔架总重 53 吨。

HW50/780 机组技术参数如下。

额定功率：780kW

风轮直径：50m

轮毂中心高：50/60m

起动风速：3.5m/s

额定风速：14m/s

停机风速：25m/s（10 分钟）

最大抗风：70m/s（3 秒）

风能利用系数：$C_p \geqslant 0.4$

叶片数量：3

扫风面积：1962.5m²

叶轮转速：21.68r/min

叶轮直径：50m

叶轮仰角：5°

叶轮锥角：2.5°

叶片材料：玻璃纤维增强树脂/环氧树脂（GRP）

齿轮传动：一级行星，两级平行轴传动；强制润滑，强迫风冷，带有加热装置

刹车系统：空气刹车，机械刹车，集成液压单元，能自动补偿磨损，具有磨损探测功能

控制系统：计算机控制，可远程监控

工作寿命：≥20 年

工作环境温度：－20～45℃（常温型）；－30～45℃（低温型）

4. 金风 77/1500 风力发电机

金风 77/1500 风力发电机的技术参数见表 7-7。

表 7-7　金风 77/1500 风力发电机的技术参数

序号	部件	单位	数值
1	总体参数		
1.1	机组运行的环境温度	℃	－30～＋40
1.2	制造厂家/型号		金风 77/1500
1.3	额定功率	kW	1500
1.4	风轮直径	m	77
1.5	切入风速	m/s	3
1.6	额定风速	m/s	11.8
1.7	切出风速	m/s	22
1.8	设计寿命	y	20
2	叶片		
2.1	叶片材料		玻璃纤维增强树脂
2.2	叶片端线速度	m/s	≥76.6
2.3	叶片长度	m	37.3
3	发电机		
3.1	制造厂家/型号		JF1500
3.2	额定功率	kW	1500
3.3	额定电压	V	620
3.4	额定转速及转速的范围	r/min	17.3(9～19)
3.5	功率因数调节范围		1(－0.95 至 0.95 可调)
3.6	绝缘等级		F
4	变频器		

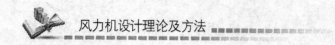

（续）

序号	部件	单位	数值
4.1	变频器型号		IGBT 变流器
4.2	视在功率	kVA	1579
4.3	输入/输出的电压	V/V	620
4.4	输入/输出的电流	A/A	1470
4.5	输出频率的变化范围	Hz	50±0.4
4.6	防护等级		IP23
5	主轴承		
5.1	制造厂家		SKF
6	制动系统		
6.1	主制动系统		3 个叶片顺桨实现气动刹车
6.2	第二制动系统		发电机转子刹车（仅用于维护）
7	重量		
7.1	机舱	kg	11000
7.2	发电机	kg	43000
7.5	叶轮（包含叶片、轮毂及变桨系统）	kg	28000

5. 东方汽轮机厂 FD70A、FD77A 型风力发电机组

机组的主要技术特点如下。

（1）变速运行、恒频输出。4 极双馈异步发电机，配有脉宽调制的 IGBT 模块的变频器。

（2）每只叶片有独立的变桨距电器系统——"失效保护"。

（3）轮毂的仰角和锥角以及刚性叶片的应用，使机器的重心接近塔架中心。

（4）负荷能力裕量及高安全性。

（5）与常规火电站等同的电力输出特性。

（6）齿轮箱的高可靠性。

机组的技术参数见表 7-8。

表 7-8 东汽 FD70A、FD77A 型风力发电机的技术参数

机组代号	FD70A	FD77A
机组型号	FD70-1500/13	FD77-1500/12.5
额定功率/kW	1500	1500
切入风速/(m/s)	3.5	3.0
额定风速/(m/s)	13.0	12.5

（续）

切出风速/(m/s)	25.0	20.0
复位风速/(m/s)	20.0	17.0
抗阵风能力/(m/s)	56.3	51.6
扫掠直径/m	70	77
扫掠面积/m²	3850	4657
叶片数量	3	3
转速(r/min)	10.6～19.0	9.6～17.3
转向	顺时针	顺时针
风轮仰角	5°	5°
轮毂锥角	−3.5°	−3.5°
叶片长度/m	34	37.3
叶片重量/kg	5393	6285
叶片材料	玻璃纤维加强塑料（GRP）	
增速比	1∶94.7	1∶104
输入轴转速/(r/min)	10.6～19	9.6～17.3
输出轴转速/(r/min)	1000～1800	
额定功率/kW	1660	1660
额定扭矩/kNm	834	916
塔筒形式	锥形单柱焊接结构	
轮毂中心高/m	65/85/90	61.5/85/90/100
塔筒顶部直径/mm	2955	2955
塔筒底部直径/mm	4000＋	4000＋

安装中的 FDT0A 风力发电机如图 7.4 所示。

图 7.4　安装中的 FD70A 风力发电机

6. 华创 1.5MW 系列风力发电机组(图 7.5)

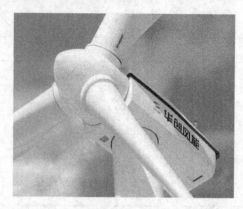

图 7.5　华创 1.5MW 风力发电机

华创 1.5MW 系列风力发电机组的技术参数见表 7-9。

表 7-9　华创 1.5MW 系列风力发电机组的技术参数

型号	CCWE-1500/70.DF	CCWE-1500/77.DF	CCWE-1500/82.DF
整体参数			
额定功率	1500kW	1500kW	1500kW
风力机类型	上风向、主动变桨、双馈变速变桨控制		
变桨调节方式	独立电动变桨	独立电动变桨	独立电动变桨
切入风速	3m/s	3m/s	3m/s
额定风速	12.5m/s	11.5m/s	11m/s
切出风速	25m/s	25m/s	25m/s
安全风速	59.5m/s(3s)	59.5m/s(3s)	52.5m/s(3s)
轮毂中心高	65.1m	70m	70m
各系统参数			
风轮			
风轮直径	70.5m	77.5m	82m
扫掠面积	3904m²	4715m²	5278m²
旋转方向	水平轴上风向顺时针		
倾角	4°	5°	5°
转速范围	11~22r/min	9.7~19r/min	9.7~19r/min
叶片数目	3	3	3
叶片长度	34.2m	37.5m	40.25m
叶片材料	GFRP	GFRP	GFRP
齿轮箱			

（续）

型号	CCWE-1500/70.DF	CCWE-1500/77.DF	CCWE-1500/82.DF
类型	1级行星齿轮＋2级斜齿轮		
增速比	1：90.11	1：104.078	1：104.078
主轴承	调心滚子轴承		
刹车机构			
主刹车	3个独立变桨气动刹车		
机械刹车	液压钳盘刹车		
发电机			
类型	强制空冷双馈异步发电机		
额定功率	1560kW		
额定转速	1800r/min		
冷却方式	风冷		
电压	690V		
频率	50Hz		
偏航系统	主动式偏航		
偏航驱动	4台驱动电机		
偏航刹车	液压钳盘刹车		
塔架			
类型	圆锥管状钢塔		
控制系统			
控制器	微处理控制器、实时操作系统		
气象传感器	带加热器风速、风向传感器		
远程监控	自动数据传输		

7. V80-2000kW 风力发电机

V80-2000kW 风力发电机的技术参数见表7-10。

表7-10 V80-2000kW 风力发电机的技术参数

运行数据	风级 IEC IA
额定功率/kW	2000
切入风速/(m/s)	4
额定风速/(m/s)	16
切出风速/(m/s)	25

（续）

运行数据			风级 IEC IA
运行温度(标准状态)/℃			−20~40
运行温度(低温运行)/℃			30~40
主要尺寸		叶片长/m	39
		最大弦长/m	3.5
		叶片重量/kg	6500
轮毂		最大直径/m	3.3
		最大宽度/m	4
		长度/m	4.2
转子		直径/m	80
		扫风面积/m²	5027
		额定转速/(r/min)	16.7
		转速范围/(r/min)	10.8~19.1
		叶片数量	3
塔架		轮毂高度/m	60/67/78/100
发电机		类型	4极变速恒频
		额定输出/kW	2000
		周波/Hz	50/60—690V
齿轮箱		类型	三级圆柱齿
机舱		运输高度/m	4
		安装高度/m	5.4
		机舱长/m	10.4
		机舱宽/m	3.4
		机舱重/t	69
塔架重量			IECIA 风区
塔架高度/塔架重量			60m/137t
塔架高度/塔架重量			67m/116t
塔架高度/塔架重量			78m/153t
塔架高度/塔架重量			80m/148t
塔架高度/塔架重量			100m/198t

8. FD90/2500 型风力发电机

FD90 型风力发电机组采用三叶片上风向风轮，转速由叶片的变桨控制系统限定。变桨控制的优点是在高风速时仍能处于低峰载荷，在高湍流强度的风场（陆上风力机）风力机也能承受较低的动态载荷，变桨控制系统使风轮有更高的可靠性和更长的寿命。

变桨系统可将叶片调整到离开风轮平面大约90°，这时叶片可作为空气动力刹车。在常规运行中，变桨电机通过驱动叶根安装的环齿（变桨轴承）来调整叶片到某个确定的位置。

FD90型2500kW风力发电机组技术数据见表7-11。

表7-11　FD90/2500型风力发电机的技术参数

	切入风速/(m/s)	3.5
	额定风速/(m/s)	12.0
	额定转速/(r/min)	15.7
	转速范围/(r/min)	8~20.42
	额定功率/kW	2500
	切出风速/(m/s)	25.0
	生存风速/(m/s)	59.5
	风区类型	TCⅡA
	系统寿命/年	20
运行温度范围	非运行时环境温度/℃	-40~50
	运行时环境温度/℃	-30~40，超过+35℃时降容运行
	叶片数量	3
	转轴	水平
	相对塔筒位置	上风向
	风轮直径/m	91.3
	扫风面积/m²	6547
风轮设计数据	转速范围/(r/min)	8~20.42
	额定转速/(r/min)	15.7
	旋转方向（朝下风向看）	顺时针
	功率控制方式	叶片变桨控制
	风轮倾角/(°)	4.5
	叶片长度/m	44
	最大弦长/m	4.145
	叶根直径/m	2.39
风轮叶片数据	扫掠角/(°)	0.0
	锥角/(°)	-2.0
	材料	环氧玻璃纤维
	雷电传导器	集成

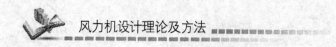

（续）

变桨调节	最大变桨限速/(°/s)	9
	变桨轴承类型	双列球轴承
驱动链	额定驱动力矩/(kN·m)	1640
	最大静力矩/(kN·m)	约为6000
	齿轮类型	行星/平行轴齿轮
驱动链	传动比	76.4
	齿轮润滑	强制润滑
	齿轮和发电机的连接	柔性联轴器
支撑部分	轮毂类型	刚性
	轮毂材料	铸铁 EN-GJS-400-18U-LT
	前机架类型	铸件结构
	前机架材料	铸铁 EN-GJS-400-18U-LT
刹车系统	运行刹车	独立叶片变桨
	结构类型	齿轮/伺服电机
	转子制动器	碟式刹车
	激活方式	主动式
发电机和电气元件	发电机类型	双馈感应发电机
	变频器类型	IGBT，4象限
	额定功率/kW	2500
	额定电压	3相/690V AC/50Hz±10%
	功率因数	-0.9～+0.9
	力矩控制	矢量控制
机舱罩	结构类型	封闭式
	材料	聚醇/玻璃纤维
偏航系统	风向调整类型	主动式
	偏航轴承类型	单列球轴承
	驱动单元	齿轮电机
	驱动单元数量	4
	刹车	主动式刹车加电气刹车
控制系统	结构类型	PLC，自由编程
	远程监控	通过调制调解器
塔架	结构类型	圆锥形钢筒塔架
	塔架高度/m	77
	防腐保护	涂层保护

9. R—5M 型风力发电机组

R—5M 型风力机额定功率为 5000kW、额定风速为 13m/s、转子直径为 126m、额定转速为 9.5r/min、有 3 片叶片、叶片长 61.5m、重 17.7t。用行星齿轮增速、双回路异步电机、6 级。典型技术数据见表 7—12。

表 7—12　R—5M 型风力发电机的技术参数

设计	额定功率/kW	5000
	起动风速/(m/s)	3.5
	额定风速/(m/s)	13
	停车风速/(m/s)	海上 30，陆地 25
转子	直径/m	126
	扫风面积/m²	12469
	叶片数目	3
	额定运行的转速范围/(r/min)	6.9~12.1
	额定转速/(r/min)	9.5
叶片	类型	LM61.5P
	功率控制	变桨距
	长/m	61.5
	型线面积/m²	183
	重/t	17.74
	最大弦长/m	4.6
	螺栓数	128
	螺栓型号	M36
	螺栓圆周直径/mm	3200
控制	原理	控制桨距角和转速，电驱动变桨距
	安全系统	3 个独立的桨叶变桨距系统转子刹车
发电机	设计	双回路异步电机，6 级
	转速范围/(r/min)	670~1170
重量/t	转子(桨叶、轮、法兰、轴承、联轴器)	110
	桁架(不含转子)	240

7.2　风力发电机组的选型与性能匹配

风力发电机组是风电场的主要生产设备，对于一个风电场来说，机组的选型不仅关系到风电场建设造价，还影响投产后的发电量和运营成本，以及最终并网发电的度电成本，进而影响到风电场的经济效益，因此在风力发电场设计和建设中，风力发电机组的选型就显得很重要，对风电场的运营和发展有着重要的意义。所以要结合风电场当地的风力资源状况、地质情况及电网情况，依据风力发电机组的各项技术参数和性能，综合考虑建设、运行、维护的资金投入及效益，对风电场的风电机组进行选型分析，最终选取与当地具体情况匹配最佳的风力发电机组。

如果风力发电机组设备选型不当，会造成风电场运行中的风电机组出现不少问题，使风电场的发电量达不到原设计指标，风电场等效满负荷利用小时数低于设计值。下面是机组选型不当造成的一些问题。

(1) 机型与当地风能资源不匹配，导致机组性能达不到原设计指标，造成不能正常发电。

(2) 机组不成熟，故障多，严重影响发电量。

(3) 重要部件出现故障，因缺少零备件或者零备件供应不及时，造成停机。

(4) 在当地气候条件下，受机组性能限制不能正常运行，如低温条件下停机等现象。

7.2.1 风力发电机组选型的原则

选择"性能价格之比最优"的机组是风力发电机组选型的原则之一。"物美价廉"这一通用原则在这里的选型中依然适用，选择性价比最好的机组就是要以最低的价格购买其对应综合性能指标最好的风力发电机组。

另外一个风力发电机组选型的原则就是以"度电成本最低"作为指标。这一指标考虑了经济方面的因素，在商业运营中，要注重资金投入和经营效益的问题。不同类型的机组，其初期投资以及环境适应性、运行维护的成本都不同，只有选择适当的风力发电机组，才能提高风电场的经济效益。

7.2.2 风力发电机组选型的影响因素

1. 机组的安全性

不同的风场具有不同的风况、气候因素等外部条件，因此风电机组根据不同的现场条件有不同的设计要求及相应的安全等级。根据 IEC 相关风力机标准，风电机组设计的安全等级分为一般安全等级和特殊安全等级，风电机组的一般安全等级依据风速和湍流强度指标进行划分，特殊安全等级是根据特殊的外部条件，由风力机设计者根据要求的风力机设计参数进行特殊设计。表 7 - 13 是 IEC61400—1(第三版)风电机组等级表。

表 7 - 13   IEC61400—1 风电机组等级表

风力发电机等级		Ⅰ	Ⅱ	Ⅲ	S
Vref/(m/s)		50	42.5	37.5	由设计者指定
A	Iref(—)		0.16		
B	Iref(—)		0.14		
C	Iref(—)		0.12		

注：该表中，所有参数值均是指轮毂高度处的参数；Vref 是指参考风速(10min 平均值)；A 是指较高湍流强度等级；B 是指中等湍流强度等级；C 是指较低湍流强度等级；Iref 是指风速为 15m/s 时的湍流强度。

除了这些基本等级参数外，还有一些其他的参数要求，例如，温度、湿度、空气密度、地震等条件要求。

风电场内的风电机组的位置确定后，根据相关 IEC 标准，还需要对风电机组的现场风况条件进行安全性评估，评估的风能资源参数主要如下。

(1) 风电机组轮毂高度处的 50 年一遇最大 10min 平均风速。

(2) 在切入风速和切出风速之间的风速分布概率密度。

(3) 轮毂高度处的环境湍流标准差 $\hat{\sigma}$ 及其标准偏差 $\hat{\sigma}_o$。

(4) 入流角度(入流气流与风力机扫风平面的夹角)。

(5) 风切变系数。

(6) 空气密度。

2. 风电场风能资源与风力发电机组性能的关系

在风电场建设中，首先要对所选的风场进行风能资源评估。目前国内外针对风能资源的测量与评估已经开发出许多测试设备和评估软件。在风电场宏观选址和微观选址方面都开发了商业化软件，如风图谱分析及应用程序 WASP，是由丹麦国家实验室风能应用开发部开发出来的风能资源分析处理软件，主要用于对某地风能资源进行评估，正确地选择风电场场址；美国 TureWindSolutions 公司开发的 MesoMap 和 Sitewind 风能资源评估系统；风电场设计和优化软件 WindFarmer (WindFarmDesign&OptimizationSoftware)是由英国自然能源公司和 GarradHassan 公司联合组成的合资软件公司——WINDOPS 有限公司开发。WindFarmer 软件对 PARK 软件进行了改进完善和补充，主要用于风电场优化设计即风力发电机组微观选址。这些软件的应用使得风资源在评估时更加完善。根据风能资源评估的结论，确定该风场年平均风速和年风功率密度，进一步确定该风电场盛行风向是否稳定，湍流强度的强弱，以及场区实测空气密度和风切变指数、风功率、密度等。根据《风电厂风能资源评估方法》(GB/T 18710—2002)，定性该风场属于哪一类风场，从而在风力发电机组选型上选用适合该风场的高效能风力发电机组。

3. 机组经济性

风力发电机组选型的经济性主要指评价该风场投资所产生的经济效益。评价一个风电项目的好坏主要通过风电项目投资回报情况来说明，而影响风电项目投资回报情况主要通过资金投入、年上网电量、上网电价等因素反映。由于风电机组设备价格有较大波动，在电网价格给定的情况下，对于一个风场的建设和投资，需要考虑因素有单位千瓦的造价、年上网发电量和资金收益率。通过对风场建设的多种方案的计算、比较和分析，得出能反映每种方案的经济指标。

统计数据表明，单机容量在 0.25～2.5MW 的各种机型中，单位千瓦造价随单机容量的变化呈"U"型趋势，目前 600kW 风力机的单位千瓦造价正处在"U"型曲线的最低点，随着单机容量的增加和减少，单位千瓦造价都会有一定程度的增加。如 600kW 以上，风轮直径、塔架的高度、设备的重量都会增加。风轮直径和塔架高度的增加会引起风力机疲劳载荷和极限载荷的增加，要有专门加强型设计，在风力机的控制方式上也要做相应的调整，从而引起单位千瓦造价上升。

目前国内比较主流的风力发电机组的单机容量在 600～2000kW 之间，尽管小型风电机组在生产、运输和安装方面具有优势，但在风电场面积受到限制的情况下，单机容量越大的风电机组越可以提高风电场的风能利用率，长远来说，其综合成本更低一些，这也是为什么风力发电机组的单机容量越来越大的原因。

从风电机组的技术角度来讲，风力发电机组的发电机逐步从定速运行的感应发电机发展为风能利用率较高的变速运行的发电机，如双馈式发电机和永磁或电励磁的同步发电机；风力发电机组的功率控制也逐渐由定桨距失速型、主动失速型发展到变桨距功率控制。目前兆瓦级以上的变桨变速风力发电机组得到了广泛的应用，定桨距定速运行的风力发电机在大型的风电场中已被淘汰。因此，在机型选择时应优先考虑技术先进、风能利用率高、应用广泛的大型先进风电机组。

4．其他相关因素

（1）考虑风电机组装配和主要部件生产厂家情况。风力发电机组生产厂家的情况直接影响机组的性能、质量等多项指标。在选型时应考察机组生产厂家情况，产品投入商业运行的时间、产品销售及所占市场份额情况。此外，还要对其产能和排产情况做一个深入细致的了解，特别要注意其零部件配套厂家的情况，国内一些风电场建设过程中，经常出现因零部件供应不及时而影响机组的投产发电或后期维护的情况。

（2）考虑运输与吊装的条件和成本。机组单机容量大，对运输时道路的转弯半径要求较大，对道路宽度、周围的障碍物均有较高要求。此外，起吊重量越大的吊车本身移动时对桥梁道路要求也越高，吊装机械设备的租金也较贵。特别是在山区，特别要注意道路情况对机组运输、吊装机械的影响。

（3）特殊情况要求。在我国北方地区，冬季气温很低，一些地区最低温度达到零下40℃，而风力发电机组的设计运行最低气温一般在零下20℃左右，风电机组在超低温度下运行将损坏风力发电机组的部件，因此当环境温度低于零下20℃时，应采用低温型风力发电机组；在南方及东部沿海地带，由于环境温度较高，因此，当环境温度高于40℃时，应采用高温型风力发电机组；沿海和海岛地区，同时需注重防腐和绝缘性能；在冬季有低温和高湿度同时出现的地区，如长江流域等，还需注意防止叶片结冰；北方风沙较大的地区，注重防尘。

复习思考题

1．风力发电机的类型按功率是怎样划分的？
2．简述主流机型的技术参数。
3．风力发电机组选型不当会产生哪些影响？
4．说明风力发电机组的选型原则。
5．简述风力发电机组选型的影响因素。

第**8**章
风力发电机组的常见故障与检修

 **教学目标**

了解风力发电机组的运行和管理；理解风力发电机组的常见故障，如齿轮箱、发电机、偏航系统、控制与安全系统等主要部件的常见故障；风力发电机组的检测与维护；维护检修的安全措施；维护检修项目及故障处理；掌握检修维护的组织管理与计划编制。

 **教学要点**

知识要点	掌握程度	相关知识
风力发电机组的常见故障	熟悉齿轮箱的常见故障及预防措施；熟悉发电机的常见故障；熟悉偏航系统的常见故障；熟悉控制与安全系统的常见故障	齿轮损伤、轴承损坏、断轴和渗漏油、油温等故障；绝缘电阻低，振动噪声大，轴承过热失效等故障
风力发电机组的检测与维护	了解风力发电运行检修员的资质；熟悉风力发电机组维护检修管理的基础工作；熟悉风力发电机组维护检修安全措施；熟悉风力发电机组维护检修项目；掌握维护检修计划的组织管理与编制	风力发电场工作人员的基本要求和职业标准；维护检修管理的要求；维护检修工作的注意事项；维护检修安全制度；维护检修计划；机组常规巡检和故障处理；风力发电机组的年度例行维护内容和要求；年度例行维护周期；维护计划的编制；年度例行维护的组织与管理；检修工作总结

风力发电机组的单机容量已从早期的几百瓦、几十千瓦发展为今天的几百千瓦及兆瓦级，风电场也由初期的数百千瓦装机容量发展为数万、数十万千瓦装机容量，以及我国"十二五"规划建设的千万千瓦的大型风电场。随着风电场装机容量的逐渐增大，以及在电力网中的比例不断升高，对大型风电场的科学运行、维护管理及故障与检修已成为一个新的课题。

风电场运行维护管理工作的主要任务是通过科学的运行维护管理与故障检修，来提高风力发电机组设备的可利用率及供电的可靠性，从而保证电场输出的电能质量符合国家电能质量的有关标准。

8.1 风力发电机组的常见故障

风力发电机组安全、稳定的运行是能够多发电的前提条件，而这一切都离不开对机组的良好维护与检修。

8.1.1 齿轮箱的常见故障及预防措施

由于风力发电机组安装在高山、荒野、海滩、海岛等风口处，受无规律的变向变载荷的风力作用以及强阵风的冲击，常年经受酷暑、严寒和极端温差的影响，加之所处自然环境交通不便，齿轮箱安装在塔顶的狭小空间内，一旦出现故障，修复非常困难，故对其可靠性和使用寿命都提出了比一般机械高得多的要求。例如，对构件材料的要求，除了常规状态下机械性能外，还应该具有低温状态下抗冷脆性等特性；应保证齿轮箱平稳工作，防止振动和冲击；保证充分的润滑条件；等等。对冬夏温差巨大的地区，要配置合适的加热和冷却装置。还要设置监控点，对运转和润滑状态进行遥控。

齿轮箱的常见故障有齿轮损伤、轴承损坏、断轴和渗漏油、油温高等。

1) 齿轮损伤

齿轮损伤的影响因素很多，包括选材、设计计算、加工、热处理、安装调试、润滑和使用维护等。常见的齿轮损伤有齿面损伤和轮齿折断两类。

2) 轮齿折断(断齿)

断齿常由细微裂纹逐步扩展而成。根据裂纹扩展的情况和断齿原因，断齿可分为过载折断(包括冲击折断)、疲劳折断以及随机断裂等。

过载折断是由于作用在轮齿上的应力超过其极限应力，导致裂纹迅速扩展，常见的原因有突然冲击超载、轴承损坏、轴弯曲或较大硬物挤入啮合区等。断齿断口有呈放射状花样的裂纹扩展区，有时断口处有平整的塑性变形，断口副常可拼合。仔细检查可看到材质的缺陷，齿面精度太差，轮齿根部未作精细处理等。在设计中应采取必要的措施，充分考虑预防过载因素。安装时防止箱体变形，防止硬质异物进入箱体内等。

疲劳折断发生的根本原因是轮齿在过高的交变应力重复作用下，从危险截面(如齿根)的疲劳源起始的疲劳裂纹不断扩展，使轮齿剩余截面上的应力超过其极限应力，造成瞬时折断。在疲劳折断的发源处是贝状纹扩展的出发点并向外辐射。产生的原因是设计载荷估计不足、材料选用不当、齿轮精度过低、热处理裂纹、磨削烧伤、齿根应力集中等。故在设计时要充分考虑传动的动载荷谱、优选齿轮参数、正确选用材料和齿轮精度、充分保证加工精度消除应力集中因素等。

随机断裂的原因通常是材料缺陷、点蚀、剥落或其他应力集中造成的局部应力过大，或较大的硬质异物落入啮合区引起。

3）齿面疲劳

齿面疲劳是在过大的接触剪应力和应力循环次数作用下，轮齿表面或其表层下面产生疲劳裂纹并进一步扩展而造成的齿面损伤，其表现形式有早期点蚀、破坏性点蚀、齿面剥落和表面压碎等。特别是破坏性点蚀，常在齿轮啮合线部位出现，并且不断扩展，使齿面严重损伤，磨损加大，最终导致断齿失效。正确进行齿轮强度设计、选择好材质、保证热处理质量、选择合适的精度配合、提高安装精度、改善润滑条件等，是解决齿面疲劳的根本措施。

4）胶合

胶合是相啮合齿面在啮合处的边界膜受到破坏，导致接触齿面金属融焊而撕落齿面上的金属的现象，很可能是由于润滑条件不好或有干涉引起，适当改善润滑条件和及时排除干涉起因，调整传动件的参数，清除局部载荷集中，可减轻或消除胶合现象。

5）轴承损坏

轴承是齿轮箱中最为重要的零件，其失效常常会引起齿轮箱灾难性的破坏。轴承在运转过程中，套圈与滚动体表面之间经受交变载荷的反复作用，由于安装、润滑、维护等方面的原因，而产生点蚀、裂纹、表面剥落等缺陷，使轴承失效，从而使齿轮副和箱体产生损坏。据统计，在影响轴承失效的众多因素中，属于安装方面的原因占 16%，属于污染方面的原因也占 16%，而属于润滑和疲劳方面的原因各占 34%。使用中 70% 以上的轴承达不到预定寿命。因而，重视轴承的设计选型，充分保证润滑条件，按照规范进行安装调试，加强对轴承运转的监控是非常必要的。通常在齿轮箱上设置了轴承温控报警点，对轴承异常高温现象进行监控，同一箱体上不同轴承之间的温差一般也不超过 15℃，要随时随地检查润滑油的变化，发现异常立即停机处理。

6）断轴

断轴也是齿轮箱常见的重大故障之一。究其原因是轴在制造中没有消除应力集中因素，在过载或交变应力的作用下，超出了材料的疲劳极限所致。因而对轴上易产生的应力集中因素要给予高度重视，特别是在不同轴径过渡区要有圆滑的圆弧连接，此处的光洁度要求较高，也不允许有切削刀具刃尖的痕迹。设计时，轴的强度应足够，轴上的键槽、花键等结构也不能过分降低轴的强度。保证相关零件的刚度、防止轴的变形也是提高可靠性的相关措施。

7）油温高

齿轮箱油温最高不应超过 80℃，不同轴承间的温差不得超过 15℃。一般的齿轮箱都设置有冷却器和加热器，当油温低于 10℃时，加热器会自动对油池进行加热；当油温高于 65℃时，油路会自动进入冷却器管路，经冷却降温后再进入润滑油路。如果齿轮箱出现异常高温现象，则要仔细观察，判断发生故障的原因。首先要检查润滑油供应是否充分，特别是在各主要润滑点处，必须要有足够的油液润滑和冷却。再次要检查各传动零部件有无卡滞现象。还要检查机组的振动情况，前后连接有否松动等。

8.1.2 风力发电机组发电机的常见故障

正确、准确的安装，良好的维护很大程度上决定了发电机投入运行后的性能，可以避免意外的故障和损坏，因此安装使用发电机前必须认真、仔细阅读发电机制造商提供的使用维护说明书。

风力发电机常见的故障有绝缘电阻低，振动、噪声大，轴承过热、失效和绕组断路、短路接地等。下面介绍引起这类故障的可能原因。

1) 绝缘电阻低

造成发电机绕组绝缘电阻低的可能原因有：电机温度过高，机械性损伤，潮湿、灰尘、导电微粒或其他污染物污染侵蚀电机绕组等。

2) 振动、噪声大

造成发电机振动、噪声大的可能原因有：转子系统(包括与发电机相连的变速箱齿轮、联轴器)动不平衡，转子笼条有断裂、开焊、假焊或缩孔，轴径不圆，轴弯曲、变形，齿轮箱—发电机系统轴线未对准，安装不紧固，基础不好或有共振，转子与定子相擦等。

3) 轴承过热、失效

造成发电机轴承过热、失效的可能原因有：不合适的润滑脂，润滑脂过多或过少，润滑脂失效，润滑脂不清洁，有异物进入滚道，轴电流电蚀滚道，轴承磨损，轴弯曲、变形，轴承套不圆或椭圆形变形，电机底脚平面与相应的安装基础支撑平面不是自然的完整接触，电机承受额外的轴向力和径向力，齿轮箱—发电机系统轴线未对准，轴的热膨胀不能释放，轴承跑外圈，轴承跑内圈等。

4) 绕组断路、短路接地

造成发电机绕组断路、短路接地的可能原因有：绕组机械性拉断、损伤，小头子和极间连接线焊接不良(包括虚焊、假焊)，电缆绝缘破损，接线头脱落，匝间短路，潮湿、灰尘、导电微粒或其他污染物污染、侵蚀绕组，相序反，长时间过载导致电机过热，绝缘老化开裂，其他电气元件的短路、故障引起的过电压(包括操作过压)、过电流而引起绕组局部绝缘损坏、短路，雷击损坏等。

发电机出现故障后，首先应当找出引起故障的原因和发生故障的部位，然后采取相应的措施予以消除。必要时应由专业的发电机修理商或制造商修理。

8.1.3 偏航系统的常见故障

1) 齿圈齿面磨损

原因：齿轮副的长期啮合运转；相互啮合的齿轮副齿侧间隙中渗入杂质；润滑油或润滑脂严重缺失使齿轮副处于干摩擦状态。

2) 液压管路渗漏

原因：管路接头松动或损坏；密封件损坏。

3) 偏航压力不稳

原因：液压管路出现渗漏；液压系统的保压蓄能装置出现故障；液压系统元器件损坏。

4) 异常噪声

原因：润滑油或润滑脂严重缺失；偏航阻尼力矩过大；齿轮副轮齿损坏；偏航驱动装

置中油位过低。

5）偏航定位不准确

原因：风向标信号不准确；偏航系统的阻尼力矩过大或过小；偏航制动力矩达不到机组的设计值；偏航系统的偏航齿圈与偏航驱动装置的齿轮之间的齿侧间隙过大。

6）偏航计数器故障

原因：连接螺栓松动；异物侵入；连接电缆损坏；磨损。

8.1.4　控制与安全系统的常见故障

风力发电机组控制系统工作的安全可靠性已成为风力发电系统能否发挥作用，甚至成为风电场长期安全可靠运行的重大问题。在实际应用过程中，尤其是一般风力发电机组控制与检测系统中，控制系统满足用户提出的功能上的要求是不困难的。往往不是控制系统功能而是它的可靠性直接影响风力发电机组的稳定运行。有的风力发电机组控制系统功能很强，但由于工作不可靠，经常出故障，而出现故障后对一般用户来说维修又十分困难。于是，这样一套控制系统可能发挥不了它应有的作用，造成不应有的损失。因此，对于一个风力发电机组控制系统的设计和使用者来说，系统的安全可靠性必须认真加以考虑，必须引起足够的重视。

人们的目的是希望通过控制与安全系统设计，采取必要的手段，使系统在规定的时间内不出故障或少出故障。并且，在出故障之后能够以最快的速度修复系统使之恢复正常工作。

1. 故障来源

风力发电机组控制系统的故障表现形式，由于其构成的复杂性而千变万化。但总起来讲，一类故障是暂时的，而另一类则属于永久性故障。例如，由于某种干扰使控制系统的程序"走飞"，脱离了用户程序。这类故障必然使系统无法完成用户所要求的功能。但系统复位之后，整个应用系统仍然能正确地运行用户程序。还有，某硬件连线、插头等接触不良，时接触时不接触；某硬件电路性能变坏，接近失效而时好时坏，它们对系统的影响表现出来也是系统工作时好时坏，出现暂时性的故障。当然，另外一些情况就是硬件的永久性损坏或软件错误，它们造成系统永久故障。

不管是暂时故障还是永久故障，作为控制系统设计者来说，在进行系统设计时就必须考虑使它们减到最小，达到用户的可靠性指标的要求。造成故障的因素是多方面的，归纳起来主要有如下几个方面。

1）内部因素

产生故障的原因来自构成风力发电机组控制系统本身，是由构成系统的硬件或软件所产生的故障。例如，硬件连线开路、短路；接插件接触不良；焊接工艺不好；所用元器件失效；元器件经长期使用后性能变坏；软件上的种种错误以及系统内部各部分之间的相互影响；等等。

2）环境因素

风力发电机所处的恶劣环境会对其控制系统施加更大的应力，使系统故障显著增加。当环境温度很高或很低时，控制系统都容易发生故障。环境因素除环境温度外，还有湿度、冲击、振动、压力、粉尘、盐雾以及电网电压的波动与干扰，周围环境的电磁干扰等。所有这些外部环境的影响在进行系统设计时都要认真加以考虑，力求克服它们造成的不利影响。

3）人为因素

风力发电机组控制系统是由人来设计而后供人来使用的。因此，由于人为因素而使系统产生故障是客观存在的。例如，在进行电路设计、结构设计、工艺设计以至于热设计、防止电磁干扰设计中，设计人员考虑不周或疏忽大意，必然会给后来研制的系统带来后患。在进行软件设计时，设计人员忽视了某些条件，在调试时又没有检查出来，则在系统运行中一旦进入这部分软件，必然会产生错误。

同样，风力发电机组控制系统的操作人员在使用过程中也有可能按错按钮、输入错误的参数、下达错误的命令等，最终结果也是使系统出现错误。

以上这些是风力发电机组控制系统故障的原因，可直接使系统发生故障。

2. 控制与安全系统常出现的硬件故障

构成风力发电机组控制系统的硬件包括各种部件。从主机到外设，除了集成电路芯片。电阻、电容、电感、晶体管、电机、继电器等许多元器件外，还包括插头、插座、印刷电路板、按键、引线、焊点等。硬件的故障主要表现在这几个方面。

1）电气元件故障

电气故障主要是指电气装置、电气线路和连接、电气和电子元器件、电路板、接插件所产生的故障。这是下面要仔细讨论的问题，也是风力发电机组控制系统中最常发生的故障。

（1）输入信号线路脱落或腐蚀。

（2）控制线路、端子板、母线接触不良。

（3）执行输出电动机过载或烧毁。

（4）保护线路熔丝烧毁或空气开关过流保护。

（5）热继电器安装不牢、接触不可靠、动触点机构卡住或触点烧毁。

（6）中间继电器安装不牢、接触不可靠、动触点机构卡住或触点烧毁。

（7）控制接触器安装不牢、接触不可靠、动触点机构卡住或触点烧毁。

（8）配电箱过热或配电板损坏。

（9）控制器输入/输出模板功能失效、强电烧毁或意外损坏。

2）机械故障

机械故障主要发生在风力发电机组控制系统的电气外设中。例如，在控制系统的专用外设中、伺服电机卡死不动、移动部件卡死不走、阀门机械卡死等。凡由于机械上的原因所造成的故障都属于这一类。

（1）安全链开关弹簧复位失效。

（2）偏航减速机齿轮卡死。

（3）液压伺服机构电磁阀芯卡涩，电磁阀线圈烧毁。

（4）风速、风向仪转动轴承损坏。

（5）转速传感器支架脱落。

（6）液压泵堵塞或损坏。

3）传感器故障

这类故障主要是指风力发电机组控制系统的信号传感器所产生的故障。例如，闸片损坏引起的闸片磨损或破坏，风速风向仪的损坏等。

(1) 温度传感器引线振断，热电阻损坏。

(2) 磁电式转速电气信号传输失灵。

(3) 电压变换器和电流变换器对地短路或损坏。

(4) 速度继电器和振动继电器动作信号调整不准或给激励信号不动作。

(5) 开关状态信号传输线断或接触不良造成传感器不能工作。

4) 人为故障

人为故障是由于人为地不按系统所要求的环境条件和操作规程而造成的故障。例如，将电源加错、将设备放在恶劣环境下工作、在加电的情况下插拔元器件或电路板等。

8.2 风力发电机组的检测与维护

风力发电机组是集电子、电气、机械、自动控制、空气动力学、复合材料等多学科于一体的综合性产品，风力发电机组维护的好坏直接影响到发电量的多少和经济效益的高低。风力发电机组运行性能需要通过维护检修来保证。维护工作能及时有效地发现故障隐患，减少故障的发生，提高风力发电机组的效率。

风力发电生产必须坚持"安全第一、预防为主、计划检修"的方针，必须坚持"质量第一"的思想，切实贯彻"应修必修、修必修好"的原则，使设备处于良好的工作状态。风力发电场应建立、健全风力发电安全生产网络，全面落实第一责任人的安全生产责任制。风力发电机组长年累月运行于野外，运行条件十分恶劣。为了提高风力发电机组的可靠性，延长机组的使用寿命，日常维护十分重要。风力发电机组重在维护，而不是维修。风力发电机组寿命的长短视保养的好坏而定。风力发电机组的维护保养工作并不复杂，但运行维护人员必须具有风力发电技术的基本知识，并能在冷天与热天下高空作业。同时，设备维护人员必须有对显著故障的分析判断能力以及现场的处理能力，并能迅速就地进行小修。所以设备维修人员在参与安装过程中应熟悉风力发电机组的构造，以及参加运行维护培训班的训练。

风力发电场应按照 DL/T 666—1999、DL/T 796—2001 及 DL/T 797—2001 制定实施细则：工作票制度、操作票制度、交接班制度、巡回检查制度、操作监护制度、维护检修制度、消防制度等。任何工作人员若发现有违反制度规定，并足以危及人身和设备安全的情况必须予以制止。

8.2.1 风力发电运行检修员的资质

1. 风力发电场工作人员基本要求

(1) 经检查鉴定，没有妨碍工作的病症，健康状况符合上岗条件。

(2) 风力发电场的运行人员必须经过岗位培训，考核合格。新聘人员应有 3 个月实习期，实习期满后经考核合格方能上岗。实习期内不得独立工作。

(3) 具备必要的机械、电气、安装知识，熟悉风力发电机组的工作原理及基本结构，掌握判断一般故障的产生原因及处理方法。

（4）掌握计算机监控系统的使用方法，能够统计计算容量系数、利用时数及故障率等。

（5）熟悉操作票、工作票的填写以及有关风力发电机组运行规程的基本内容。

（6）生产人员应认真学习风力发电技术，提高专业水平。风力发电场至少每年一次系统地组织员工专业技术培训。每年度要对员工进行专业技术考试，合格者方可上岗。

（7）所有生产人员必须熟练掌握触电现场急救方法和消防器材使用方法。

2. 风力发电运行检修员职业标准

风力发电运行检修员是从事并网型风力发电设备运行、维护和检修的人员。其职业环境为室外、高空、常温作业。要求从业人员四肢灵活、动作协调，有较强的语言表达能力。至少应当接受过全日制职业学校教育，具有高中毕业（或同等学力）证书。没有接受过全日制职业学校教育的，必须经过不少于 500 标准学时的职业技能培训。

要遵守的职业守则如下。

（1）遵守法律、法规和有关规定。

（2）爱岗敬业，具有高度的责任心。

（3）严格执行工作规程、工作规范和安全工作规程。

（4）工作认真负责，团结合作。

（5）爱护设备及工器具。

（6）着装整洁，符合规定；保持工作环境清洁有序，文明生产。

要具备的基础知识如下。

（1）基础理论知识包括识图、电工基础、计算机基本操作、风力发电基本知识。

（2）机械基础知识包括机械传动、液压、常用机械设备、设备润滑油及冷却液的使用知识。

（3）电气基础知识包括常用电气设备的种类及用途、电气控制原理知识、输变电设备及线路的运行与检修知识。

（4）安全文明生产知识包括现场文明生产要求、安全操作与劳动保护知识、消防器材的使用常识。

（5）相关法律、法规知识包括《安全生产法》和《劳动法》的相关知识、环境保护法规的相关知识、《合同法》的相关知识。

8.2.2　风力发电机组维护检修管理的基础工作

1. 维护检修管理的要求

（1）风力发电场要根据 DL/T 796—2001、DL/T 797—2001 和主管部门的有关规章制度，结合当地具体情况，制定适合本单位的实施细则或作出补充规定。

（2）遵守有关规章制度，爱护设备及维护检修机具。加强对检修工具、机具、仪器的管理，正确使用，加强保养和定期检验，并根据现场检修实际情况进行研制或改进。

（3）严格执行各项技术监督制度。如检修质量标准、工艺方法、验收制度、设备缺陷管理制度、备品备件管理办法等。严格执行分级验收制度，加强质量监督管理。

（4）建立和健全设备检修的费用管理制度。

（5）检修人员应熟悉系统和设备的构造、性能、工作原理；熟悉设备的装配工艺、工序和质量标准；熟悉安全施工规程；能看懂图样并绘制简单的零部件图。

（6）风力发电机维护检修时，应避开大风天气、雷雨天气，在大风天气、雷雨天气时，严禁检修风力发电机，检修时，必须使风力发电机组处于停机状态。

（7）每次维护检修后，应做好每台风力发电机组的维护检修记录并存档；对维护检修中发现的设备缺陷、故障隐患应详细记录并上报有关部门。

（8）做好技术资料的管理，应收集和整理好原始资料，建立技术资料档案库及设备台账，实行分级管理，明确各级责任。

（9）做好备品备件的管理工作。维护检修中应使用生产厂家提供的或指定的配件及主要损耗材料；若使用代用品，应有足够的依据或经生产厂家许可。部件更换的周期要参照生产厂家规定的时间执行。

2．维护检修工作的注意事项

（1）风力发电机组的维护与故障处理必须由经过专门培训的人员负责。通过培训或技术指导的人员应熟悉风力发电机组的基本原理、性能、特点，并掌握维护与故障处理的知识和方法。风力发电机组的维护人员还必须接受安全教育和培训。

（2）严格遵守设计单位和安装单位有关风力发电机组维护、检修和故障处理的规程，以及系统部件供应商的有关规定。违反维护与故障处理的有关规程和规定将缩短机组运行寿命且增加系统的运行费用，甚至导致系统事故和损坏。

（3）风力发电机组出现异常情况时，运行维护人应该按用户手册所规定的步骤采取相应措施，如果通过这些步骤仍然无法排除故障，应把异常现象记录在案并向有关方面（如机组设计者、安装者和设备供应商）汇报，以便取得技术支持。

3．维护检修工作条件的准备

为做好维护检修与故障处理工作，风力发电场应准备好以下工具、仪表、材料和技术资料。

（1）维修专用工具及通用工具：烙铁、扳手、螺钉旋具、剥线钳、纸、笔等。

（2）仪表类：万用表、可调电源、液体比重计、温度计、蓄电池等。

（3）维修必备的零部件、材料：熔断器、导线、棉丝、润滑油、液压油、刹车片等。

（4）安全用品：安全帽、安全带、绝缘鞋、绝缘手套、护目镜、急救成套用品等。

（5）风力发电机组完整的技术资料：产品说明书、安装和使用维护手册。

8.2.3 风力发电机组维护检修安全措施

1．维护检修安全制度

（1）维护检修工作应按照 DL/T 797—2001《风力发电场检修规程》要求进行。定期对风力发电机组巡视。

（2）维护检修前，应由工作负责人检查现场，核对安全措施。现场检修人员对安全作业负有直接责任，检修负责人负有监督责任。

（3）风力过大或雷雨天气不得检修风力发电机组。

（4）风力发电机组在保修期内，检修人员对风力发电机组的更改应经过保修单位同意。

（5）电气设备检修，风力发电机组定期维护和特殊项目的检修应填写工作票和检修报告。事故抢修工作可不用工作票，但应通知当班值班长，并记入操作记录簿内。

2. 维护检修准备的安全要求

(1) 进行风力发电机组巡视、维护检修时，工作人员必须戴安全帽、穿绝缘鞋。

(2) 维护检修必须实行监护制。不准一个人在维护检修现场作业，必须有人进行安全监护。转移工作位置时，应经过工作负责人许可。

(3) 检修工作地点应有充足照明，升压站等重要现场应有事故照明。

(4) 进行风力发电机组特殊维护时应使用专用工具。

(5) 维护检修发电机前必须停电并验明三相确无电压。

(6) 重要带电设备必须悬挂醒目的警示性标牌；箱式变电站必须有门锁，门锁应至少有两把钥匙，一把值班人员使用，一把专供紧急抢修时使用。

(7) 风力发电机维护检修及安全试验应挂醒目的警示性标牌。

3. 登塔作业的安全要求

(1) 检修人员若身体不适、情绪不稳定，不得登塔作业。

(2) 塔上作业时，风力发电机必须停止运行，应挂警示性标牌，并将控制箱上锁。带有远程控制系统的风力发电机组，登塔前应将远程控制系统锁定并挂警示性标牌。检修结束后立即恢复。

(3) 登塔应使用安全带、戴安全帽、穿安全鞋。零配件及工具应单独放在工具袋内。工具袋应背在肩上或与安全绳相连。登塔维护检修时，不得两个人在同一段塔筒内同时登塔。工作结束之后，所有平台窗口应关闭。

(4) 打开机舱前，机舱内人员应系好安全带。安全带应挂在牢固的构件上，或安全带专用挂钩上。检查机舱外风速仪、风向仪、叶片、轮毂等时，应使用加长安全带。

(5) 风速超过 12m/s 时不得打开机舱盖，风速超过 14m/s 时应关闭机舱盖。

(6) 吊运零件、工具应绑扎牢固，需要时宜加导向绳。

4. 维护检修作业时的安全要求

(1) 进行风力发电机组维护检修工作时，风力发电机组零部件、检修工具必须传递，不得空中抛接。零部件、工具必须摆放有序，检修结束后应清点。

(2) 拆除制动装置时应先切断液压、机械与电气连接；安装制动装置时应最后进行液压、机械与电气连接。

(3) 拆除能够造成风轮失去制动的部件前，应首先锁定风轮。

(4) 检修液压系统前，必须用手动泄压阀对液压站泄压。

(5) 在电感、电容性设备上作业前或进入其围栏内工作时，应将设备充分接地放电后才可以进行。

(6) 拆装风轮、齿轮箱、主轴、发电机等大的风力发电机组部件时，应制定安全措施，设专人指挥。

(7) 更换风力发电机组零部件，应符合相应技术规范。

(8) 添加油品时必须与原油品型号一致。更换油品时应通过试验，满足风力发电机组对油品的技术要求。

(9) 维护检修后，偏航系统的螺栓扭矩和功率消耗应符合标准值。

5．控制系统维护检修的安全要求

（1）维修前机组必须完全停止下来，各维修工作按安全操作规程进行。

（2）工作前检查所有维修用仪器、设备，严禁使用不符合安全要求的设备和工具。

（3）各电气设备和线路的绝缘必须良好，非持证电工不准拆装电器设备和线路。

（4）严格按设计要求进行控制系统硬件和线路安装，全面进行安全检查。

（5）各电压、电流、断流容量、操作次数、温度等运行参数应符合要求。

（6）设备安装好后，试运转合闸前，必须对设备及接线仔细检查，确认没有问题时方可合闸。

（7）操作刀开关和电气分合开关时，必须戴绝缘手套，并要设专门人员监护。电动机、执行机构进行实验或试运行时，也应有专人负责监护，不得随意离开。若发现异常声音或气味时，应立即停机并切断电源进行检查修理。

（8）安装电动机时，必须检查绝缘电阻是否合格，转动是否灵活，零部件是否齐全，同时必须安装保护接地线。

（9）拖拉电缆应在停电情况下进行，若因工作需要不能停电时，应先检查电缆有无破裂之处，确认完好后，戴好绝缘手套才能拖拉。

（10）带熔断器的开关，其熔丝应与负载电流匹配，更换熔丝必须断开刀开关。

（11）电气元件应垂直安装，一般倾斜不超过50°；应使螺栓固定在支持物上，不得采用焊接；安装位置应便于操作，手柄与周围器件间应保持一定距离，以便于维修。

（12）低压电器的金属外壳或金属支架必须接地（接零线或接保护接地线），电器的裸露开关的分合闸位置上应有防止自动合闸的装置。

8.2.4　风力发电机组维护检修项目

风力发电机组维护工作所涉及的部件主要有叶片、轮毂、机舱、控制器、变流器、交流配电柜、主轴、齿轮箱、发电机及塔架等。维护检修的具体项目和要求如下。

1）导流罩

（1）检查导流罩本体有无损坏，安装螺栓有无松动。

（2）检查工作窗锁具有无异常，工作窗钢线是否可靠。

2）轮毂

（1）检查轮毂表面有无腐蚀。

（2）按力矩表10％～20％的抽样紧固主轴法兰与轮毂装配螺栓。

（3）按设备生产厂家要求进行更换螺栓。

3）叶片

（1）检查叶片的表面、根部和边缘有无损坏以及装配区域有无裂纹。

（2）根据力矩表抽样紧固叶片上10％～20％的螺栓。

（3）检查风力发电机组叶片初始安装角是否改变。

（4）检查叶片的表面附翼有无因风沙磨蚀、雷击、吊装造成的损坏。

（5）检查叶片防雷接地系统是否正常。

4）叶尖空气制动系统

（1）检查叶尖制动块与主叶片是否复位，检查连接钢索是否牢固。

（2）检查液压站本身、叶尖制动液压缸及附件有无渗油、泄漏，液压管有无磨损。

（3）检查液压站油泵电动机工作是否正常，液压站系统压力是否正常。

（4）检查旋转接合器、相关阀件工作是否正常，电气接线端子有无松动。

5）变桨距系统

（1）检查变桨距齿轮箱有无渗漏。

（2）根据力矩表对变桨轴承和变桨齿轮箱的螺栓进行100%紧固。

（3）对变桨距齿轮传动部分进行注油，油型、油量及间隔时间按有关规定执行。

（4）检查变桨距齿圈、齿牙有无损坏，转动是否自如，必要时需做均衡调整。

（5）检查变桨距电动机或变桨距液压油缸功能是否正常。

（6）检查变桨距液压油管有无渗油、磨损，电气接线端子有无松动。

（7）检测变桨距功率损耗是否在规定范围之内，应根据气温变化做相应调整。

（8）检查变桨距控制及其制动系统是否正常。

（9）检查蓄电池供电功能是否正常。

6）主轴

（1）检查主轴部件有无破损、磨损、腐蚀，螺栓有无松动、裂纹等现象。

（2）检查主轴轴承有无异常声音。

（3）检查轴封有无泄漏及轴承两端轴封润滑情况。

（4）按力矩表100%紧固主轴螺栓、轴套与机座螺栓。

（5）检查转轴（前端和后盖）罩盖。

（6）检查主轴润滑系统有无异常，检查注油罐油位是否正常，并按要求进行注油。

（7）检查主轴与齿轮箱的连接情况。

7）联轴器

（1）检查刚性及柔性联轴器的运行情况，在一个固定点检查联轴器径向和轴向窜动情况，如果在一个方向上运行位移大于厂家规定数值，应更新或修理联轴器。

（2）检查连接螺栓，用工具锁紧。

（3）按照润滑表，给柔性联轴器注油润滑。

（4）检查橡胶缓冲部件有无老化和损坏。

（5）按厂家要求检查联轴器同心度。

（6）检查联轴器上键、胀套或螺栓连接是否正常。

8）齿轮箱

（1）检查齿轮箱有无异常声音，检查齿轮及齿面磨损及损坏情况。

（2）检查油温、油色是否正常，两年采集油样一次，进行化验。

（3）检查油加热器、冷却器和油泵系统有无泄漏。

（4）检查箱体有无泄漏，油标位置是否在正常范围之内。

（5）检查齿轮箱油过滤器，并按厂家规定时间进行更换。

（6）检查齿轮箱支座缓冲胶垫及老化情况。

（7）按力矩表100%紧固齿轮箱与机座的螺栓。

9）发电机

（1）检查发电机电缆有无损坏、破裂和绝缘老化，按厂家规定力矩紧固电缆接线端子。

（2）检查空气入口、空气过滤器、通风装置和外壳冷却散热系统，每年检查并清洗一次。

（3）检查水冷却系统，有无漏水、钟水等情况，并按厂家规定时间更换水及冷却剂。在气温达到零下30℃以下的地区，应加防冻剂。

（4）直观检查发电机消声装置。

（5）轴承注油，检查油质。注油型号和用量按有关标准执行。

（6）定期检查发电机绝缘、直流电阻等有关电气参数。

（7）按力矩表100%紧固机座的固定螺栓。

（8）检查发电机轴偏差，按有关标准进行调整。

10）集电环

（1）清理集电环，检查集电环磨损程度。

（2）检查大小电刷，检查弹簧压力、支架、接线是否正常。

（3）检查接地系统的金属刷。

（4）检查引线与刷架连接紧固螺栓是否松动。

11）机械制动系统

（1）检查接线端子有无松动。

（2）检查制动盘和制动块间隙，间隙不能超过厂家规定数值。检查制动块磨损程度。

（3）检查制动盘是否松动，有无磨损和裂缝。如果需要更换，按厂家规定标准执行。

（4）检查液压站各测点压力是否正常。检查液压连接软管和液压缸的泄露与磨损情况。检查液压油位是否正常，按规定期限更新过滤器。

（5）根据力矩表100%紧固机械制动器相应的螺栓。

（6）测量制动时间，并按规定进行调整。

12）偏航系统

（1）检查偏航齿轮箱有无渗漏。

（2）根据力矩表对塔顶法兰上的10%～20%的螺栓进行抽样紧固。

（3）根据力矩表对偏航系统其他螺栓进行100%紧固。

（4）对偏航系统齿轮传动部分进行注油，油型、油量及间隔时间按有关规定执行。

（5）检查偏航齿圈、齿牙有无损坏，转动是否自如，必要时需做均衡调整。

（6）检查偏航电动机及液压泵电动机功能是否正常。

（7）检查液压站本体有无渗油、液压管有无磨损，电气接线端子有无松动。

（8）检测偏航功率损耗是否在规定范围之内，此项还应根据气温变化做相应调整。

（9）检查偏航制动系统工作是否正常。

13）机舱控制柜

（1）测试面板上的按钮功能是否正常。

（2）检查箱体固定是否牢固。检查接线端子紧固是否良好。

14）传感器

检查电气传感器、温度传感器、压力传感器、位置传感器、转速传感器、位移传感器、方向传感器和振动传感器。

15）塔架

（1）根据力矩表对安装在中法兰和底法兰的螺栓抽样10%～20%来进行紧固。

（2）检查电缆表面有无磨损和损坏。

(3) 检查电梯、爬梯、平台、电缆支架、防风挂钩、门、锁、灯、安全开关等有无异常。

(4) 检查塔门和塔壁焊接有无裂纹，塔身有无脱漆腐蚀，密封是否良好。

(5) 检查塔架垂直度。

16) 风力发电机组控制柜

(1) 检查控制柜所有开关、继电器、熔断器、变压器、不间断电源、指示灯等部件是否完好，操作机构是否良好。

(2) 检查电气回路性能及绝缘情况，根据要求 100% 紧固接线端子。

(3) 检查电缆有无损坏和破损，检查所有插件接触是否良好。

(4) 检查电容器组、避雷器、晶闸管或 IGBT 外观形态有无异常。

(5) 检查控制柜安装是否牢固，检查控制柜的密封、防水、防小动物的情况。

(6) 检查通风散热及冷却系统是否正常。

17) 加热冷却装置

(1) 检查电动机、润滑油、液压油的加热冷却装置是否正常。

(2) 检查控制柜的加热冷却装置是否正常。

(3) 检查齿轮箱油的加热冷却装置是否正常。

(4) 检查风速、风向仪的加热装置是否正常。

(5) 检查机舱的加热冷却装置是否正常。

18) 监控系统

(1) 检查所有硬件(包括微型计算机、调制解调器、通信设备及不间断电源)是否正常，检查所有接线是否牢固。

(2) 检查并测试监控系统的命令和功能是否正常。

(3) 测试数据传输通道的有关参数是否符合要求。

19) 气象站及风能资源分析系统

(1) 检查风能资源采集系统是否正常，检查风能资源分析系统是否良好。

(2) 检查风能资源分析软件的所有命令和功能是否正常。

(3) 检查与监控系统连接的数据通道是否完好。

20) 风力发电机整体检查

(1) 检查法兰间隙，检查传动链的同轴度，检查电动起重机。

(2) 检查风力发电机组的防水、防尘、防沙暴、防腐蚀的情况。

(3) 一年一次检查风力发电机防雷系统、测量风力发电机接地电阻。

(4) 检查并测试系统的命令和功能是否正常。

(5) 根据需要进行超速试验、飞车试验、正常停机试验、安全停机、事故停机试验。

8.2.5 维护检修计划

维护检修周期分为半年、一年、三年、五年。

1) 维护检修分类

(1) 经常性维护检修。经常性维护检修也称为日常维护检修，包括检查、清理、调整、注油及临时故障的排除。

(2) 定期维护检修。定期维护检修应按照生产厂家要求的时间间隔进行。对所完成的维修项目应记入维修记录中并整理存档，长期保存。定期维护检修必须进行较全面(对已掌握规律的老机组可以有重点地进行)的检查、清扫、试验、测量、检验、注油润滑和修理，清除设备和系统的缺陷，更换已到期的和需定期更换的部件。

（3）特殊维护检修。特殊维护检修指技术复杂、工作量大、工期长、耗用器材多、费用高或系统设备结构有重大改变等的检修，此类检修由风力发电场根据具体情况，报经上级主管部门批准后才能进行。

2）维护检修计划

制定维护检修计划是为了保障维护检修工作能够顺利地进行，有利于人员、资金的调配，备品备件的准备及电网调度。具体要求如下。

（1）年度维护检修计划每年编制一次，应提前做好特殊材料、大宗材料、加工周期长的备品备件的订货以及内外生产、技术合作等准备工作。在编制下一年度检修计划的同时，宜编制三年滚动规划。三年滚动规划主要是对三年中的后两年需要在定期维护检修中安排的特殊维护检修项目进行预安排。三年滚动规划按年度检修计划程序编制，并与年度维护检修计划同时上报。

（2）年度维护检修计划编制的依据和内容包括以下 3 个方面。

① 根据定期检修项目所列内容或参照厂家提供的年度检修项目进行。

② 编制年度维护检修计划汇总表和进度表。

③ 年度维护检修计划的主要内容包括单位工程名称、检修主要项目、特殊维护检修项目及列入计划的原因、主要技术措施、检修进度计划、工时和费用等。

3）维护检修材料和备品备件

（1）风力发电场应有专职机构或人员来负责备品备件的管理。

（2）年度维修计划中特殊维护检修项目所需的大宗材料、特殊材料、机电产品和备品备件，由使用部门编制计划，材料部门组织供应。

（3）为保证检修任务的顺利完成，三年滚动规划中提出的特殊维护检修项目经批准并确定技术方案后，应及早联系备品备件和特殊材料的订货以及内外技术合作攻关等。

（4）定期维护的检修项目应制定材料消耗及储备定额，以便检查考核。

4）集中检修体制检修计划的编制

由于一般风力发电场设备及维修人员有限，对于一些大型的检修项目采取工程外包的方式进行，这就是集中检修体制。集中检修体制检修计划的编制要求如下。

（1）由集中检修单位负责检修的工程，风力发电场应向集中检修单位提交书面检修项目、质量要求、工期、费用指标等，集中检修单位应按要求编制检修计划。

（2）主管部门在编制检修计划时，应与集中检修单位和风力发电场协商；下达或调整检修计划时，也应同时下达给集中检修单位和风电场双方。

8.2.6 机组常规巡检和故障处理

风力发电机组的日常运行工作主要包括通过中控室的监控计算机，监视风力发电机组的各项参数变化及运行状态。当发现异常变化趋势时，通过监控程序的单机监控模式对该机组的运行状态连续监视，根据实际情况采取相应的处理措施。遇到常规故障，应及时通知维护人员，根据当时的气象条件检查处理，对于非常规故障，应及时通知相关部门，并积极配合处理解决。

风电场应当建立定期巡视制度，运行人员对监控风电场安全稳定运行负有直接责任，应按要求定期到现场通过目视观察等直观方法对风力发电机组的运行状况进行巡视检查。检查工作主要包括风力发电机组在运行中有无异常声响、叶片运行的状态、偏航系统动作是否正常、塔架外表有无油迹污染等。若发现故障隐患，则应及时报告处理，查明原因，从而避免事故发生，减少经济损失。

1. 机组常规巡检

为保证风力发电机组的可靠运行，提高设备可利用率，在日常的运行维护工作中建立日常登机巡检制度。维护人员应当根据机组运行维护手册的有关要求并结合机组运行的实际状况，有针对性地列出巡检标准工作内容并形成表格，工作内容叙述应当简单明了，目的明确，便于指导维护人员的现场工作。通过巡检工作力争及时发现故障隐患，防患于未然，有效地提高设备运行的可靠性。有条件时应当考虑借助专业故障检测设备，加强对机组运行状态的监测和分析，进一步提高设备管理水平。

2. 风力发电机组的日常故障检查处理

(1) 当出现标志机组有异常情况的报警信号时，运行人员要根据报警信号所提供的故障信息及故障发生时计算机记录的相关运行状态参数，分析查找故障的原因，并且根据当时的气象条件，采取正确的方法及时进行处理，并在《风电场运行日志》上认真做好故障处理记录。

(2) 当液压系统油位及齿轮箱油位偏低时，应检查液压系统及齿轮箱有无泄漏现象发生。若是，则根据实际情况采取适当防止泄漏措施，并补加油液，恢复到正常油位。在必要时应检查油位传感器的工作是否正常。

(3) 当风力发电机组液压控制系统压力异常而自动停机时，运行人员应检查油泵工作是否正常。如油压异常，应检查液压泵电动机、液压管路、液压缸及有关阀体和压力开关，必要时应进一步检查液压泵本体工作是否正常，待故障排除后再恢复机组运行。

(4) 当风速仪、风向标发生故障，即风力发电机组显示的输出功率与对应风速有偏差时，应检查风速仪、风向标转动是否灵活。如无异常现象，则进一步检查传感器及信号检测回路有无故障，如有故障予以排除。

(5) 当风力发电机组在运行中发现有异常声响时，应查明声响部位。若为传动系统故障，应检查相关部位的温度及振动情况，分析具体原因，找出故障隐患，并做出相应处理。

(6) 当风力发电机组在运行中发生设备和部件超过设定温度而自动停机时，即风力发电机组在运行中发电机温度、晶闸管温度、控制箱温度、齿轮箱温度、机械卡钳式制动器刹车片温度等超过规定值而造成了自动保护停机。此时运行人员应结合风力发电机组当时的工况，通过检查冷却系统、刹车片间隙、润滑油脂质量，相关信号检测回路等，查明温度上升的原因。待故障排除后，才能起动风力发电机组。

(7) 当风力发电机组因偏航系统故障而造成自动停机时，运行人员应首先检查偏航系统电气回路、偏航电动机、偏航减速器以及偏航计数器和扭缆传感器的工作是否正常。必要时应检查偏航减速器润滑油油色及油位是否正常，借以判断减速器内部有无损坏。对于偏航齿圈传动的机型还应考虑检查传动齿轮的啮合间隙及齿面的润滑状况。此外，因扭缆传感器故障致使风力发电机组不能自动解缆的也应予以检查处理。待所有故障排除后再恢复起动风力发电机组。

（8）当风力发电机组转速超过限定值或振动超过允许振幅而自动停机时，即风力发电机组运行中，由于叶尖制动系统或变桨系统失灵、瞬时强阵风以及电网频率波动造成风力发电机组超速；由于传动系统故障、叶片状态异常等导致的机械不平衡、恶劣电气故障导致的风力发电机组振动超过极限值。以上情况的发生均会使风力发电机组故障停机。此时，运行人员应检查超速、振动的原因，经检查处理并确认无误后，才允许重新起动风力发电机组。

（9）当风力发电机组桨距调节机构发生故障时，对于不同的桨距调节形式，应根据故障信息检查确定故障原因，需要进入轮毂时应可靠锁定叶轮。在更换或调整桨距调节机构后应检查机构动作是否正确可靠，必要时应按照维护手册要求进行机构连接尺寸测量和功能测试。经检查确认无误后，才允许重新起动风力发电机组。

（10）当风力发电机组安全链回路动作而自动停机时，运行人员应借助就地监控机提供的故障信息及有关信号指示灯的状态，查找导致安全链回路动作的故障环节，经检查处理并确认无误后，才允许重新起动风力发电机组。

（11）当风力发电机组运行中发生主空气开关动作时，运行人员应当目测检查主回路元器件外观及电缆接头处有无异常，在拉开箱变侧开关后应当测量发电机、主回路绝缘以及晶闸管是否正常。若无异常可重新试送电，借助就地监控机提供的有关故障信息进一步检查主空气开关动作的原因。若有必要应考虑检查就地监控机跳闸信号回路及空气开关自动跳闸机构是否正常，经检查处理并确认无误后，才允许重新起动风力发电机组。

（12）当风力发电机组运行中发生与电网有关故障时，运行人员应当检查场区输变电设施是否正常。若无异常，风力发电机组在检测电网电压及频率正常后，可自动恢复运行。对于故障机组必要时可在断开风力发电机组主空气开关后，检查有关电量检测组件及回路是否正常，熔断器及过电压保护装置是否正常。若有必要应考虑进一步检查电容补偿装置和主接触器工作状态是否正常，经检查处理并确认无误后，才允许重新起动机组。

（13）由气象原因导致的机组过负荷或电机、齿轮箱过热停机，叶片振动，过风速保护停机或低温保护停机等故障，如果风力发电机组自起动次数过于频繁，值班长可根据现场实际情况决定风力发电机组是否继续投入运行。

（14）若风力发电机组运行中发生系统断电或线路开关跳闸，即当电网发生系统故障造成断电或线路故障导致线路开关跳闸时，运行人员应检查线路断电或跳闸原因（若逢夜间应首先恢复主控室用电），待系统恢复正常，则重新起动机组并通过计算机并网。

（15）风力发电机组因异常需要立即进行停机操作的顺序如下。

① 利用主控室计算机遥控停机。

② 遥控停机无效时，则就地按正常停机按钮停机。

③ 当正常停机无效时，使用紧急停机按钮停机。

④ 上述操作仍无效时，拉开风力发电机组主开关或连接此台机组的线路断路器，疏散现场人员，做好必要的安全措施，避免事故范围扩大。

（16）风力发电机组事故处理：在日常工作中风电场应当建立事故预想制度，定期组织运行人员做好事故应对工作。根据风电场自身的特点完善基本的突发事件应急措施，对设备的突发事故争取做到指挥科学、措施合理、沉着应对。发生事故时，值班负责人应当组织运行人员采取有效措施，防止事故扩大并及时上报有关领导。同时应当保护事故现场（特殊情况除外），为事故调查提供便利。事故发生后，运行人员应认真记录事件经过，并及时通过风力发电机组的监控系统获取反映机组运行状态的各项参数记录及动作记录，组织有关人员研究分析事故原因，总结经验教训，提出整改措施，汇报上级领导。

8.2.7 风力发电机组的年度例行维护

风电场的年度例行维护是风力发电机组安全可靠运行的主要保证。风电场应坚持"预防为主、计划检修"的原则，根据机组制造商提供的年度例行维护内容并结合设备运行的实际情况制定出切实可行的年度维护计划。同时，应当严格按照维护计划工作，不得擅自更改维护周期和内容。切实做到"应修必修、修必修好"，使设备处于正常的运行状态。

运行人员应当认真学习掌握各种型号机组的构造、性能及主要零部件的工作原理，并一定程度上了解设备的主要总装工艺和关键工序的质量标准。在日常工作中注意基本技能和工作经验的培养和积累，不断改进风力发电机组维护管理的方法，提高设备管理水平。

1. 年度例行维护的主要内容和要求

1）电气部分

（1）传感器功能测试与检测回路的检查。

（2）电缆接线端子的检查与紧固。

（3）主回路绝缘测试。

（4）电缆外观与发电机引出线接线柱检查。

（5）主要电气组件外观检查（如空气断路器、接触器、继电器、熔断器、补偿电容器、过电压保护装置、避雷装置、可控硅组件、控制变压器等）。

（6）模块式插件检查与紧固。

（7）显示器及控制按键开关功能检查。

（8）电气传动桨距调节系统的回路检查（驱动电动机、储能电容、变流装置、集电环等部件的检查、测试和定期更换）。

（9）控制柜柜体密封情况检查。

（10）机组加热装置工作情况检查。

（11）机组防雷系统检查。

（12）接地装置检查。

2）机械部分

（1）螺栓连接力矩检查。

（2）各润滑点润滑状况检查及油脂加注。

（3）润滑系统和液压系统油位及压力检查。

（4）滤清器污染程度检查，必要时更换处理。

（5）传动系统主要部件运行状况检查。

（6）叶片表面及叶尖扰流器工作位置检查。

（7）桨距调节系统的功能测试及检查调整。

（8）偏航齿圈啮合情况检查及齿面润滑。

（9）液压系统工作情况检查测试。

（10）卡钳式制动器刹车片间隙检查调整。

（11）缓冲橡胶组件的老化程度检查。

（12）联轴器同轴度检查。

（13）润滑管路、液压管路、冷却循环管路的检查固定及渗漏情况检查。

（14）塔架焊缝、法兰间隙检查及附属设施功能检查。

（15）风力发电机组防腐情况检查。

2．年度例行维护周期

正常情况下，除非设备制造商的特殊要求，风力发电机组的年度例行维护周期是固定的，即新投运机组：500 小时（一个月试运行期后）例行维护；已投运机组：2500 小时（半年）例行维护；5000 小时（一年）例行维护。

部分机型在运行满 3 年和 5 年时，在 5000 小时例行维护的基础上增加了部分检查项目，实际工作中应根据机组运行状况参照执行。表 8 - 1 是某风力发电机组定期维护计划，可供参考。

表 8 - 1　风力发电机组定期维护计划

X：检查　OL：检查油位　T：检查油品质量　C：换油　G：加注润滑油脂　—：无维护项目

维护工作内容	组装	第1个月	3个月	半年	一年	其他
塔架/塔架的连接螺栓	X 全部	X 全部	—	X3	X3	—
塔架/基础的连接螺栓	X 全部	X 全部	—	X3	X3	—
偏航轴承的连接螺栓	X 全部	X 全部	—	X3	X3	—
叶片的连接螺栓	X 全部	X 全部	—	X3	X3	—
轮毂/叶片的连接螺栓	X 全部	X 全部	—	X3	X3	—
齿轮箱/机舱底板的连接螺栓	X 全部	X 全部	—	X3	X3	—
齿轮油油位	OL	OL	OL	OL	T，C 至少 4 年后	
齿轮油过滤器	—	C	—	C	C	
钳盘式刹车连接螺栓	X 全部	X 全部	—	X3	X3	—
刹车的连接螺栓	X 全部	X 全部	—	X3	X3	—
检查钳盘式刹车闸垫	X	X	X	X	X	X
发电机连接螺栓，润滑油脂	X，G	X，G	G	G	X，G	
万向节连接螺栓，润滑油脂	X，G	X，G	G	G	X，G	
偏航齿轮箱/底板连接螺栓	X	X	—	—	X	
偏航齿轮箱油位	OL	OL	OL	OL	C/2 年	
偏航轴承润滑	—	G	G	G	G	—

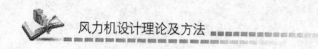

（续）

维护工作内容	组装	第1个月	3个月	半年	一年	其他
偏航齿润滑	G	G	G	G	G	—
偏航刹车的连接螺栓	X全部	X全部	—	—	X全部	—
检查偏航刹车闸垫		X	X	X	X	
液压油油位	OL	OL	OL	OL	C/2年	
液压油过滤器	—	C			C/2年	
振动传感器功能检查	X	X	—		X	—
扭缆开关功能检查	X	X	X		X	—
风速仪和风向标	X	X		X	X	—
上部开关盒	X	X		X	X	—
开关柜	X	X			X	
叶片	X		X		X	
塔架焊缝		X			X	
防腐检查	X	X			X	
清洁风机	X	X			X	

注：X3：先抽查3个螺栓，如果有一个螺栓的力矩不对，就检查所有的螺栓。

维护人员：

维护日期：

3. 维护计划的编制

风力发电机组年度例行维护计划的编制应以机组制造商提供的年度例行维护内容为主要依据，结合风力发电机组的实际运行状况，在每个维护周期到来之前进行整理编制。计划内容主要包括工作开始时间、工作进度计划、工作内容、主要技术措施和安全措施、人员安排以及针对设备运行状况应注意的特殊检查项目等。

在计划编制时还应结合风电场所处地理环境和风力发电机组维护工作的特点，在保证风力发电机组安全运行的前提下，根据实际需要可以适当调整维护工作的时间，以尽量避开风速较高或气象条件恶劣的时段。这样不但能减少由维护工作导致计划停机的电量损失，降低维护成本，而且有助于改善维护人员的工作环境，进一步增加工作的安全系数，提高工作效率。

4. 年度例行维护的组织与管理

风力发电机组的年度例行维护与管理在风电场的年度工作任务中所占的比例较重，如何科学合理地进行组织和管理，对风电场的经济运行至关重要。

依据风电场装机容量和人员构成的不同，出现较多的主要有以下两种组织形式，即集中平行式作业和分散流水式作业。

（1）集中平行式作业：是指在相对集中的时间内，维护作业班组集中人力、物力，分组多工作面平行展开工作。装机数量较少的中小容量风电场多采用这种方式。

特点是：工期相对较短，便于生产动员和组织管理。但是，人员投入相对较多，维护工具的需求量较大。

（2）分散流水式作业：是指将整个维护工作根据工作性质分为若干阶段，科学合理地分配工作任务，实现专业分工协作，使各项工作之间最大限度地合理搭接，以更好地保证工作质量，提高劳动生产率。适于装机数量较多的大中型风电场。

特点是：人员投入及维护工具的使用较为合理，劳动生产率较高，成本较低。但是，工期相对较长，对组织管理和人员素质的要求较高。

年度例行维护工作开始前，维护工作负责人应根据风电场的设备及人员实际情况选择适合自身的工作组织形式，提早制定出周密合理的年度例行维护计划，落实维护工作所需的备品备件和消耗物资，保证维护工作所需的安全装具及有精度要求的工量卡具已按规定程序进行相应等级的检定合格，并已确实到位。

为了使每个维护班组了解维护工作的计划及进度安排，在年度例行维护工作正式开始前应召开由维护人员和风电场各部门负责人共同参加的例行维护工作准备会，通过会议应协调好各部门间的工作，"以预防为主"督促检查各项安全措施的落实情况，确定各班组的负责人，"以人为核心"做到责任到人，分工负责，确保维护计划的各项工作内容得以认真执行，并按规定填写相应的质量记录。

工作中应做到安全生产、文明操作、爱惜工具、节约材料，在保证质量的前提下控制消耗、降低成本。同时还应注意工作进度的掌握，加强组织协调，切实关心一线维护人员的健康和生活，在实际生产中提高企业的凝聚力。

5. 检修工作总结

（1）风力发电机组的维护检修工作必须要把安全生产作为重要的任务，工作中严格遵守风力发电机组维护工作安全规程，做到"安全与生产的统一"，确保维护检修工作的正常进行。

（2）严格控制维护检修工作的进度，在计划停机时间内完成维护检修计划中所列的工作内容，达到要求的技术标准。并按规定填写有关质量记录，在工作负责人签字确认后及时整理归档。

（3）工作过程中应当加强成本控制，严格管理，统筹安排，避免费用超支。

（4）工作时要注意保持工作场地的卫生，废弃物及垃圾统一收集，集中处理，树立洁净能源的良好形象。

（5）维护检修工作结束后，检修工作负责人应对各班组提交的工作报告进行汇总整理，组织班组人员对在维护检修工作中发现的问题及隐患进行分析研究，并及时采取针对性的措施，进一步提高设备的完好率。

（6）整个工作过程结束后，检修工作负责人应对维护检修计划的完成情况和工作质量进行总结。同时，还应综合维护检修工作中发现的问题，对本维护周期内风力发电机组的运行状况进行分析评价，并对下一维护周期内风力发电机组的预期运行状况及注意事项进行阐述，为今后的工作提供有益的积累。

复习思考题

1. 简述齿轮箱的常见故障及预防措施。

2. 简述风力发电机组发电机的常见故障。

3. 简述偏航系统的常见故障。

4. 简述风力发电机组维护检修安全制度。

5. 简述叶片维护检修的具体项目和要求。

6. 简述风力发电机组维护检修的分类。

参 考 文 献

[1] 林组建. 风力发电技术及其发展动向 [J]. 电力与电工, 2010.

[2] (日)牛山泉, 著. 风能技术 [M]. 刘薇, 译. 北京: 科学出版社, 2009.

[3] (法)勒古里雷斯, 著. 风力机的理论与设计 [M]. 施鹏飞, 译. 北京: 机械工业出版社, 1987.

[4] 芮晓明. 风力发电机组设计 [M]. 北京: 机械工业出版社, 2010.

[5] 唐任远. 现代永磁电机理论与设计 [M]. 北京: 机械工业出版社, 1997.

[6] 苏绍禹. 风力发电机设计与运行维护 [M]. 北京: 中国电力出版社, 2003.

[7] 陈云程, 陈孝耀, 朱成名, 等. 风力机设计与应用 [M]. 上海: 上海科学技术出版社, 1990.

[8] 叶杭冶. 风力发电机组的控制技术 [M]. 北京: 机械工业出版社, 2002.

[9] 孙增圻. 智能控制理论与技术 [M]. 北京: 清华大学出版社, 1997.

[10] 牛山泉, 三野正洋. 小型风力机的设计与制作 [M]. 刘文博, 译. 北京: 中国风能技术开发中心出版, 1985.

[11] 风能专业委员会. 风轮机翼型数据汇编(第二册) [M]. 北京: 中国空气动力学研究会, 中国太阳能学会风能专业委员会, 中国气动力研究与发展中心低速研究所.

[12] 原鲲. 风能概论 [M]. 北京: 化学工业出版社, 2010.

[13] 王海云. 风力发电基础 [M]. 重庆: 重庆大学出版社, 2010.

[14] 赵振宇. 风力机原理与应用 [M]. 北京: 中国水利水电出版社, 2011.

[15] 廖明夫. 风力发电技术 [M]. 西安: 西北工业大学出版社, 2009.

[16] 张志英. 风能与风力发电技术 [M]. 北京: 化学工业出版社, 2010.

[17] 任清晨. 风力发电机组安装运行维护 [M]. 北京: 机械工业出版社, 2010.

[18] 安佳梁. 风力机安装、维护与故障诊断 [M]. 北京: 化学工业出版社, 2011.

[19] 宫靖远. 风电场工程技术手册 [M]. 北京: 机械工业出版社, 2004.

[20] M Aydin, S R Huang, T A Lipo. Electric Machines and Drives Conference [C], IEEE International, 2001, 4(8): 645 - 651.

[21] 石安乐, 黄守道. 风力发电用盘式永磁同步发电机的设计 [J]. 电机技术, 2007, 26(2): 72 - 75.

[22] 何东霞. 风力发电用盘式永磁同步发电机的设计研究 [D]. 湖南大学, 2006: 12 - 48.

[23] 杜华夏, 王心尘, 范正萍, 等. 新式盘式永磁直流风力发电机的设计与仿真 [J]. 能源技术, 2008, 29(3): 151 - 156.

[24] 刘雄, 陈严, 叶枝全, 等. 遗传算法在风力机风轮叶片优化设计中的应用 [J]. 太阳能学报, 2006, 27(2): 68 - 71.

[25] 屈圭. 风电机叶片设计参数的整体优化 [J]. 机电产品开发与创新, 20069, 22(2): 180 - 185.

[26] 付薇. 风力发电机组轮毂的有限元分析 [T]. 重庆大学, 2007, 14 - 53.

[27] 孙传宗, 姚兴佳, 单光坤, 等. MW级风力发电机轮毂强度分析 [J]. 沈阳工业大学学报, 2008, 30(1): 46 - 49, 107.

[28] 谢连军. 永磁风力发电机并网逆变器的设计与仿真 [D]. 新疆大学, 2006: 14 - 62.

[29] 林勇刚. 大型风力机变桨距控制技术研究 [D]. 湖南大学博士论文, 2005: 15 - 112.

[30] 刘贤焕, 叶仲和. 大型风力发电机组用齿轮箱优化设计及方案分析 [J]. 机械设计与研究, 2006: 92 - 94.

[31] 李守好, 温正忠, 王超杰. 风力发电机刹车系统智能控制及改进研究 [J]. 机电设备, 2005: 35 - 37.

[32] 褚金. 兆瓦级风电机组智能偏液压系统虚拟设计 [D]. 兰州理工大学, 2008: 39 - 79.

[33] Robert E Wilson, Peter B S Lissaman, Stel N Walker. Aerodynamic performance of wind turbines [M]. Department of Mechanical Engineering, Oregon State University, 1976: 23 - 97.

[34] Matthew M，Duquette，Kenneth D，et al. Numerical implications of solidity and blade number on rotor performance of horizontal-axis wind turbines [J]. Journal of Solar Energy Engineering，2003，125(11)：425 - 432.

[35] 徐宝清. 水平轴风力发电机组风轮叶片优化设计研究 [D]. 内蒙古农业大学博士论文，2010：25 - 92.

[36] 高峰，徐大平. 基于叶素理论的风力发电机组风轮建模 [J]. 现代电力，2007.

[37] 张仲柱，王会社. 水平轴风力机叶片气动性能研究 [J]. 工程热物理学报，2007.

[38] 董礼，廖明夫. 风力机等效载荷的评估 [J]. 太阳能学报，2008.

[39] 张仲柱. 水平轴风力机叶片气动性能计算模型研究 [D]. 中国科学院硕士学位论文，2007.

[40] 马欣欣，陈进. 风力机叶片在三维湍流下的载荷分析 [J]. 可再生能源，2009.

[41] International Electrotechnical Commission. INTERNATIONAL STANDARD IEC 61400 - 1 Wind turbines-Part 1：Design requirements [S]. Geneva，2005.